零基础学

Python

爬虫、数据分析与可视化从入门到精通

U0178486

编著

机械工业出版社
China Machine Press

图书在版编目（CIP）数据

零基础学Python爬虫、数据分析与可视化从入门到精通／孟兵，李杰臣编著. —北京：机械工业出版社，2020.11（2021.10重印）

ISBN 978-7-111-66899-2

Ⅰ. ①零… Ⅱ. ①孟… ②李… Ⅲ. ①软件工具－程序设计 Ⅳ. ① TP311.561

中国版本图书馆CIP数据核字（2020）第222422号

Python语言功能强大而灵活，具有很强的扩展性，同时它的语法又相对简洁易懂，没有编程基础的普通办公人员经过适当的学习也能轻松上手。本书以Python语言为工具，从编程新手的角度和日常办公的需求出发，深入浅出地讲解如何通过Python编程高效地完成数据的获取、处理、分析与可视化。

全书共13章。第1章和第2章主要讲解Python编程环境的搭建和Python语言的基础语法知识。第3～6章以数据处理与分析为主题，讲解NumPy模块和pandas模块的基本用法和实际应用。第7～9章以数据获取为主题，由浅入深地讲解如何通过编写爬虫程序从网页上采集数据，并保存到数据库中。第10章主要讲解自然语言处理技术在文本分词中的应用。第11章和第12章以数据可视化为主题，讲解如何使用Matplotlib模块和pyecharts模块绘制图表。第13章通过量化金融案例对前面所学的知识进行了综合应用。

本书适合想要提高数据处理和分析效率的职场人士和办公人员阅读，也可供Python编程爱好者参考。

零基础学Python爬虫、数据分析与可视化从入门到精通

出版发行：机械工业出版社（北京市西城区百万庄大街22号　邮政编码：100037）

责任编辑：迟振春　　　　　　　　　　　责任校对：庄　瑜

印　　刷：北京富博印刷有限公司　　　　版　　次：2021年10月第1版第4次印刷

开　　本：185mm×260mm　1/16　　　印　　张：23.5

书　　号：ISBN 978-7-111-66899-2　　　定　　价：89.80元

客服电话：(010)88361066　88379833　68326294　　　投稿热线：(010)88379604

华章网站：www.hzbook.com　　　　　　　读者信箱：hzit@hzbook.com

在这个大数据时代，无论从事哪种行业，每天都要与海量的数据打交道。从数据中挖掘有用的信息，并进行分析和可视化展示，已成为职场人士亟须掌握的新技能。本书以当前流行的 Python 语言为工具，从编程新手的角度和日常办公的需求出发，深入浅出地讲解如何通过 Python 编程高效地完成数据的获取、处理、分析与可视化。

全书共 13 章。第 1 章和第 2 章主要讲解 Python 编程环境的搭建和 Python 语言的基础语法知识。第 3 ～ 6 章以数据处理与分析为主题，讲解 NumPy 模块和 pandas 模块的基本用法和实际应用。第 7 ～ 9 章以数据获取为主题，由浅入深地讲解如何通过编写爬虫程序从网页上采集数据，并保存到数据库中。第 10 章主要讲解自然语言处理技术在文本分词中的应用。第 11 章和第 12 章以数据可视化为主题，讲解如何使用 Matplotlib 模块和 pyecharts 模块绘制图表。第 13 章通过量化金融案例对前面所学的知识进行了综合应用。

书中的代码附有详细且通俗易懂的解说，让读者能够快速理解代码的功能和编写思路，并从机械地套用代码进阶到随机应变地修改代码，独立解决更多实际问题。

本书适合想要提高数据处理和分析效率的职场人士和办公人员阅读，也可供 Python 编程爱好者参考。

本书由孟兵、李杰臣编著。由于编者水平有限，本书难免有不足之处，恳请广大读者批评指正。读者除了扫描二维码关注公众号获取资讯以外，也可加入 QQ 群 815551372 与我们交流。

需要说明的是，本书爬虫部分的内容涉及的网站随时可能改版，导致相应的爬虫代码失效。编者会定期更新代码及相应的讲解，请读者到本书的学习资源中获取。

编者

2020 年 10 月

如何获取学习资源

本书的学习资源分为案例文件（包括素材文件、数据文件、代码文件等）和视频课程两个部分。获取学习资源的方法有两种，下面分别介绍。

方法1 百度网盘下载案例文件，在线观看视频课程

步骤1：扫描关注微信公众号

用手机微信扫描右侧二维码，关注我们的微信公众号。

步骤2：获取学习资源下载地址和提取码

进入公众号，发送关键词"20200917"，即可获得案例文件的百度网盘下载地址和提取码，以及视频课程的在线观看地址。

步骤3：提取文件

在计算机的网页浏览器中打开获取的案例文件下载地址，在页面的"请输入提取码"文本框中输入获取的提取码（输入时注意区分大小写），再单击"提取文件"按钮。

步骤4：下载文件

在资源下载页面中单击打开资源文件夹，将鼠标指针放在要下载的文件上，单击文件名右侧显示的"下载"按钮，即可将文件下载到计算机中。下载的文件如果为压缩包，可使用7-Zip、WinRAR等软件解压。

> **提 示**
>
> 不要直接单击文件名，而要单击文件名右侧的"下载"按钮。如果页面中提示选择"高速下载"或"普通下载"，请选择"普通下载"。

方法2 QQ群下载案例文件，在线观看视频课程

加入本书的服务QQ群815551372，可从群文件中下载案例文件。

在手机微信中进入公众号，发送关键词"20200917"，可获得视频课程的在线观看地址。

> **提 示**
>
> 读者在下载和使用学习资源的过程中如果遇到自己解决不了的问题，请加入QQ群815551372，向群管理员寻求帮助。

目录

第 3 章　数组的存储和处理——NumPy 模块

第4章 数据的简单处理——pandas 模块入门

第5章 数据的高级处理——pandas 模块进阶

第 6 章 使用 Python 进行数据分析

第 7 章 Python 爬虫基础

第 8 章　Python 爬虫进阶

第 9 章 表格数据获取与数据库详解

第 10 章 自然语言处理

第 11 章 数据可视化——Matplotlib 模块

第 12 章 数据可视化神器——pyecharts 模块

第 13 章 量化金融——股票信息挖掘与分析

第 1 章

Python 快速上手

Python 作为一门优秀的编程语言，受到很多程序员和编程爱好者的青睐。近年来，Python 还在办公领域大展拳脚，许多白领纷纷加入了学习 Python 的行列。这是因为 Python 在数据的采集、处理、分析与可视化方面有着独特的优势，能够帮助职场人士从容应对大数据时代的挑战。要想编写和运行 Python 代码，需要在计算机中搭建 Python 的编程环境，并安装相关的第三方模块。本章就将详细讲解这些知识，带领初学者迈入 Python 编程的大门。

1.1 Python 编程环境的搭建

本书推荐搭配使用 Anaconda 和 PyCharm 来搭建 Python 的编程环境。Anaconda 是 Python 的一个发行版本，安装好了 Anaconda 就相当于安装好了 Python，并且它里面还集成了很多大数据分析与科学计算的第三方模块，如 NumPy、pandas、Matplotlib 等。PyCharm 则是一款 Python 代码编辑器，它比 Anaconda 自带的两款编辑器 Spyder 和 Jupyter Notebook 更好用。下面就一起来学习 Anaconda 和 PyCharm 的下载、安装与设置方法。

1. 安装与配置 Anaconda

步骤 1：❶在浏览器中打开网址 https://www.anaconda.com/products/individual，进入 Anaconda 的下载页面，**❷**向下滚动页面，在 "Anaconda Installers" 栏目中可看到与不同类型的计算机操作系统对应的安装包，这里选择适用于 64 位 Windows 系统的 Python 3.8 版本，如下图所示。如果官网下载速度较慢，可以到清华大学开源软件镜像站下载安装包，网址为 https://mirrors.tuna.tsinghua.edu.cn/anaconda/archive/。

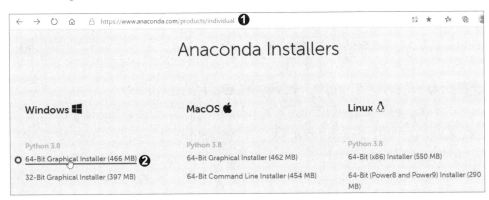

步骤 2：安装包下载完毕后，双击安装包，在打开的安装界面中无须更改任何设置，直接进入下一步。如果要将程序安装在默认路径下，直接单击"Next"按钮，如下左图所示。如果想要改变安装路径，可单击"Browse"按钮，在打开的对话框中选择安装路径。本书建议使用默认路径。

步骤 3：❶在新的安装界面中勾选"Advanced Options"选项组下的两个复选框，❷单击"Install"按钮，如下右图所示。

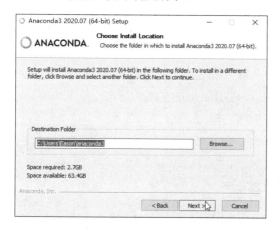
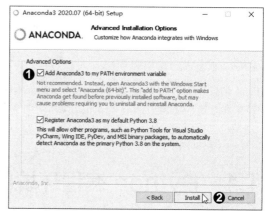

步骤 4：随后可看到 Anaconda 的安装进度，等待一段时间，❶如果窗口中出现"Installation Complete"的提示文字，说明 Anaconda 安装成功，❷直接单击"Next"按钮，如下左图所示。

步骤 5：在后续的安装界面中也无须更改设置，直接单击"Next"按钮。当跳转到如下右图所示的界面时，❶取消勾选两个复选框，❷单击"Finish"按钮，即可完成 Anaconda 的安装。

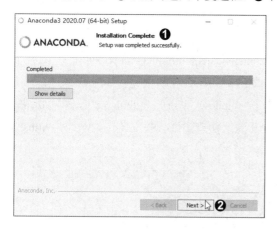
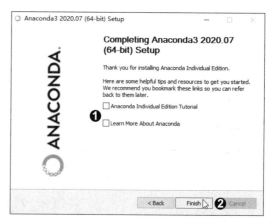

步骤 6：❶单击桌面左下角的"开始"按钮，❷在打开的"开始"菜单中单击"Anaconda3（64-bit）"文件夹，❸在展开的列表中可看到 Anaconda 自带的编辑器 Jupyter Notebook 和 Spyder，如下图所示。其中，Jupyter Notebook 可在线编辑和运行代码，是一款适合初学者和教育工作者的优秀编辑器。Spyder 则提供一些非常漂亮的可视化选项，可以让数据看起来更加简洁。

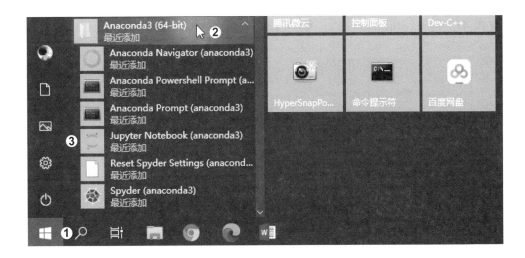

2. 安装与配置 PyCharm

步骤 1：❶在浏览器中打开网址 https://www.jetbrains.com/pycharm/download/，进入 PyCharm 的下载页面，默认显示的是适用于 Windows 操作系统的 PyCharm 安装包，❷这里选择下载免费的 Community 版，如下图所示。在新页面下方弹出的下载提示框中单击"保存"按钮，即可开始下载 PyCharm 安装包。

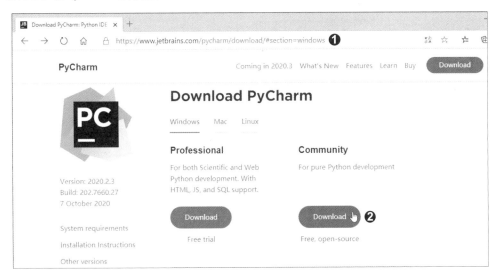

如果操作系统是 macOS 或 Linux，则需先单击"Mac"或"Linux"按钮切换操作系统，再下载安装包。此外，从 2019.1 版开始，PyCharm 不再支持 32 位操作系统，如果需要在 32 位操作系统中安装 PyCharm，可单击下载页面左侧的"Other versions"链接，下载 2018.3 版 PyCharm。

步骤 2：安装包下载完毕后，双击安装包，在打开的安装界面中直接单击"Next"按钮。

步骤 3： 跳转到新的安装界面，❶单击"Browse"按钮，在打开的对话框中设置自定义的安装路径，也可以直接在文本框中输入自定义的安装路径。❷然后单击"Next"按钮，如右图所示。

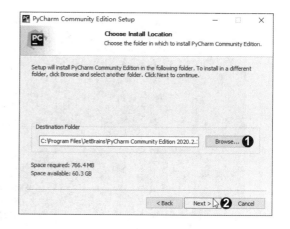

步骤 4： ❶在新的安装界面中勾选"64-bit launcher"复选框，❷然后勾选".py"复选框，❸单击"Next"按钮，如下左图所示。

步骤 5： 在新的安装界面中不做任何设置，直接单击"Install"按钮，如下右图所示。随后可看到 PyCharm 的安装进度，安装完成后单击"Finish"按钮结束安装。

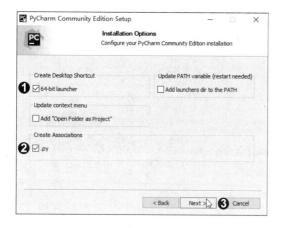
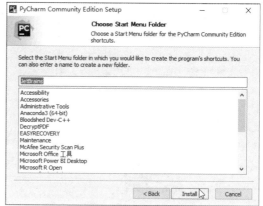

步骤 6： 初次启用 PyCharm 时需要进行一些设置。运行 PyCharm，❶在打开的对话框中单击"Do not import settings"单选按钮，❷单击"OK"按钮，如下左图所示。在打开的对话框中选择"Light"主题风格，单击"Next: Featured plugins"按钮，在新的界面中不做任何设置，直接单击"Start using PyCharm"按钮。

步骤 7： 完成设置后，在界面中单击"New Project"按钮，创建 Python 项目文件，如下右图所示。

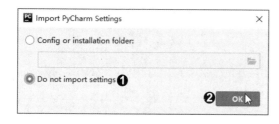

步骤 8：❶在新界面的"Location"后设置项目文件夹的位置和名称，此处设置为"F:\python"，❷单击下方的折叠按钮，❸在展开的列表中单击"Existing interpreter"单选按钮，此时"Interpreter"显示为"<No interpreter>"，表示 PyCharm 没有关联 Python 解释器，❹所以需要单击"Interpreter"右侧的按钮，如右图所示。

步骤 9：❶在打开的对话框中单击"System Interpreter"选项，❷此时右侧的"Interpreter"列表框中自动列出了 Anaconda 中的 Python 解释器，如果自动列出的解释器不是我们需要的，可以在下拉列表框中选择其他解释器，❸最后单击"OK"按钮，如下左图所示。

步骤 10：返回项目文件的创建界面，❶可看到"Interpreter"后显示了前面设置的 Python 解释器，❷单击"Create"按钮，如下右图所示。随后等待界面跳转，在出现提示信息后，直接单击"Close"按钮，然后等待 Python 运行环境配置完成即可。

步骤 11：完成配置后就可以开始编程。❶右击步骤 8 中创建的项目文件夹，❷在弹出的快捷菜单中单击"New>Python File"命令，如下图所示。在弹出的"New Python file"对话框中输入新建的 Python 文件的名称，如"hello python"，选择文件类型为"Python file"，按【Enter】键确认。

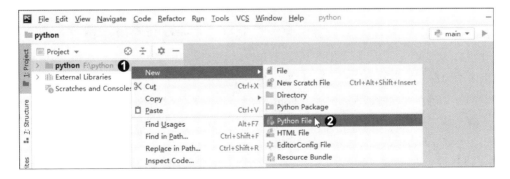

步骤 12：文件创建成功后，进入如下图所示的界面，此时便可以编写程序了。❶在代码编辑区中输入代码"print('hello python')"，❷然后右击代码编辑区的空白区域或代码文件的标题栏，❸在弹出的快捷菜单中单击"Run 'hello python'"命令。如果右击后没有看到"Run 'hello python'"命令，说明步骤 10 中的 Python 运行环境配置还没完成，需等待几分钟再右击。

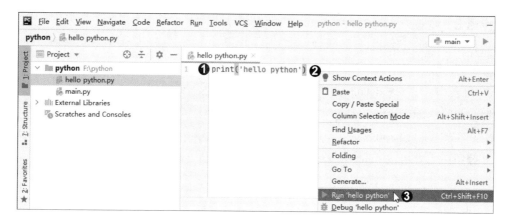

步骤13：随后在界面的下方可看到程序的运行结果"hello python"，如下图所示。

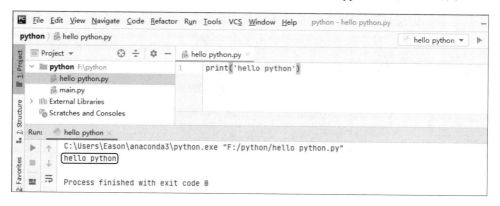

步骤14：如果想要设置代码的字体、字号和行距，❶单击菜单栏中的"File"按钮，❷在展开的菜单中单击"Settings"命令，如右图所示。

步骤15：❶在弹出的对话框中展开"Editor"选项组，❷在展开的列表中单击"Font"选项，❸在右侧的界面中按照自己的喜好设置"Font""Size""Line spacing"选项即可，如右图所示。完成设置后单击"OK"按钮。

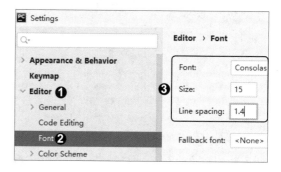

1.2　Python 的模块

Python 最大的魅力之一就是拥有丰富的第三方模块，用户在编程时可以直接调用模块来实现强大的功能，无须自己编写复杂的代码。下面就来学习 Python 模块的知识和安装方法。

1.2.1　初识模块

如果要在多个程序中重复实现某一个特定功能，那么能不能直接在新程序中调用自己或他人已经编写好的代码，而不用在新程序中重复编写功能类似的代码呢？答案是肯定的，这就要用到 Python 中的模块。模块也可以称为库或包，简单来说，每一个以 ".py" 为扩展名的文件都可以称为一个模块。Python 的模块主要分为下面 3 种。

1.　内置模块

内置模块是指 Python 自带的模块，如 sys、time、math 等。

2.　第三方的开源模块

通常所说的模块就是指开源模块，这类模块是由一些程序员或企业开发并免费分享给大家使用的，通常能实现某一个大类的功能。例如，xlwings 模块就是专门用于控制 Excel 的模块。

Python 之所以能风靡全球，其中一个很重要的原因就是它拥有很多第三方的开源模块，当我们要实现某种功能时就无须绞尽脑汁地编写基础代码，而是可以直接调用这些开源模块。第三方模块在使用前一般需要用户自行安装，而有些第三方模块会在安装编辑器（如 Py-Charm）时自动安装好。

3.　自定义模块

Python 用户可以将自己编写的代码或函数封装成模块，以方便在编写其他程序时调用，这样的模块就是自定义模块。需要注意的是，自定义模块不能和内置模块重名，否则将不能再导入内置模块。

1.2.2　模块的安装

上述 3 种模块中最常用的就是内置模块和第三方的开源模块，并且第三方的开源模块在使用前需要安装。模块有两种常用的安装方式：一种是使用 pip 命令安装；一种是通过编辑器（如 PyCharm）安装。下面以 xlwings 模块为例，介绍模块的两种安装方法。

1.　用 pip 命令安装模块

pip 是 Python 提供的一个命令，主要功能就是安装和卸载第三方模块。用 pip 命令安装模块的方法最简单也最常用，这种方法默认将模块安装在 Python 安装目录中的 "site-packages"

文件夹下。下面来学习用 pip 命令安装模块的具体方法。

步骤1:按快捷键【Win+R】，❶在打开的"运行"对话框中输入"cmd"，❷再单击"确定"按钮，如下左图所示。此时会打开一个命令行窗口，❸输入命令"pip install xlwings"，如下右图所示。命令中的"xlwings"就是需要下载的模块名称，如果需要下载其他模块，可以将其修改为相应的模块名称。

步骤2：按【Enter】键，等待一段时间，如果出现"Successfully installed"的提示文字，说明模块安装成功，如下图所示。之后在编写代码时，就可以使用 xlwings 模块中的函数了。

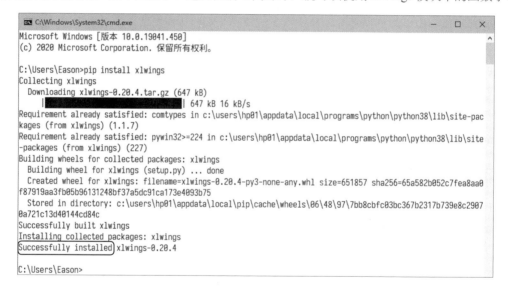

技巧：通过镜像服务器安装模块

pip 命令下载模块时默认访问的服务器设在国外，速度不稳定，可能会导致安装失败，大家也可以通过国内的一些企业、院校、科研机构设立的镜像服务器来安装模块。例如，从清华大学的镜像服务器安装 xlwings 模块的命令为"pip install xlwings -i https://pypi.tuna.tsinghua.edu.cn/simple"。命令中的"-i"是一个参数，用于指定 pip 命令下载模块的服务器地址；"https://pypi.tuna.tsinghua.edu.cn/simple"则是由清华大学设立的模块镜像服务器的地址，更多镜像服务器的地址读者可以自行搜索。

2. 在 PyCharm 中安装模块

如果使用的编辑器是 PyCharm，也可以直接在 PyCharm 中安装模块。下面仍以 xlwings 模块为例，详细介绍在 PyCharm 中安装模块的方法。

步骤 1： 启动 PyCharm，❶单击菜单栏中的 "File" 按钮，❷在展开的菜单中单击 "Settings" 命令，如下图所示。

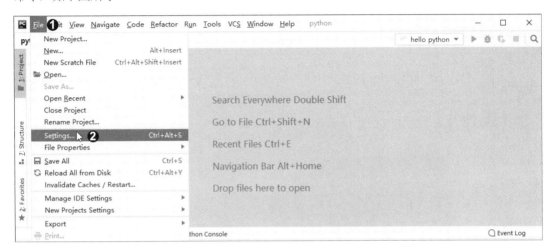

步骤 2： ❶在打开的 "Settings" 对话框中展开 "Project: python" 选项组，❷在展开的列表中单击 "Python Interpreter" 选项，❸在右侧的界面中可看到系统中已安装的模块，❹单击右侧的 ➕ 按钮，如下图所示。

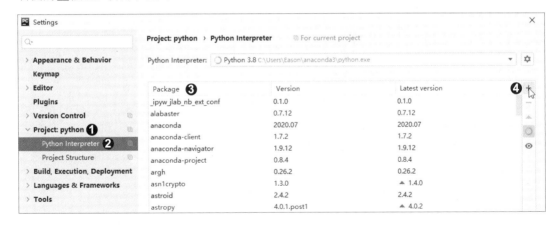

步骤 3： ❶在打开的对话框中输入模块名，如 "xlwings"，按【Enter】键，❷在搜索结果中选择要安装的模块，❸单击左下角的 "Install Package" 按钮，如下图所示。安装完成后关闭对话框。

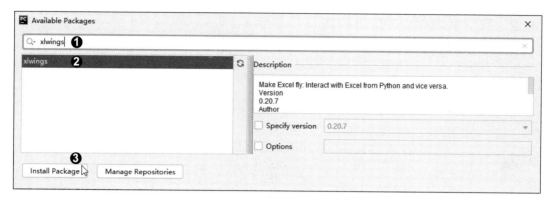

随后在"Project Interpreter"选项右侧的界面中即可看到安装好的 xlwings 模块。需要注意的是，在安装一个模块时，有可能会同时安装一些该模块需要调用的其他模块，例如，在安装 xlwings 模块时，会同时安装 comtypes 和 pywin32 模块。

第 2 章

Python 的基础语法知识

学习任何一门编程语言都必须掌握其语法知识，Python 也不例外。本章将深入浅出地讲解 Python 的基础语法知识，包括变量、数据类型、运算符、编码基本规范、控制语句、函数和模块的导入，请大家一定要好好掌握。

2.1 变量

变量是程序代码不可缺少的要素之一。简单来说，变量是一个代号，它代表的是一个数据。在 Python 中，定义一个变量的操作分为两步：首先要为变量起一个名字，称为变量的命名；然后要为变量指定其所代表的数据，称为变量的赋值。这两个步骤在同一行代码中完成。

变量的命名要遵循如下规则：

● 变量名可以由任意数量的字母、数字、下划线组合而成，但是必须以字母或下划线开头，不能以数字开头。本书建议用英文字母开头，如 a、b、c、a_1、b_1 等。

● 不要用 Python 的保留字或内置函数来命名变量。例如，不要用 import 来命名变量，因为它是 Python 的保留字，有特殊的含义。

● 变量名对英文字母区分大小写。例如，D 和 d 是两个不同的变量。

● 建议使用英文字母和数字组成变量名，并且变量名要有一定的意义，能直观地描述变量所代表的数据内容。例如，用变量 name 代表姓名数据，用变量 age 代表年龄数据，等等。

变量的赋值用等号 "=" 来完成，"=" 的左边是一个变量，右边是该变量所代表的值。Python 有多种数据类型（将在 2.2 节和 2.3 节详细介绍），但在定义变量时并不需要指明变量的数据类型，在变量赋值的过程中，Python 会自动根据所赋的值的类型来确定变量的数据类型。

定义变量的演示代码如下：

```
1    x = 1
2    print(x)
3    y = x + 25
4    print(y)
```

上述代码中的 x 和 y 就是变量。第 1 行代码表示定义一个名为 x 的变量，并赋值为 1；第 2 行代码表示输出变量 x 的值；第 3 行代码表示定义一个名为 y 的变量，并将变量 x 的值与 25 相加后的结果赋给变量 y；第 4 行代码表示输出变量 y 的值。代码的运行结果如下：

```
1    1
2    26
```

第 2 行和第 4 行代码中用到的 print() 函数是 Python 的一个内置函数，用于输出信息，以后会经常用这个函数来输出结果。

2.2　数据类型：数字与字符串

Python 中有 6 种基本数据类型：数字、字符串、列表、字典、元组和集合。其中前两种数据类型用得较多，因此本节先对它们进行讲解。

2.2.1　数字

数字又可以分为整型和浮点型两种。

Python 中的整型数字与数学中的整数一样，都是指不带小数点的数字，包括正整数、负整数和 0。整型的英文为 integer，简写为 int。下述演示代码中的数字都是整型数字：

```
1    a = 10
2    b = -80
3    c = 8500
4    d = 0
```

使用 print() 函数可以直接输出整数，演示代码如下：

```
1    print(10)
```

运行结果如下：

```
1    10
```

浮点型数字指带有小数点的数字，英文为 float。下述演示代码中的数字就是浮点型数字：

```
1    a = 10.5
2    pi = 3.14159
3    c = -0.55
```

浮点型数字也可以用 print() 函数直接输出，演示代码如下：

```
1    print(10.5)
```

运行结果如下:

```
1    10.5
```

2.2.2　字符串

顾名思义,字符串就是由一个个字符连接起来的组合,组成字符串的字符可以是数字、字母、符号、汉字等。字符串的内容需置于一对引号内。引号可以是单引号、双引号或三引号,且必须是英文状态下的引号。字符串的英文为 string,简写为 str。演示代码如下:

```
1    print(520)
2    print('520')
```

运行结果如下:

```
1    520
2    520
```

输出的两个 520 看起来没有任何差别,但是前一个 520 是整型数字,可以参与加减乘除等算术运算;后一个 520 是字符串,不能参与加减乘除等算术运算,否则会报错。

1. 用单引号定义字符串

如果要输出"明天更美好"这样的文本内容,可以使用下面的代码实现:

```
1    print('明天更美好')
```

运行结果如下:

```
1    明天更美好
```

2. 用双引号定义字符串

定义字符串不仅能使用单引号,还能使用双引号,两者的效果是一样的。演示代码如下:

```
1    print("明天更美好")
```

运行结果如下:

```
1    明天更美好
```

需要注意的是,定义字符串时使用的引号必须统一,不能混用,即一对引号必须都是单

25

引号或双引号，不能一个是单引号，另一个是双引号。有时一行代码中会同时出现单引号和双引号，就要注意区分哪些引号是定义字符串的引号，哪些引号是字符串的内容。演示代码如下：

```
1    print("Let's go")
```

运行结果如下：

```
1    Let's go
```

上述代码中的双引号是定义字符串的引号，不会被 print() 函数输出，而其中的单引号则是字符串的内容，因而会被 print() 函数输出。

3. 用三引号定义字符串

除了单引号和双引号，在定义字符串时还可以使用三引号，也就是 3 个连续的单引号或双引号。演示代码如下：

```
1    print('''2020,
2    一起加油!
3    ''')
```

运行结果如下：

```
1    2020,
2    一起加油!
```

可以看到，三引号中的字符串内容是可以换行的。如果只想使用单引号或双引号来定义字符串，但又想在字符串中换行，可以使用转义字符 \n，演示代码如下：

```
1    print('2020,\n一起加油!')
```

运行结果如下：

```
1    2020,
2    一起加油!
```

除了 \n 之外，转义字符还有很多，它们的共同特征是：

```
反斜杠+想要实现的转义功能首字母
```

有时转义字符会在编程时给我们带来一些麻烦。例如，我们想输出一个文件路径，演示代码如下：

```
1    print('d:\number.xlsx')
```

运行结果如下:

```
1    d:
2    umber.xlsx
```

这是因为 Python 将路径字符串中的 \n 视为一个转义字符了。为了正确输出该文件路径，可以将上述代码修改为如下两种形式:

```
1    print(r'd:\number.xlsx')
2    print('d:\\number.xlsx')
```

第 1 行代码通过在字符串的前面增加一个字符 r 来取消转义字符 \n 的换行功能；第 2 行代码则是将路径中的 "\" 改为 "\\", "\\" 也是一个转义字符，它代表一个反斜杠字符 "\"。

运行结果如下:

```
1    d:\number.xlsx
2    d:\number.xlsx
```

2.2.3　数据类型的查询

如果不知道如何判断数据的类型，可以使用 Python 内置的 type() 函数来查询数据的类型。该函数的使用方法很简单，只需把要查询的内容放在括号里。演示代码如下:

```
1    name = 'Tom'
2    number = '88'
3    number1 = 88
4    number2 = 55.2
5    print(type(name))
6    print(type(number))
7    print(type(number1))
8    print(type(number2))
```

运行结果如下:

```
1    <class 'str'>
2    <class 'str'>
3    <class 'int'>
4    <class 'float'>
```

从运行结果可以看出，变量 name 和 number 的数据类型都是字符串（str），变量 number1 的数据类型是整型数字（int），变量 number2 的数据类型是浮点型数字（float）。

2.2.4 数据类型的转换

如果想要转换某个数据的类型，可以通过 3 个函数来实现，分别是 str() 函数、int() 函数和 float() 函数。

1. str() 函数

str() 函数能将数据转换成字符串，不管这个数据是整型数字还是浮点型数字，只要将其放到 str() 函数的括号里，这个数据就能"摇身一变"，成为字符串。演示代码如下：

```
1  a = 88
2  b = str(a)
3  print(type(a))
4  print(type(b))
```

第 2 行代码表示用 str() 函数将变量 a 所代表的数据的类型转换为字符串，并赋给变量 b。第 3 行和第 4 行代码分别输出变量 a 和 b 的数据类型。运行结果如下：

```
1  <class 'int'>
2  <class 'str'>
```

从运行结果可以看出，变量 a 代表整型数字 88，而转换后的变量 b 则代表字符串 '88'。

2. int() 函数

既然整型数字能转换为字符串，那么字符串能转换为整型数字吗？当然是可以的，这就要用到 int() 函数。该函数的使用方法同 str() 函数一样，将需要转换的内容放在 int() 函数的括号里即可。演示代码如下：

```
1  a = '88'
2  b = int(a)
3  print(type(a))
4  print(type(b))
```

运行结果如下：

```
1  <class 'str'>
2  <class 'int'>
```

从运行结果可以看出，变量 a 代表字符串 '88'，而转换后的变量 b 则代表整型数字 88。

需要注意的是，内容不是标准整数的字符串，如 'C-3PO'、'3.14'、'98%'，不能被 int() 函数正确转换。

浮点型数字也可以被 int() 函数转换为整数，转换过程中的取整处理方式不是四舍五入，而是直接舍去小数点后面的数，只保留整数部分。演示代码如下：

```
1  print(int(5.8))
2  print(int(0.618))
```

运行结果如下：

```
1  5
2  0
```

3. float() 函数

float() 函数可以将整型数字和内容为数字（包括整数和小数）的字符串转换为浮点型数字。整型数字和内容为整数的字符串在用 float() 函数转换后会在末尾添加小数点和一个 0。演示代码如下：

```
1  pi = '3.14'
2  pi1 = float(pi)
3  print(type(pi))
4  print(type(pi1))
```

运行结果如下：

```
1  <class 'str'>
2  <class 'float'>
```

2.3　数据类型：列表、字典、元组与集合

列表（list）、字典（dictionary）、元组（tuple）和集合（set）都可以看成能存储多个数据的容器。前两者在 Python 中经常用到，后两者则用得相对较少。

2.3.1　列表

列表是最常用的 Python 数据类型之一，它能将多个数据有序地组织在一起，并方便地调用。

1. 列表入门

先来学习创建一个最简单的列表。例如，要把 5 个中国古代诗人的姓名用一个列表存储在一起，可以采用如下代码：

```
1   class1 = ['李白', '王维', '孟浩然', '王昌龄', '王之涣']
```

从上述代码可以看出，定义一个列表的语法格式为：

列表名 = [**元素**1, **元素**2, **元素**3 ······]

列表的元素可以是字符串，也可以是数字，甚至可以是另一个列表。下面这行代码定义的列表就含有 3 种元素：整型数字 1、字符串 '123'、列表 [1, 2, 3]。

```
1   a = [1, '123', [1, 2, 3]]
```

利用 for 语句可以遍历列表中的所有元素，演示代码如下：

```
1   class1 = ['李白', '王维', '孟浩然', '王昌龄', '王之涣']
2   for i in class1:
3       print(i)
```

运行结果如下：

```
1   李白
2   王维
3   孟浩然
4   王昌龄
5   王之涣
```

2. 统计列表的元素个数

如果需要统计列表的元素个数（又叫列表的长度），可以使用 len() 函数。该函数的语法格式为：

len(**列表名**)

演示代码如下：

```
1   a = len(class1)
2   print(a)
```

因为列表 class1 有 5 个元素，所以代码的运行结果如下：

```
1    5
```

3. 提取列表的单个元素

如果要提取列表的单个元素，可以在列表名后加上"[序号]"，演示代码如下：

```
1    a = class1[1]
2    print(a)
```

运行结果如下：

```
1    王维
```

为什么 class1[1] 提取的不是 '李白' 而是 '王维' 呢？因为在 Python 中序号都是从 0 开始的，所以 class1[0] 才是提取 '李白'。如果想提取列表的第 5 个元素 '王之涣'，其序号是 4，则相应的代码是 class1[4]。

4. 提取列表的多个元素——列表切片

如果想提取列表的多个元素，就要用到列表切片，其一般语法格式为：

列表名 [序号1: 序号2]

其中，序号 1 的元素能取到，而序号 2 的元素则取不到，俗称"左闭右开"。演示代码如下：

```
1    class1 = ['李白', '王维', '孟浩然', '王昌龄', '王之涣']
2    a = class1[1:4]
3    print(a)
```

其中，序号为 1 的元素 '王维' 是可以取到的，而序号为 4 的元素 '王之涣' 则是取不到的，所以运行结果如下：

```
1    ['王维', '孟浩然', '王昌龄']
```

当不确定列表元素的序号时，可以只写一个序号，演示代码如下：

```
1    class1 = ['李白', '王维', '孟浩然', '王昌龄', '王之涣']
2    a = class1[1:]      # 提取第2个元素到最后一个元素
3    b = class1[-3:]      # 提取倒数第3个元素到最后一个元素
4    c = class1[:-2]      # 提取倒数第2个元素之前的所有元素（因为"左闭右开"
     的特性，所以不包含倒数第2个元素）
5    print(a)
```

```
6   print(b)
7   print(c)
```

运行结果如下：

```
1   ['王维', '孟浩然', '王昌龄', '王之涣']
2   ['孟浩然', '王昌龄', '王之涣']
3   ['李白', '王维', '孟浩然']
```

5. 添加列表元素

用 append() 函数可以给列表添加元素，演示代码如下：

```
1   score = []       # 创建一个空列表
2   score.append(80)     # 用append()函数给列表添加一个元素
3   print(score)
4   score.append(90)     # 给列表再添加一个元素
5   print(score)
```

运行结果如下：

```
1   [80]
2   [80, 90]
```

6. 列表与字符串的相互转换

列表与字符串的相互转换在文本筛选中有很大的用处。将列表转换成字符串主要用的是 join() 函数，其语法格式如下：

'连接符'.join(列表名)

引号（单引号、双引号皆可）中的内容是元素之间的连接符，如","";"等。

将 class1 转换成一个用逗号连接的字符串，演示代码如下：

```
1   class1 = ['李白', '王维', '孟浩然', '王昌龄', '王之涣']
2   a = ','.join(class1)
3   print(a)
```

运行结果如下：

```
1   李白,王维,孟浩然,王昌龄,王之涣
```

如果把第 2 行代码中的逗号换成空格，那么输出的就是"李白 王维 孟浩然 王昌龄 王之涣"。

将字符串转换为列表主要用的是 split() 函数，其语法格式如下：

字符串.split('**分隔符**')

使用空格作为分隔符，将字符串 'hi hello world' 拆分成列表，演示代码如下：

```
1  a = 'hi hello world'
2  print(a.split(' '))
```

运行结果如下：

```
1  ['hi', 'hello', 'world']
```

2.3.2　字典

字典是另一种存储数据的方式。例如，假设 class1 里的每个诗人都有一个数字代号，若要把他们的姓名和数字代号——匹配到一起，就需要用字典来存储数据。定义一个字典的基本语法格式如下：

字典名 = { **键**1: **值**1, **键**2: **值**2, **键**3: **值**3 ……}

字典的每个元素都由两个部分组成（而列表的每个元素只有一个部分），前一个部分称为键（key），后一个部分称为值（value），中间用冒号分隔。

键相当于一把钥匙，值相当于一把锁，一把钥匙对应一把锁。那么对于 class1 里的每个诗人来说，一个人的姓名对应一个数字代号，相应的字典写法如下：

```
1  class1 = {'李白': 85, '王维': 95, '孟浩然': 75, '王昌龄': 65, '王之涣':
   55}
```

提取字典中某个元素的值的语法格式如下：

字典名 ['**键名**']

例如，要提取 '王维' 的数字代号，演示代码如下：

```
1  score = class1['王维']
2  print(score)
```

运行结果如下：

```
1  95
```

如果想遍历字典，输出每个人的姓名和数字代号，代码如下：

```
1  class1 = {'李白': 85, '王维': 95, '孟浩然': 75, '王昌龄': 65, '王之涣':
   55}
2  for i in class1:
3      print(i + ': ' + str(class1[i]))
```

这里的 i 是字典里的键，也就是 '李白'、'王维' 等内容，class1[i] 则是键对应的值，即每个诗人的数字代号。因为代号的数据类型为数字，所以在进行字符串拼接前需要先用 str() 函数将其转换为字符串。运行结果如下：

```
1  李白: 85
2  王维: 95
3  孟浩然: 75
4  王昌龄: 65
5  王之涣: 55
```

另一种遍历字典的方法是用字典的 items() 函数，代码如下：

```
1  class1 = {'李白': 85, '王维': 95, '孟浩然': 75, '王昌龄': 65, '王之涣':
   55}
2  a = class1.items()
3  print(a)
```

运行结果如下，items() 函数返回的是可遍历的 (键 , 值) 元组数组。

```
1  dict_items([('李白', 85), ('王维', 95), ('孟浩然', 75), ('王昌龄', 65),
   ('王之涣', 55)])
```

2.3.3 元组和集合

元组和集合相对于列表和字典来说用得较少，因此这里只做简单介绍。

元组的定义和使用方法与列表非常类似，区别在于定义列表时使用的符号是中括号 []，而定义元组时使用的符号是小括号 ()，并且元组中的元素不可修改。元组的定义与使用的演示代码如下：

```
1  a = ('李白', '王维', '孟浩然', '王昌龄', '王之涣')
2  print(a[1:3])
```

运行结果如下，可以看到，元组的元素提取方法和列表是一样的。

```
1    ('王维', '孟浩然')
```

集合是一个无序的不重复序列，也就是说，集合中不会有重复的元素。可使用大括号 {} 来定义集合，也可使用 set() 函数来创建集合，演示代码如下：

```
1    a = ['李白', '李白', '王维', '孟浩然', '王昌龄', '王之涣']
2    print(set(a))
```

运行结果如下，可以看到，用 set() 函数获得的集合中自动删除了重复的元素。

```
1    {'李白', '王维', '王之涣', '孟浩然', '王昌龄'}
```

2.4　运算符

运算符主要用于将数据（数字和字符串）进行运算及连接。常用的运算符有算术运算符、字符串运算符、比较运算符、赋值运算符和逻辑运算符。

2.4.1　算术运算符和字符串运算符

算术运算符是最常见的一类运算符，其符号和含义见下表。

符号	名称	含义
+	加法运算符	计算两个数相加的和
-	减法运算符	计算两个数相减的差
	负号	表示一个数的相反数
*	乘法运算符	计算两个数相乘的积
/	除法运算符	计算两个数相除的商
**	幂运算符	计算一个数的某次方
//	取整除运算符	计算两个数相除的商的整数部分（舍弃小数部分，不做四舍五入）
%	取模运算符	常用于计算两个正整数相除的余数

"+" 和 "*" 除了能作为算术运算符对数字进行运算，还能作为字符串运算符对字符串进行运算。"+" 用于拼接字符串，"*" 用于将字符串复制指定的份数，演示代码如下：

```
1    a = 'hello'
2    b = 'world'
```

```
3    c = a + ' ' + b
4    print(c)
5    d = 'Python' * 3
6    print(d)
```

运行结果如下：

```
1    hello world
2    PythonPythonPython
```

2.4.2 比较运算符

比较运算符又称为关系运算符，用于判断两个值之间的大小关系，其运算结果为 True（真）或 False（假）。比较运算符通常用于构造判断条件，以根据判断的结果来决定程序的运行方向。比较运算符的符号和含义见下表。

符号	名称	含义
>	大于运算符	判断运算符左侧的值是否大于右侧的值
<	小于运算符	判断运算符左侧的值是否小于右侧的值
>=	大于等于运算符	判断运算符左侧的值是否大于等于右侧的值
<=	小于等于运算符	判断运算符左侧的值是否小于等于右侧的值
==	等于运算符	判断运算符左右两侧的值是否相等
!=	不等于运算符	判断运算符左右两侧的值是否不相等

下面以 "<" 运算符为例，讲解比较运算符的运用效果，演示代码如下：

```
1    score = 10
2    if score < 60:
3        print('需要努力')
```

因为 10 小于 60，所以运行结果如下：

```
1    需要努力
```

需要注意的是，不要混淆 "==" 和 "="："=" 是赋值运算符，作用是给变量赋值；而 "==" 是比较运算符，作用是比较两个值（如数字）是否相等。演示代码如下：

```
1    a = 1
2    b = 2
```

```
3    if a == b:    # 注意这里是两个等号
4        print('a和b相等')
5    else:
6        print('a和b不相等')
```

此处 a 和 b 不相等，所以运行结果为：

```
1    a和b不相等
```

2.4.3　赋值运算符

赋值运算符其实在前面已经接触过，为变量赋值时使用的"="便是赋值运算符的一种。赋值运算符的符号和含义见下表。

符号	名称	含义
=	简单赋值运算符	将运算符右侧的运算结果分配给左侧
+=	加法赋值运算符	执行加法运算并将结果分配给左侧
-=	减法赋值运算符	执行减法运算并将结果分配给左侧
*=	乘法赋值运算符	执行乘法运算并将结果分配给左侧
/=	除法赋值运算符	执行除法运算并将结果分配给左侧
**=	幂赋值运算符	执行求幂运算并将结果分配给左侧
//=	取整除赋值运算符	执行取整除运算并将结果分配给左侧
%=	取模赋值运算符	执行求模运算并将结果分配给左侧

下面先以"+="运算符为例，讲解赋值运算符的运用效果，演示代码如下：

```
1    price = 100
2    price += 10
3    print(price)
```

第 2 行代码表示将变量 price 的当前值（100）与 10 相加，再将计算结果重新赋给变量 price，相当于 price = price + 10。运行结果如下：

```
1    110
```

继续以"*="运算符为例，进一步演示赋值运算符的运用效果，演示代码如下：

```
1    price = 100
2    discount = 0.5
3    price *= discount
4    print(price)
```

第 3 行代码相当于 price = price * discount，所以运行结果如下：

```
1    50.0
```

2.4.4　逻辑运算符

逻辑运算符的运算结果也为 True（真）或 False（假），因而也通常用于构造判断条件来决定程序的运行方向。逻辑运算符的符号和含义见下表。

符号	名称	含义
and	逻辑与	只有该运算符左右两侧的值都为 True 时才返回 True，否则返回 False
or	逻辑或	只有该运算符左右两侧的值都为 False 时才返回 False，否则返回 True
not	逻辑非	该运算符右侧的值为 True 时返回 False，为 False 时则返回 True

例如，仅在某条新闻同时满足"分数是负数"和"年份是 2019 年"这两个条件时，才把它录入数据库，演示代码如下：

```
1    score = -10
2    year = 2019
3    if (score < 0) and (year == 2019):
4        print('录入数据库')
5    else:
6        print('不录入数据库')
```

第 3 行代码中，"and"运算符左右两侧的两个判断条件最好加上括号，虽然有时不加也没问题，但加上是比较严谨的做法。

因为代码中设定的变量值同时满足"分数是负数"和"年份是 2019 年"这两个条件，所以运行结果为：

```
1    录入数据库
```

如果把第 3 行代码中的"and"换成"or"，那么只要满足一个条件，就可以录入数据库。

2.5　编码基本规范

为了让 Python 解释器能够准确地理解和执行我们编写的代码，在编写代码时我们还需要遵守一些基本规范，如缩进、注释等。

2.5.1　缩进

缩进是 Python 中非常重要的一个知识点，类似于 Word 的首行缩进。如果缩进不规范，代码在运行时就会报错。缩进的快捷键是【Tab】键，在 if、for、while 等语句中都会用到缩进。先来看下面的代码：

```
1    x = 10
2    if x > 0:
3        print('正数')
4    else:
5        print('负数')
```

第 2 ～ 5 行代码是之后会讲到的 if 语句，其中，if 表示"如果"，else 表示"否则"，将上述代码翻译成中文就是：

```
1    让x等于10
2    如果x大于0:
3        输出字符串'正数'
4    否则:
5        输出字符串'负数'
```

在输入第 3 行和第 5 行代码之前，必须按【Tab】键来缩进，否则运行代码时会报错。

如果要减小缩进量，可按快捷键【Shift+Tab】。如果要同时调整多行代码的缩进量，可选中要调整的多行代码，按【Tab】键统一增加缩进量，按快捷键【Shift+Tab】统一减小缩进量。

2.5.2　注释

注释是对代码的解释和说明，Python 代码的注释分为单行注释和多行注释两种。

1. 单行注释

单行注释以"#"号开头，其可以放在被注释代码的后面，也可以作为单独的一行放在被注释代码的上方。放在被注释代码后的单行注释的演示代码如下：

```
1    a = 1
2    b = 2
3    if a == b:    # 注意表达式里是两个等号
4        print('a和b相等')
5    else:
6        print('a和b不相等')
```

运行结果如下：

```
a和b不相等
```

第 3 行代码中 "#" 号后的内容就是注释内容，它不参与程序的运行。上述代码中的注释也可放在被注释代码的上方，演示代码如下：

```
a = 1
b = 2
# 注意表达式里是两个等号
if a == b:
    print('a和b相等')
else:
    print('a和b不相等')
```

为了增强代码的可读性，本书建议在编写单行注释时遵循以下规范：
- 单行注释放在被注释代码上方时，在 "#" 号之后先输入一个空格，再输入注释内容；
- 单行注释放在被注释代码后面时，"#" 号和代码之间至少要有两个空格，"#" 号与注释内容之间也要有一个空格。

2. 多行注释

当注释内容较多，放在一行中不便于阅读时，可以使用多行注释。在 Python 中，使用 3 个单引号或 3 个双引号将多行注释的内容括起来。

用 3 个单引号表示多行注释的演示代码如下：

```
'''
这是多行注释，用3个单引号
这是多行注释，用3个单引号
这是多行注释，用3个单引号
'''
print('Hello, Python!')
```

第 1 ~ 5 行代码就是注释，不参与运行，所以运行结果如下：

```
Hello, Python!
```

用 3 个双引号表示多行注释的演示代码如下：

```
"""
这是多行注释，用3个双引号
```

```
3    这是多行注释，用3个双引号
4    这是多行注释，用3个双引号
5    """
6    print('Hello, Python!')
```

第 1 ～ 5 行代码也是注释，不参与运行，所以运行结果如下：

```
1    Hello, Python!
```

技巧：注释在程序调试中的妙用

在调试程序时，如果有暂时不需要运行的代码，不必将其删除，可以先将其转换为注释，等调试结束后再取消注释，这样能减少代码输入的工作量。

2.6　控制语句

Python 的控制语句分为条件语句和循环语句，前者为 if 语句，后者为 for 语句和 while 语句。本节将分别介绍这几种语句及它们的嵌套使用。

2.6.1　if 语句

if 语句主要用于根据条件是否成立执行不同的操作，其基本语法格式如下，注意不要遗漏冒号及代码的缩进。

if 条件：　　# 注意不要遗漏冒号
　　代码 1　　# 注意代码前要有缩进
else:　　# 注意不要遗漏冒号
　　代码 2　　# 注意代码前要有缩进

如果条件成立，则执行代码 1；如果条件不成立，则执行代码 2。如果不需要在条件不成立时执行指定操作，可省略 else。

在前面的内容中已经多次出现过 if 语句，这里再做一个简单的演示，代码如下：

```
1    score = 85
2    if score >= 60:
3        print('及格')
4    else:
5        print('不及格')
```

因为 85 满足"大于等于 60"的条件，所以运行结果如下：

```
1    及格
```

如果有多个判断条件，可以使用 elif 语句来处理，演示代码如下：

```
1    score = 55
2    if score >= 80:
3        print('优秀')
4    elif (score >= 60) and (score < 80):
5        print('及格')
6    else:
7        print('不及格')
```

因为 55 既不满足"大于等于 80"的条件，也不满足"大于等于 60 且小于 80"的条件，所以运行结果如下：

```
1    不及格
```

elif 是 elseif 的缩写，用得相对较少，简单了解即可。

2.6.2 for 语句

for 语句常用于完成指定次数的重复操作，其基本语法格式如下，同样注意不要遗漏冒号和缩进。

for i in 序列：   # 注意不要遗漏冒号
    要重复执行的代码   # 注意代码前要有缩进

演示代码如下：

```
1    class1 = ['李白', '王维', '孟浩然']
2    for i in class1:
3        print(i)
```

for 语句在执行过程中，会让 i 依次从列表 class1 的元素里取值，每取一个元素就执行一次第 3 行代码，直到取完所有元素为止。因为列表 class1 有 3 个元素，所以第 3 行代码会被重复执行 3 次，运行结果如下：

```
1    李白
2    王维
3    孟浩然
```

这里的 i 只是一个代号，可以换成其他变量。例如，将第 2 行代码中的 i 改为 j，则第 3 行代码就要相应改为 print(j)，得到的运行结果是一样的。

上述代码使用列表作为控制循环次数的序列，还可以使用字符串、字典等作为序列。如果序列是一个字符串，则 i 代表字符串中的字符；如果序列是一个字典，则 i 代表字典的键名。

此外，编程中还常用 range() 函数来创建一个整数序列，该函数的演示代码如下：

```
1    a = range(5)
```

range() 函数创建的序列默认从 0 开始，并且该函数具有与列表切片类似的"左闭右开"的特性，因此，这行代码表示创建一个 0 ～ 4 的整数序列（即 0、1、2、3、4）并赋给变量 a。

for 语句与 range() 函数结合使用的演示代码如下：

```
1    for i in range(3):
2        print('第', i + 1, '次')
```

运行结果如下：

```
1    第 1 次
2    第 2 次
3    第 3 次
```

2.6.3　while 语句

while 语句用于在指定条件成立时重复执行操作，其基本语法格式如下，注意不要遗漏冒号及缩进。

while 条件：　　# 注意不要遗漏冒号

**　要重复执行的代码　　# 注意代码前要有缩进**

演示代码如下：

```
1    a = 1
2    while a < 3:
3        print(a)
4        a = a + 1    # 也可以写成 a += 1
```

第 1 行代码让 a 的初始值为 1；第 2 行代码的 while 语句会判断 a 的值是否满足"小于 3"的条件，判断结果是满足，因此执行第 3 行和第 4 行代码，先输出 a 的值 1，再将 a 的值增加 1 变成 2；随后返回第 2 行代码进行判断，此时 a 的值仍然满足"小于 3"的条件，所以会再次执行第 3 行和第 4 行代码，先输出 a 的值 2，再将 a 的值增加 1 变成 3；随后返回第 2 行代码进行判断，此时 a 的值已经不满足"小于 3"的条件，循环便终止了，不再执行第 3 行和第 4 行代码。

运行结果如下：

```
1    1
2    2
```

while 语句经常与 True 搭配使用来创建永久循环，其基本语法格式如下：

while True:

要重复执行的代码

大家可以试试输入如下代码并运行，体验一下永久循环的效果。

```
1    while True:
2        print('hahaha')
```

如果想强制停止永久循环，在 PyCharm 中可以按快捷键【Ctrl+F2】。

2.6.4 控制语句的嵌套

控制语句的嵌套是指在一个控制语句中包含一个或多个相同或不同的控制语句。嵌套的方式多种多样，如 for 语句中嵌套 if 语句，if 语句中嵌套 if 语句，while 语句中嵌套 while 语句，if 语句中嵌套 for 语句，等等。也就是说，控制语句可以按照想要实现的功能进行相互嵌套。

先举一个在 if 语句中嵌套 if 语句的例子，演示代码如下：

```
1    math = 95
2    chinese = 80
3    if math >= 90:
4        if chinese >= 90:
5            print('优秀')
6        else:
7            print('加油')
8    else:
9        print('加油')
```

第 3 ~ 9 行代码为一个 if 语句，第 4 ~ 7 行代码也为一个 if 语句，后者嵌套在前者之中，代码前的缩进量大小体现了嵌套结构中的层级关系。

这个嵌套结构的含义是：如果变量 math 的值大于等于 90，且变量 chinese 的值也大于等于 90，则输出"优秀"；如果变量 math 的值大于等于 90，且变量 chinese 的值小于 90，则输出"加油"；如果变量 math 的值小于 90，则无论变量 chinese 的值为多少，都输出"加油"。因此，代码的运行结果如下：

```
1    加油
```

下面再来看一个在 for 语句中嵌套 if 语句的例子，演示代码如下：

```
1    for i in range(5):
2        if i == 1:
3            print('加油')
4        else:
5            print('安静')
```

第 1 ~ 5 行代码为一个 for 语句，第 2 ~ 5 行代码为一个 if 语句，后者嵌套在前者之中。第 1 行代码中 for 语句和 range() 函数的结合使用让 i 可以依次取值 0、1、2、3、4，然后进入 if 语句，当 i 的值等于 1 时，输出"加油"，否则输出"安静"。因此，代码的运行结果如下：

```
1    安静
2    加油
3    安静
4    安静
5    安静
```

2.7　函数

函数就是把具有独立功能的代码块组织成一个小模块，在需要时直接调用。函数又分为内置函数和自定义函数：内置函数是 Python 的开发者已经编写好的函数，我们可以直接使用，如 print() 函数；自定义函数则是用户按照需求自己编写的函数。

2.7.1　内置函数

Python 的开发者一般会把那些需要频繁使用的函数制作成内置函数，如用于在屏幕上输出内容的 print() 函数。除了 print() 函数，Python 还提供了很多内置函数。下面介绍一些 Python 中常用的内置函数。

1. len() 函数

len() 函数在前面讲解列表时已经介绍过，它可以统计列表的元素个数，演示代码如下：

```
1    title = ['标题1', '标题2', '标题3']
2    print(len(title))
```

运行结果如下：

```
1    3
```

len() 函数在实战中经常和 range() 函数一起使用，演示代码如下：

```
1    title = ['标题1', '标题2', '标题3']
2    for i in range(len(title)):
3        print(str(i + 1) + '.' + title[i])
```

第 2 行代码中的 range(len(title)) 就表示 range(3)，因此，for 语句中的 i 会依次取值为 0、1、2，在生成标题序号时就要写成 i + 1，并用 str() 函数转换成字符串，再用 "+" 运算符进行字符串拼接。最终运行结果如下：

```
1    1.标题1
2    2.标题2
3    3.标题3
```

len() 函数还可以统计字符串的长度，即字符串中字符的个数，演示代码如下：

```
1    a = '123abcd'
2    print(len(a))
```

运行结果如下，表示变量 a 所代表的字符串有 7 个字符。

```
1    7
```

2. replace() 函数

replace() 函数主要用于在字符串中进行查找和替换，其基本语法格式如下：

字符串 .replace(要查找的内容, 要替换为的内容)

演示代码如下：

```
1    a = '<em>面朝大海，</em>春暖花开'
2    a = a.replace('<em>', '')
3    a = a.replace('</em>', '')
4    print(a)
```

在第 2 行和第 3 行代码中，replace() 函数的第 2 个参数的引号中没有任何内容，因此，这两行代码表示将查找到的内容删除。运行结果如下：

```
1    面朝大海，春暖花开
```

3. strip() 函数

strip() 函数的主要作用是删除字符串首尾的空白字符（包括换行符和空格），其基本语法格式如下：

字符串.strip()

演示代码如下：

```
1    a = '    学而时习之  不亦说乎     '
2    a = a.strip()
3    print(a)
```

运行结果如下：

```
1    学而时习之  不亦说乎
```

可以看到，字符串首尾的空格都被删除了，字符串中间的空格则被保留下来。

4. split() 函数

split() 函数的主要作用是按照指定的分隔符将字符串拆分为一个列表，其基本语法格式如下：

字符串.split('**分隔符**')

演示代码如下：

```
1    today = '2020-04-12'
2    a = today.split('-')
3    print(a)
```

运行结果如下：

```
1    ['2020', '04', '12']
```

如果想调用拆分字符串得到的年、月、日信息，可以通过如下代码实现：

```
1    a = today.split('-')[0]    # 获取年信息，即拆分字符串所得列表的第1个元素
2    a = today.split('-')[1]    # 获取月信息，即拆分字符串所得列表的第2个元素
3    a = today.split('-')[2]    # 获取日信息，即拆分字符串所得列表的第3个元素
```

5. format() 函数

format() 函数的主要功能是格式化字符串，在实际应用中常用于将不同数据类型的值拼接成字符串。该函数的基本语法格式如下：

字符串 .format(要格式化的值)

演示代码如下：

```
1   a = '{}, {}!'.format('Hello', 'Python')
2   print(a)
```

上述代码在字符串中使用 {} 设置了两个填充位置，在 format() 函数的括号中给出了两个值，并用逗号分隔。format() 函数会依次用其括号中的值替换字符串中的 {}，得到一个新的字符串。运行结果如下：

```
1   Hello, Python!
```

format() 函数括号中可以设置多个值，第 1 个值的编号为 0，第 2 个值的编号为 1，依此类推。因此，还可以在字符串的 {} 中使用数字来指定填充哪个值，这样不仅能改变填充值的顺序，还能重复使用值。演示代码如下：

```
1   b = '{1} {1} {0}'.format('Hello', 'Python')
2   print(b)
```

运行结果如下：

```
1   Python Python Hello
```

format() 函数括号中的值除了可以是字符串，还可以是数值、变量、表达式等。演示代码如下：

```
1   name = '李明'
2   bir_y = 1990
3   c = '我叫{}，今年{}岁。'.format(name, 2020 - bir_y)
4   print(c)
```

运行结果如下：

```
1   我叫李明，今年30岁。
```

format() 函数还可以使用键值对的方式来匹配值和填充位置。演示代码如下：

```
1    h = 1.73
2    w = 65
3    bmi = w / h ** 2
4    bfr = 0.15273
5    d = '体重 {weight}kg，身高 {height}m，BMI {bmi}，体脂率 {bfr}。'.
     format(height=h, weight=w, bmi=bmi, bfr=bfr)
6    print(d)
```

第 5 行代码中，在字符串的 {} 内填写键，在 format() 函数的括号中以"键 = 值"的形式给出键值对，运行后就会将键替换为对应的值。运行结果如下：

```
1    体重 65kg，身高 1.73m，BMI 21.71806608974573，体脂率 0.15273。
```

在 {} 中可以使用格式描述符对值进行格式化。演示代码如下：

```
1    h = 1.73
2    w = 65
3    bmi = w / h ** 2
4    bfr = 0.15273
5    e = '体重 {weight:.2f}kg，身高 {height:.2f}m，BMI {bmi:.2f}，体脂率
     {bfr:.2%}。'.format(height=h, weight=w, bmi=bmi, bfr=bfr)
6    print(e)
```

第 5 行代码中，在 {} 内的各个键后输入冒号，然后书写格式描述符。其中的".2f"表示格式化为两位小数的浮点型数字，".2%"表示格式化为百分数并保留两位小数。运行结果如下：

```
1    体重 65.00kg，身高 1.73m，BMI 21.72，体脂率 15.27%。
```

从上述讲解可以看出，在拼接字符串时使用 format() 函数比使用运算符"+"更方便，因为使用 format() 函数不用转换数据类型，并且代码也更清晰易懂。

技巧：拼接字符串的其他常用方法

在编写爬虫代码时，经常需要通过拼接字符串来生成变化有规律的网址。除了使用 format() 函数，拼接字符串还有两种常用方法。

第一种方法是使用百分号占位符。演示代码如下：

```
1    a = '姓名：%s' % ('李明')
2    print(a)
```

第 1 行代码中的 "%s" 就是一个百分号占位符，它并不代表拼接的实际内容，而是代表一个字符串，实际的拼接内容跟在一个单独的 "%" 号后面，并用括号括起。运行结果如下：

```
1    姓名：李明
```

常用的百分号占位符还有 "%d" 和 "%f"，分别代表一个整型数字和一个浮点型数字。演示代码如下：

```
1    age = 30
2    height = 1.73
3    bfr = 0.15273
4    b = '年龄%d岁，身高%.2fm，体脂率%.2f%%。' % (age, height, bfr*100)
5    print(b)
```

第 4 行代码中的 "%.2f" 表示将拼接内容格式化为两位小数的浮点型数字，"%%" 表示一个百分号。运行结果如下：

```
1    年龄30岁，身高1.73m，体脂率15.27%。
```

第二种方法是从 Python 3.6 版本开始引入的 f-string 方法。该方法以修饰符 f 或 F 引领字符串，然后在字符串中用 {} 包裹要拼接的变量或表达式，在 {} 内还可以使用和 format() 函数类似的格式描述符。演示代码如下：

```
1    age = 30
2    height = 1.73
3    bfr = 0.15273
4    c = f'年龄{age}岁，身高{height}m，体脂率{bfr}。'
5    d = f'年龄{age:d}岁，身高{height:.2f}m，体脂率{bfr:.2%}。'
6    print(c)
7    print(d)
```

运行结果如下：

```
1    年龄30岁，身高1.73m，体脂率0.15273。
2    年龄30岁，身高1.73m，体脂率15.27%。
```

可以看到，f-string 方法比 format() 函数还要简洁、直观，因此，本书的大多数案例在拼接字符串时使用的是 f-string 方法。

2.7.2　自定义函数

内置函数的数量毕竟有限，只靠内置函数不可能实现我们需要的所有功能，因此，编程中常常需要将会频繁使用的代码编写为自定义函数，这样在后期使用时就可以方便地调用了。

1．函数的定义与调用

在 Python 中使用 def 语句来定义一个函数，基本语法格式如下：

def 函数名（参数）：

　实现函数功能的代码

注意不要遗漏 def 语句末尾的冒号，并且在实现函数功能的代码前要添加缩进。演示代码如下：

```
1  def y(x):
2      print(x + 1)
3  y(1)
```

第 1 行和第 2 行代码定义了一个函数 y()，该函数有一个参数 x，函数的功能是输出 x 的值与 1 相加的运算结果。第 3 行代码调用 y() 函数，并将 1 作为 y() 函数的参数。运行结果如下：

```
1  2
```

从上述代码可以看出，函数的调用很简单，只要输入函数名，如函数名 y，如果函数含有参数，如函数 y(x) 中的 x，那么在函数名后面的括号中输入参数的值即可。如果将上述第 3 行代码修改为 y(2)，那么运行结果就是 3。

定义函数时的参数称为形式参数，它只是一个代号，可以换成其他内容。例如，可以把上述代码中的 x 换成 z，结果如下：

```
1  def y(z):
2      print(z + 1)
3  y(1)
```

定义函数时也可以传入多个参数，以自定义含有两个参数的函数为例，演示代码如下：

```
1  def y(x, z):
2      print(x + z + 1)
3  y(1, 2)
```

因为第 1 行代码在定义函数时指定了两个参数 x 和 z，所以第 3 行代码在调用函数时就得在括号中输入两个参数，运行结果如下：

```
1    4
```

定义函数时也可以不要参数，代码如下：

```
1    def y():
2        x = 1
3        print(x + 1)
4    y()
```

第 1 ～ 3 行代码定义了一个函数 y()，在定义这个函数时并没有要求输入参数，所以第 4 行代码中直接输入 y() 就可以调用函数，运行结果如下：

```
1    2
```

2. 定义有返回值的函数

在前面的例子中，定义函数时仅是将函数的执行结果用 print() 函数输出，之后就无法使用这个结果了。如果之后还需要使用函数的执行结果做其他事，则在定义函数时要使用 return 语句来定义函数的返回值。演示代码如下：

```
1    def y(x):
2        return x + 1
3    a = y(1)
4    print(a)
```

第 1 行和第 2 行代码定义了一个函数 y()，函数的功能不是直接输出运算结果，而是将运算结果作为函数的返回值返回给调用函数的代码；第 3 行代码在执行时会先调用 y() 函数，并以 1 作为函数的参数，y() 函数内部使用参数 1 计算出 1+1 的结果为 2，再将 2 返回给第 3 行代码，赋给变量 a。运行结果如下：

```
1    2
```

3. 变量的作用域

函数内使用的变量与函数外的代码是没有关系的，演示代码如下：

```
1    x = 1
2    def y(x):
3        x = x + 1
4        print(x)
```

```
5    y(3)
6    print(x)
```

大家先在脑海中思考一下，上述代码会输出什么内容呢？下面揭晓运行结果：

```
1    4
2    1
```

第 4 行和第 6 行代码同样是 print(x)，为什么输出的内容不一样呢？这是因为函数 y(x) 里面的 x 和外面的 x 没有关系。之前讲过，可以把 y(x) 换成 y(z)，代码如下：

```
1    x = 1
2    def y(z):
3        z = z + 1
4        print(z)
5    y(3)
6    print(x)
```

运行结果如下：

```
1    4
2    1
```

可以发现两段代码的运行结果一样。y(z) 中的 z 或者说 y(x) 中的 x 只在函数内部生效，并不会影响外部的变量。正如前面所说，函数的形式参数只是一个代号，属于函数内的局部变量，因此不会影响函数外部的变量。

2.8　模块的导入

要使用模块，就需要安装和导入模块。模块的安装方法在第 1 章已经详细介绍过，这里来讲解模块的两种导入方法：import 语句导入法和 from 语句导入法。

2.8.1　import 语句导入法

import 语句导入法是导入模块的常规方法。该方法会导入指定模块中的所有函数，适用于需要使用指定模块中的大量函数的情况。import 语句的基本语法格式如下：

import **模块名**

演示代码如下：

```
1  import math    # 导入math模块
2  import turtle    # 导入turtle模块
```

用该方法导入模块后，在后续编程中如果要调用模块中的函数，则要在函数名前面加上模块名的前缀。演示代码如下：

```
1  import math
2  a = math.sqrt(16)
3  print(a)
```

第 2 行代码要调用 math 模块中的 sqrt() 函数来计算 16 的平方根，所以在 sqrt() 函数前加上了模块名 math 的前缀。运行结果如下：

```
1  4.0
```

2.8.2 from 语句导入法

有些模块中的函数特别多，用 import 语句全部导入后会导致程序运行速度较慢，将程序打包后得到的文件体积也会很大。如果只需要使用模块中的少数几个函数，就可以采用 from 语句导入法，这种方法可以指定要导入的函数。from 语句的基本语法格式如下：

from **模块名** import **函数名**

演示代码如下：

```
1  from math import sqrt    # 导入math模块中的单个函数
2  from turtle import forward, backward, right, left    # 导入turtle模
   块中的多个函数
```

使用该方法导入模块的最大优点就是在调用函数时可以直接写出函数名，无须添加模块名前缀。演示代码如下：

```
1  from math import sqrt    # 导入math模块中的sqrt()函数
2  a = sqrt(16)
3  print(a)
```

因为第 1 行代码中已经写明了要导入哪个模块中的哪个函数，所以第 2 行代码中就可以直接用函数名调用函数。运行结果如下：

```
1  4.0
```

这两种导入模块的方法各有优缺点，编程时根据实际需求选择即可。

此外，如果模块名或函数名很长，可以在导入时使用 as 保留字对它们进行简化，以方便后续代码的编写。通常用模块名或函数名中的某几个字母来代替模块名或函数名。演示代码如下：

```
1  import numpy as np    # 导入NumPy模块，并将其简写为np
2  from math import factorial as fc    # 导入math模块中的factorial()函数，并将其简写为fc
```

提示

使用 from 语句导入法时，如果将函数名用通配符"*"代替，写成"from 模块名 import *"，则和 import 语句导入法一样，会导入模块中的所有函数。演示代码如下：

```
1  from math import *    # 导入math模块中的所有函数
2  a = sqrt(16)
3  print(a)
```

这种方法的优点是在调用模块中的函数时无须添加模块名前缀，缺点是不能使用 as 保留字来简化函数名。

[第3章]

数组的存储和处理
——NumPy 模块

· ·

NumPy 模块是 Python 语言的一个科学计算的第三方模块,其名字由 "Numerical Python" 缩写而来。NumPy 模块可以构建多维数据的容器,将各种类型的数据快速地整合在一起,完成多维数据的计算及大型矩阵的存储和处理。因此,Python 中的很多模块都是在 NumPy 模块的基础上编写的。

3.1 创建数组

NumPy 模块最主要的特点就是引入了数组的概念。数组是一些相同类型的数据的集合,这些数据按照一定的顺序排列,并且每个数据占用大小相同的存储空间。要使用数组组织数据,首先就要创建数组。NumPy 模块提供多种创建数组的方法,创建的数组类型也多种多样,下面就来学习创建数组的方法。

3.1.1 使用 array() 函数创建数组

代码文件:3.1.1 使用 array() 函数创建数组.py

创建数组最常用的方法是使用 array() 函数,该函数可基于序列型的对象(如列表、元组、集合等,还可以是一个已创建好的数组)创建任意维度的数组。下面先来学习如何基于列表创建一维数组,演示代码如下:

```
1  import numpy as np
2  a = np.array([1, 2, 3, 4])
3  b = np.array(['产品编号', '销售数量', '销售单价', '销售金额'])
4  print(a)
5  print(b)
```

第 1 行代码表示导入 NumPy 模块,并简写为 np,这是为了之后能更方便地调用模块中的函数。第 2 行和第 3 行代码使用 array() 函数基于列表创建一维数组。需要注意的是,同一个数组中各元素的数据类型必须相同,如 a 的元素全是整型数字,b 的元素则全是字符串。

56

代码运行结果如下：

```
1    [1 2 3 4]
2    ['产品编号' '销售数量' '销售单价' '销售金额']
```

从运行结果可以看出，数组中的元素是通过空格分隔的。

上面介绍的是一维数组的创建方法，如果要创建多维数组，可以为 array() 函数传入一个嵌套列表作为参数。演示代码如下：

```
1    import numpy as np
2    c = np.array([[1, 2, 3], [4, 5, 6], [7, 8, 9]])
3    print(c)
```

代码运行结果如下：

```
1    [[1 2 3]
2     [4 5 6]
3     [7 8 9]]
```

可以看到，创建的数组 c 是一个 3 行 3 列的二维数组。

上面演示的是 array() 函数最简单和最基本的用法，下面详细介绍该函数的语法格式和参数含义，大家简单了解即可。

array(object, dtype=None, copy=True, order=None, subok=False, ndmin=0)

参数说明见下表。

参数	说明
object	必选，为一个序列型对象，如列表、元组、集合等，还可以是一个已创建好的数组
dtype	可选，用于指定数组元素的数据类型
copy	可选，用于设置是否需要复制对象
order	可选，用于指定创建数组的样式
subok	可选，默认返回一个与基类的类型一致的数组
ndmin	可选，用于指定生成数组的最小维度

3.1.2　创建等差数组

代码文件：3.1.2 创建等差数组.py

如果要创建的数组中的元素能构成一个等差序列，那么使用 arange() 函数创建数组会更加方便，演示代码如下：

```
1    import numpy as np
2    d = np.arange(1, 20, 4)
3    print(d)
```

第 2 行代码表示生成一个起始值为 1、结束值为 20（结果不含该值）、步长为 4 的等差序列，然后用这个等差序列创建一个一维数组。代码运行结果如下：

```
1    [ 1 5 9 13 17]
```

如果省略 arange() 函数的第 3 个参数，则步长默认为 1。演示代码如下：

```
1    import numpy as np
2    d = np.arange(1, 20)
3    print(d)
```

第 2 行代码表示生成一个起始值为 1、结束值为 20（结果不含该值）、步长为 1 的等差序列，然后用这个等差序列创建一个一维数组。代码运行结果如下：

```
1    [ 1 2 3 4 5 6 7 8 9 10 11 12 13 14 15 16 17 18 19]
```

如果只在 arange() 函数的括号里输入 1 个参数，则 arange() 函数将此参数作为结束值，起始值默认为 0，步长默认为 1。演示代码如下：

```
1    import numpy as np
2    d = np.arange(20)
3    print(d)
```

第 2 行代码表示生成一个起始值为 0、结束值为 20（结果不含该值）、步长为 1 的等差序列，然后用这个等差序列创建一个一维数组。代码运行结果如下：

```
1    [ 0 1 2 3 4 5 6 7 8 9 10 11 12 13 14 15 16 17 18 19]
```

下面详细介绍一下 arange() 函数的语法格式和参数含义。

arange(start, stop, step, dtype=None)

参数说明见下表。

参数	说明
start	可选，表示起始值。如果省略，则默认为 0
stop	必选，表示结束值，生成的数组元素不包括该值
step	可选，表示步长。如果省略，则默认为 1；如果指定了该参数，则必须给出参数 start 的值

续表

参数	说明
dtype	可选，表示创建的数组元素的数据类型。默认值为 None，如果省略，则从其他参数推断数据类型

3.1.3　创建随机数组

代码文件：3.1.3 创建随机数组.py

如果要创建以随机数为元素的数组，可使用 NumPy 模块的子模块 random 中的函数，主要有 rand() 函数、randn() 函数、randint() 函数。下面分别来学习使用这 3 个函数创建随机数组的方法。

1. rand() 函数

用 rand() 函数创建的数组中的每个元素都是 [0，1) 区间内的随机数。演示代码如下：

```
1    import numpy as np
2    e = np.random.rand(3)
3    print(e)
```

第 2 行代码表示创建一个有 3 个元素的一维数组，其元素为位于 [0，1) 区间内的随机数。代码运行结果如下：

```
1    [0.52629764 0.60120953 0.928765  ]
```

如果给 rand() 函数传入一对参数值，就会生成一个相应行、列数的二维数组，且数组的元素为位于 [0，1) 区间内的随机数。演示代码如下：

```
1    import numpy as np
2    e = np.random.rand(2, 3)
3    print(e)
```

第 2 行代码表示生成一个 2 行 3 列的二维数组，其元素为位于 [0，1) 区间内的随机数。代码运行结果如下：

```
1    [[0.47760649 0.77905762 0.44320408]
2     [0.33504138 0.95236697 0.12665502]]
```

2. randn() 函数

用 randn() 函数创建的数组中的元素是符合标准正态分布（均值为 0，标准差为 1）的随机数。演示代码如下：

```
1  import numpy as np
2  e = np.random.randn(3)
3  print(e)
```

第 2 行代码表示创建一个有 3 个元素的一维数组，这 3 个元素为符合标准正态分布的随机数。代码运行结果如下：

```
1  [0.53532424 1.21974306 0.16032314]
```

如果给 randn() 函数传入一对参数值，则会生成相应行、列数的二维数组，且数组元素符合标准正态分布。演示代码如下：

```
1  import numpy as np
2  e = np.random.randn(3, 3)
3  print(e)
```

第 2 行代码表示创建一个 3 行 3 列的二维数组，数组元素为符合标准正态分布的随机数。代码运行结果如下：

```
1  [[ 0.28850844  0.9403601  -1.53854975]
2   [-2.28107582  1.06579641  0.69591266]
3   [-0.8554639  -0.28063843 -0.5227256 ]]
```

3. randint() 函数

用 randint() 函数创建的数组中的元素是指定范围内的随机整数。演示代码如下：

```
1  import numpy as np
2  e = np.random.randint(1, 5, 10)
3  print(e)
```

第 2 行代码表示创建一个有 10 个元素的一维数组，这 10 个元素是 [1, 5) 区间内的随机整数。需要注意的是，这里生成的随机整数不包括 5。代码运行结果如下：

```
1  [4 2 2 2 2 2 1 3 2 1]
```

使用 randint() 函数也可以创建二维的随机整数数组，演示代码如下：

```
1  import numpy as np
```

```
2    e = np.random.randint(1, 10, (4, 2))
3    print(e)
```

第 2 行代码表示创建一个 4 行 2 列的二维数组，数组元素为 [1, 10) 区间内的随机整数。代码运行结果如下：

```
1    [[6 6]
2     [9 4]
3     [3 2]
4     [9 7]]
```

3.2　查看数组的属性

代码文件：3.2 查看数组的属性.py

数组的属性主要是指数组的行列数、元素个数、元素的数据类型、数组的维数。下面分别讲解这些属性的查看方法。

1.　查看数组的行数和列数

数组的 shape 属性用于查看数组的行数和列数。演示代码如下：

```
1    import numpy as np
2    arr = np.array([[1, 2], [3, 4], [5, 6]])
3    print(arr.shape)
```

第 3 行代码表示通过 shape 属性获取数组 arr 的行数和列数并打印输出。代码运行结果如下：

```
1    (3, 2)
```

从运行结果可以看出，数组 arr 为 3 行 2 列的数组。

通过 shape 属性获得的是一个元组，如果只想查看数组的行数或列数，可以通过从元组中提取元素来实现。演示代码如下：

```
1    import numpy as np
2    arr = np.array([[1, 2], [3, 4], [5, 6]])
3    print(arr.shape[0])
4    print(arr.shape[1])
```

第 3 行代码中的 shape[0] 表示查看数组 arr 的行数，第 4 行代码中的 shape[1] 表示查看数组 arr 的列数。代码运行结果如下：

```
1    3
2    2
```

2. 查看数组的元素个数

数组的 size 属性用于查看数组的大小，也就是数组的元素个数。演示代码如下：

```
1    import numpy as np
2    arr = np.array([[1, 2], [3, 4], [5, 6]])
3    print(arr.size)
```

代码运行结果如下：

```
1    6
```

运行结果表示数组 arr 一共有 6 个元素。

3. 查看和转换数组元素的数据类型

数组的 dtype 属性用于查看数组元素的数据类型。演示代码如下：

```
1    import numpy as np
2    arr = np.array([[1.3, 2, 3.6, 4], [5, 6, 7.8, 8]])
3    print(arr.dtype)
```

代码运行结果如下：

```
1    float64
```

运行结果表示数组 arr 的元素的数据类型为浮点型数字。

如果数组元素的数据类型不能满足工作需要，可以使用 astype() 函数进行转换。演示代码如下：

```
1    import numpy as np
2    arr = np.array([[1.3, 2, 3.6, 4], [5, 6, 7.8, 8]])
3    arr1 = arr.astype(int)
4    print(arr1)
5    print(arr1.dtype)
```

第 2 行代码创建了一个数组 arr，其元素为浮点型数字。第 3 行代码使用 astype() 函数将数组 arr 中元素的数据类型转换为整型数字。第 4 行代码用于输出转换后的数组 arr1。第 5 行代码用于查看数组 arr1 中元素的数据类型。代码运行结果如下：

```
1   [[1 2 3 4]
2    [5 6 7 8]]
3   int32
```

从运行结果可以看出，数组 arr1 中的元素都被取整了，并且数据类型由原来的浮点型数字变为了整型数字。

4. 查看数组的维数

数组的维数是指数组是几维数组，可直接调用数组的 ndim 属性查看数组的维数。演示代码如下：

```
1   import numpy as np
2   arr = np.array([[1, 2], [3, 4], [5, 6]])
3   print(arr.ndim)
```

代码运行结果如下：

```
1   2
```

运行结果表示数组 arr 是二维数组。

3.3　选取数组元素

数组元素可以通过数组的索引值和切片功能来选取。本节主要讲解一维数组和二维数组中元素的选取方法。

3.3.1　一维数组的元素选取

代码文件：3.3.1 一维数组的元素选取.py

一维数组的结构比较简单，数组元素的选取也比较简单。既可以选取单个元素，也可以选取多个连续的元素，还可以按照一定的规律选取多个不连续的元素。下面就来分别讲解具体的方法。

1. 选取单个元素

在一维数组中选取单个元素的方法非常简单，直接根据数组元素的索引值来选取即可。演示代码如下：

```
1  import numpy as np
2  arr = np.array([12, 2, 40, 64, 56, 6, 57, 18, 95, 17, 21, 12])
3  print(arr[0])
4  print(arr[5])
5  print(arr[-1])
6  print(arr[-4])
```

第 3～6 行代码的中括号 [] 中的数值为要选取的元素在数组中的索引值。其中，第 3 行和第 4 行代码使用的是正序索引，其值是从 0 开始计数的，即：第 1 个元素的索引值为 0，第 2 个元素的索引值为 1，第 3 个元素的索引值为 2，依此类推。而第 5 行和第 6 行代码使用的是倒序索引，其值是从 -1 开始计数的，即：倒数第 1 个元素的索引值为 -1，倒数第 2 个元素的索引值为 -2，倒数第 3 个元素的索引值为 -3，依此类推。因此，第 3 行和第 4 行代码分别表示选取数组的第 1 个元素和第 6 个元素，第 5 行和第 6 行代码分别表示选取数组的倒数第 1 个元素和倒数第 4 个元素。代码运行结果如下：

```
1  12
2  6
3  12
4  95
```

2. 选取连续的元素

如果想要在一维数组中选取连续的多个元素，给出这些元素的起始位置和结束位置的索引值即可。需要注意的是，起始位置和结束位置的索引值构成的是一个"左闭右开"的区间，也就是说，选取起始位置的元素，但是不选取结束位置的元素。演示代码如下：

```
1  import numpy as np
2  arr = np.array([12, 2, 40, 64, 56, 6, 57, 18, 95, 17, 21, 12])
3  print(arr[1:6])
4  print(arr[3:-2])
5  print(arr[:3])
6  print(arr[:-3])
7  print(arr[3:])
8  print(arr[-3:])
```

第 3 行代码表示选取索引值 1（第 2 个元素）到索引值 6（第 7 个元素）之间的元素，但是不包含索引值 6 的这个元素。第 4 行代码表示选取索引值 3（第 4 个元素）到索引值 -2（倒数第 2 个元素）之间的元素，但是不包含索引值 -2 的这个元素。第 5 行和第 6 行代码的 "[]" 中省略了区间的起始位置，只指明了结束位置，表示选取结束位置之前的所有元素，不包含结束位置的元素。第 7 行和第 8 行代码的 "[]" 中省略了区间的结束位置，只指明了起始位置，表示选取起始位置之后的所有元素，并包含起始位置的元素。代码运行结果如下：

```
1  [ 2 40 64 56 6]
2  [64 56 6 57 18 95 17]
3  [12 2 40]
4  [12 2 40 64 56 6 57 18 95]
5  [64 56 6 57 18 95 17 21 12]
6  [17 21 12]
```

3. 选取不连续的元素

如果想要在指定的区间中每隔几个元素就选取一个元素，也可以通过数组切片的方式来实现。演示代码如下：

```
1  import numpy as np
2  arr = np.array([12, 2, 40, 64, 56, 6, 57, 18, 95, 17, 21, 12])
3  print(arr[1:5:2])
4  print(arr[5:1:-2])
5  print(arr[::3])
6  print(arr[3::])
7  print(arr[:3:])
```

第 3～7 行代码的 "[]" 中都有两个冒号。其中，第 1 个冒号前和第 2 个冒号前的数值分别为数组元素的起始位置和结束位置，第 2 个冒号后的数值为步长，例如，第 3 行代码中第 2 个冒号后的数值 2 表示在每两个元素中选取 1 个元素（每隔 1 个元素选取 1 个元素）。如果步长为负值，则表示反向选取，例如，第 4 行代码中的 -2 也表示在每两个元素中选取 1 个元素（每隔 1 个元素选取 1 个元素），但要从后向前选取。第 5 行代码中省略了起始位置和结束位置，步长 3 表示从头到尾在每 3 个元素中选取 1 个元素（每隔 2 个元素选取 1 个元素）。第 6 行代码省略了结束位置和步长，表示从起始位置选取至数组末尾，且在每 1 个元素中选取 1 个元素（每隔 0 个元素选取 1 个元素）。第 7 行代码省略了起始位置和步长，表示选取结束位置之前的元素，且在每 1 个元素中选取 1 个元素（每隔 0 个元素选取 1 个元素）。代码运行结果如下：

```
1  [ 2 64]
2  [ 6 64]
```

```
3    [12 64 57 17]
4    [64 56 6 57 18 95 17 21 12]
5    [12 2 40]
```

3.3.2 二维数组的元素选取

代码文件：3.3.2 二维数组的元素选取.py

二维数组中元素的选取与一维数组中元素的选取类似，也是基于索引值进行的，但要用英文逗号"，"分隔数组的行和列的索引值。

1. 选取单个元素

如果要选取二维数组中的某个元素，直接传入元素在数组中的行和列的索引值即可。演示代码如下：

```
1    import numpy as np
2    arr = np.array([[1, 2, 3], [4, 5, 6], [7, 8, 9], [10, 11, 12]])
3    print(arr[1, 2])
```

第 3 行代码表示选取数组 arr 中行索引值 1（第 2 行）和列索引值 2（第 3 列）的元素。代码运行结果如下：

```
1    6
```

2. 选取单行或单列的元素

如果要选取二维数组中单行或单列的元素，直接指定这一行或这一列的索引位置即可。演示代码如下：

```
1    import numpy as np
2    arr = np.array([[1, 2, 3], [4, 5, 6], [7, 8, 9], [10, 11, 12]])
3    print(arr[2])
4    print(arr[:, 1])
```

第 3 行代码表示选取数组 arr 中行索引值 2（第 3 行）的元素。第 4 行代码表示选取数组 arr 中列索引值 1（第 2 列）的元素。需要注意的是，在选取单列时，"[]"中的逗号前必须有一个冒号，当冒号前后没有参数时，表示选取所有行，随后再选取指定的列。其实在选取单行时，也可以在"[]"中输入逗号和冒号，也就是说第 3 行代码也可以写为 print(arr[2, :])。代码运行结果如下：

```
1    [7 8 9]
2    [ 2  5  8 11]
```

3.　选取某些行或某些列的元素

如果要选取某些行的元素，指定这些行的索引值区间即可，选取时同样遵循"左闭右开"的规则。演示代码如下：

```
1    import numpy as np
2    arr = np.array([[1, 2, 3], [4, 5, 6], [7, 8, 9], [10, 11, 12]])
3    print(arr[1:3])
4    print(arr[:2])
5    print(arr[2:])
```

第 3 行代码表示选取行索引值 1（第 2 行）到行索引值 3（第 4 行）的行元素，但不包括行索引值 3（第 4 行）的行元素。第 4 行代码中省略了起始位置，表示选取行索引值 2（第 3 行）之前的所有行元素，但不包括行索引值 2（第 3 行）的行元素。第 5 行代码中省略了结束位置，表示选取行索引值 2（第 3 行）及其之后的所有行元素，包括最后一行的行元素。

代码运行结果如下（第 1 行和第 2 行为第 3 行代码的运行结果，第 3 行和第 4 行为第 4 行代码的运行结果，第 5 行和第 6 行为第 5 行代码的运行结果）：

```
1    [[4 5 6]
2     [7 8 9]]
3    [[1 2 3]
4     [4 5 6]]
5    [[7 8 9]
6     [10 11 12]]
```

选取某些列的元素也是使用同样的原理。演示代码如下：

```
1    import numpy as np
2    arr = np.array([[1, 2, 3, 4], [5, 6, 7, 8], [9, 10, 11, 12], [13,
     14, 15, 16]])
3    print(arr[:, 1:3])
4    print(arr[:, :2])
5    print(arr[:, 2:])
```

第 3 行代码表示选取第 2 列到第 4 列，但不包括第 4 列。第 4 行代码表示选取第 3 列之前的所有列，但不包括第 3 列。第 5 行代码表示选取第 3 列及其之后的所有列，包括最后一列。

代码运行结果如下（第 1 ～ 4 行为第 3 行代码的运行结果，第 5 ～ 8 行为第 4 行代码的运行结果，第 9 ～ 12 行为第 5 行代码的运行结果）：

```
1   [[ 2  3]
2    [ 6  7]
3    [10 11]
4    [14 15]]
5   [[ 1  2]
6    [ 5  6]
7    [ 9 10]
8    [13 14]]
9   [[3 4]
10   [7 8]
11   [11 12]
12   [15 16]]
```

4. 同时选取行列元素

如果要同时选取行和列的元素，同时给出要选取的行和列的索引值区间即可。演示代码如下：

```
1   import numpy as np
2   arr = np.array([[1, 2, 3, 4], [5, 6, 7, 8], [9, 10, 11, 12], [13, 14, 15, 16]])
3   print(arr[0:2, 1:3])
```

第 3 行代码表示选取第 1 行到第 2 行中，第 2 列到第 3 列的元素。代码运行结果如下：

```
1   [[2 3]
2    [6 7]]
```

3.4 数组的重塑与转置

数组的重塑是指更改数组的形状，也就是将某个维度的数组转换为另一个维度的数组，例如，将一维数组转换为多维数组，或者将 3 行 4 列的二维数组转换为 4 行 3 列的二维数组。转置是重塑的一种特殊形式，是指将数组的行旋转为列，列旋转为行。无论是数组重塑还是数组转置，操作前后的数组元素个数都是不会改变的。

3.4.1　一维数组的重塑

代码文件：3.4.1 一维数组的重塑.py

NumPy 模块中的 reshape() 函数可以在不改变数组元素内容和个数的情况下重塑数组的形状。下面先从较简单的一维数组的重塑开始讲解。一维数组的重塑就是将一行或一列的数组转换为多行多列的数组，演示代码如下：

```
1  import numpy as np
2  arr = np.array([1, 2, 3, 4, 5, 6, 7, 8])
3  a = arr.reshape(2, 4)
4  b = arr.reshape(4, 2)
5  print(a)
6  print(b)
```

第 2 行代码创建了一个含有 8 个元素的一维数组 arr。第 3 行代码将数组 arr 转换为 2 行 4 列的二维数组，并将转换结果赋给变量 a。第 4 行代码将数组 arr 转换为 4 行 2 列的二维数组，并将转换结果赋给变量 b。

代码运行结果如下（第 1 行和第 2 行为一维数组 arr 转换为 2 行 4 列的二维数组 a 的效果。第 3 ～ 6 行为一维数组 arr 转换为 4 行 2 列的二维数组 b 的效果）：

```
1  [[1 2 3 4]
2   [5 6 7 8]]
3  [[1 2]
4   [3 4]
5   [5 6]
6   [7 8]]
```

从运行结果可以看出，无论数组形状怎么转换，数组的元素内容和个数都没有变化。

提示

在进行数组重塑时，新数组的形状应该与原数组的形状兼容，即新数组的形状不能导致元素的个数发生改变，否则运行时会报错。

例如，要将一个有 12 个元素的一维数组转换为二维数组，则二维数组的形状只能为 1 行 12 列、2 行 6 列、3 行 4 列、4 行 3 列、6 行 2 列或 12 行 1 列。

3.4.2 多维数组的重塑

代码文件：3.4.2 多维数组的重塑.py

reshape() 函数除了可以将一维数组转换为多维数组，还可以更改多维数组的形状。演示代码如下：

```
1   import numpy as np
2   arr = np.array([[1, 2, 3, 4], [5, 6, 7, 8], [9, 10, 11, 12]])
3   c = arr.reshape(4, 3)
4   d = arr.reshape(2, 6)
5   print(c)
6   print(d)
```

第 2 行代码创建了一个 3 行 4 列的二维数组 arr。第 3 行代码使用 reshape() 函数将数组 arr 转换为一个 4 行 3 列的二维数组，并将转换结果赋给变量 c。第 4 行代码使用 reshape() 函数将数组 arr 转换为一个 2 行 6 列的二维数组，并将转换结果赋给变量 d。

代码运行结果如下（第 1 ~ 4 行为将二维数组 arr 转换为 4 行 3 列的二维数组 c 的效果，第 5 行和第 6 行为将数组 arr 转换为 2 行 6 列的二维数组 d 的效果）：

```
1   [[ 1 2 3]
2    [ 4 5 6]
3    [ 7 8 9]
4    [10 11 12]]
5   [[ 1 2 3 4 5 6]
6    [ 7 8 9 10 11 12]]
```

从运行结果可以看出，转换后的数组的元素内容和个数也没有发生变化。

前面讲解的是如何让多维数组在维度不变的情况下变换行列数，下面来讲解如何将多维数组转换为一维数组。演示代码如下：

```
1   import numpy as np
2   arr = np.array([[1, 2, 3, 4], [5, 6, 7, 8], [9, 10, 11, 12]])
3   print(arr.flatten())
4   print(arr.ravel())
```

第 3 行代码中的 flatten() 和第 4 行代码中的 ravel() 是 NumPy 模块中将多维数组转换为一维数组的函数。代码运行结果如下：

```
1   [ 1 2 3 4 5 6 7 8 9 10 11 12]
2   [ 1 2 3 4 5 6 7 8 9 10 11 12]
```

3.4.3　数组的转置

代码文件：3.4.3 数组的转置.py

关于数组的转置，NumPy 模块提供了 T 属性和 transpose() 函数两种方法，下面一起来看看具体的实现过程。

1. T 属性

T 属性的用法很简单，只需在要转置的数组后调用 T 属性即可。演示代码如下：

```
1  import numpy as np
2  arr = np.array([[1, 2, 3, 4], [5, 6, 7, 8], [9, 10, 11, 12]])
3  print(arr)
4  print(arr.T)
```

第 2 行代码创建了一个 3 行 4 列的二维数组 arr。第 3 行代码输出数组 arr。第 4 行代码调用 T 属性转置数组 arr 并输出转置结果。

代码运行结果如下（第 1 ~ 3 行为二维数组 arr 的内容，第 4 ~ 7 行为转置二维数组 arr 的结果）：

```
1  [[ 1 2 3 4]
2   [ 5 6 7 8]
3   [ 9 10 11 12]]
4  [[ 1 5 9]
5   [ 2 6 10]
6   [ 3 7 11]
7   [ 4 8 12]]
```

从运行结果可以看出，转置数组后，数组的元素内容和个数没有变化，但是数组的行变为了列，列变为了行。

2. transpose() 函数

transpose() 函数是通过调换数组的行和列的索引值来转置数组的。演示代码如下：

```
1  import numpy as np
2  arr = np.array([[1, 2, 3, 4], [5, 6, 7, 8], [9, 10, 11, 12]])
3  arr1 = np.transpose(arr)
4  print(arr1)
```

代码运行结果如下：

```
1  [[ 1 5  9]
2   [ 2 6 10]
3   [ 3 7 11]
4   [ 4 8 12]]
```

从运行结果可以看出，数组 arr 由 3 行 4 列的二维数组变为 4 行 3 列的二维数组 arr1，与使用 T 属性转置数组的效果相同。

3.5 数组的处理

数组的常见处理操作包括在数组中添加或删除元素，处理数组中的缺失值和重复值，对数组进行拼接和拆分，等等。下面就来讲解相应的方法。

3.5.1 添加数组元素

代码文件：3.5.1 添加数组元素.py

使用 NumPy 模块中的 append() 函数和 insert() 函数可以方便地在数组中添加元素，这两个函数的具体用法如下。

1. append() 函数

append() 函数可以在数组的末尾添加元素。演示代码如下：

```
1  import numpy as np
2  arr = np.array([[1, 2, 3], [4, 5, 6]])
3  arr1 = np.append(arr, [[7, 8, 9]])
4  print(arr1)
```

代码运行结果如下：

```
1  [1 2 3 4 5 6 7 8 9]
```

从运行结果可以看出，使用 append() 函数在二维数组 arr 中添加元素后，返回的数组 arr1 变成了一维数组。

如果想要在不改变数组维度的情况下在数组末尾添加元素，可以为 append() 函数添加参数 axis。演示代码如下：

```
1  import numpy as np
2  arr = np.array([[1, 2, 3], [4, 5, 6]])
3  arr1 = np.append(arr, [[7, 8, 9]], axis=0)
4  print(arr1)
```

第 3 行代码中为 append() 函数设置参数 axis 的值 0，我们可以简单地将其理解为，元素会添加在数组 arr 的行方向上，也就是说，数组的行数会增加，而列数不变。代码运行结果如下：

```
1  [[1 2 3]
2   [4 5 6]
3   [7 8 9]]
```

从运行结果可以看出，2 行 3 列的二维数组 arr 变成了 3 行 3 列的二维数组 arr1，数组的维度和列数没有变化，但是数组的行数和元素个数增加了。

append() 函数的参数 axis 也可以设置为 1，表示元素会添加在数组的列方向上，也就是说，数组的列数会增加，而行数不变。演示代码如下：

```
1  import numpy as np
2  arr = np.array([[1, 2, 3], [4, 5, 6]])
3  arr1 = np.append(arr, [[7, 8], [9, 10]], axis=1)
4  print(arr1)
```

代码运行结果如下：

```
1  [[ 1  2  3  7  8]
2   [ 4  5  6  9 10]]
```

从运行结果可以看出，2 行 3 列的二维数组 arr 变成了 2 行 5 列的二维数组 arr1，数组的维度和行数没有变化，但是数组的列数和元素个数增加了。

为了帮助大家更全面地掌握 append() 函数的用法，这里详细介绍一下 append() 函数的语法格式和参数含义。

append(arr, values, axis=None)

参数说明见下表。

参数	说明
arr	必选，要添加元素的数组
values	必选，要添加的数组元素

续表

参数	说明
axis	可选，默认值为 None。当省略该参数时，表示在数组的末尾添加元素，且返回一个一维数组；当 axis 的值为 0 时，表示在行方向上添加元素；当 axis 的值为 1 时，表示在列方向上添加元素

2. insert() 函数

insert() 函数用于在数组的指定位置插入元素。演示代码如下：

```
1  import numpy as np
2  arr = np.array([[1, 2], [3, 4], [5, 6]])
3  arr1 = np.insert(arr, 1, [7, 8])
4  print(arr1)
```

代码运行结果如下：

```
1  [1 7 8 2 3 4 5 6]
```

从运行结果可以看出，使用 insert() 函数在二维数组 arr 中插入元素后，返回的数组 arr1 变成了一维数组，且插入的元素位于数组 arr1 索引值 1（第 2 个元素）之前。

如果想要在不改变数组维度的情况下，在数组的指定位置插入元素，可以为 insert() 函数添加参数 axis。演示代码如下：

```
1  import numpy as np
2  arr = np.array([[1, 2], [3, 4], [5, 6]])
3  arr1 = np.insert(arr, 1, [7, 8], axis=0)
4  arr2 = np.insert(arr, 1, [7, 8, 9], axis=1)
5  print(arr1)
6  print(arr2)
```

第 3 行代码为 insert() 函数添加了参数 axis，并设置值为 0，表示在行方向上的指定位置（这里为索引值 1 的位置，即第 2 行）插入元素，也就是说，数组的行数会增加，而列数不变。第 4 行代码为 insert() 函数添加了参数 axis，并设置值为 1，表示在列方向上的指定位置（这里为索引值 1 的位置，即第 2 列）插入元素，也就是说，数组的列数会增加，而行数不变。

代码运行结果如下（第 1 ~ 4 行为数组 arr1，第 5 ~ 7 行为数组 arr2）：

```
1  [[1 2]
2   [7 8]
3   [3 4]
4   [5 6]]
```

```
5    [[1 7 2]
6     [3 8 4]
7     [5 9 6]]
```

从运行结果可以看出，3 行 2 列的二维数组 arr 在行方向上索引值 1 的位置插入元素后，变为 4 行 2 列的二维数组 arr1，在列方向上索引值 1 的位置插入元素后，变为 3 行 3 列的二维数组 arr2。

为了帮助大家更全面地掌握 insert() 函数的用法，这里详细介绍一下 insert() 函数的语法格式和参数含义。

insert(arr, obj, values, axis)

参数说明见下表。

参数	说明
arr	必选，要插入元素的数组
obj	必选，数组的索引值，表示插入元素的位置
values	必选，要插入的元素
axis	可选，省略该参数时，会先将数组展开成一个一维数组，再在一维数组的指定位置插入元素；当 axis 的值为 0 时，表示在行方向上的指定位置插入元素；当 axis 的值为 1 时，表示在列方向上的指定位置插入元素

3.5.2　删除数组元素

代码文件：3.5.2 删除数组元素.py

既然可以在数组中添加元素，自然也可以删除数组元素，需要用到的是 NumPy 模块中的 delete() 函数。演示代码如下：

```
1    import numpy as np
2    arr = np.array([[1, 2, 3], [4, 5, 6], [7, 8, 9]])
3    arr1 = np.delete(arr, 2)
4    arr2 = np.delete(arr, 2, axis=0)
5    arr3 = np.delete(arr, 2, axis=1)
6    print(arr1)
7    print(arr2)
8    print(arr3)
```

第 3、4、5 行代码都使用了 delete() 函数删除数组元素，区别在于：第 3 行代码中的函数未设置参数 axis，表示先将数组 arr 展开成一维数组，再删除指定位置的元素（这里为索引值 2 的元素，即第 3 个元素）；第 4 行代码设置参数 axis 的值为 0，表示删除数组 arr 中指定的行

（这里为索引值 2 的行，即第 3 行）；第 5 行代码设置参数 axis 的值为 1，表示删除数组 arr 中指定的列（这里为索引值 2 的列，即第 3 列）。

代码运行结果如下（第 1 行为数组 arr1 的内容，第 2 行和第 3 行为数组 arr2 的内容，第 4 ~ 6 行为数组 arr3 的内容）：

```
1    [1 2 4 5 6 7 8 9]
2    [[1 2 3]
3     [4 5 6]]
4    [[1 2]
5     [4 5]
6     [7 8]]
```

3.5.3　处理数组的缺失值

代码文件：3.5.3 处理数组的缺失值.py

数组的缺失值处理可分两步进行：第一步是找出缺失值的位置；第二步是用指定的值对缺失值进行填充。

使用 NumPy 模块中的 isnan() 函数可以标记数组中缺失值的位置。演示代码如下：

```
1    import numpy as np
2    arr = np.array([1, 2, 3, 4, 5, 6, np.nan, 8, 9])
3    print(arr)
4    print(np.isnan(arr))
```

第 2 行代码创建了一个含有缺失值的一维数组 arr，其中的 np.nan 即表示缺失值。第 3 行代码输出含有缺失值的数组 arr。第 4 行代码使用 isnan() 函数标记缺失值的位置，如果数组中某一位置的值为缺失值，则在该位置填充 True，否则填充 False。代码运行结果如下：

```
1    [ 1.  2.  3.  4.  5.  6. nan  8.  9.]
2    [False False False False False False  True False False]
```

从运行结果可以看出，数组 arr 的第 7 个元素为缺失值。

找到缺失值的位置后，还可以利用 isnan() 函数对缺失值进行填充，例如，使用数字 0 填充缺失值。在上面的代码后继续输入如下代码：

```
1    arr[np.isnan(arr)] = 0
2    print(arr)
```

代码运行结果如下：

```
1    [1. 2. 3. 4. 5. 6. 0. 8. 9.]
```

从运行结果可以看出，数组 arr 中的第 7 个元素的缺失值被替换为 0。

3.5.4　处理数组的重复值

代码文件：3.5.4 处理数组的重复值.py

数组中除了可能存在缺失值，还可能存在重复值。使用 NumPy 模块中的 unique() 函数即可处理重复值。该函数除了会去除数组中的重复元素，还会将去重后的数组元素从小到大排列。演示代码如下：

```
1    import numpy as np
2    arr = np.array([8, 4, 2, 3, 5, 2, 5, 5, 6, 8, 8, 9])
3    arr1 = np.unique(arr)
4    arr1, arr2 = np.unique(arr, return_counts=True)
5    print(arr1)
6    print(arr2)
```

第 3 行代码直接调用 unique() 函数对数组 arr 进行去重处理。第 4 行代码为 unique() 函数添加了一个参数 return_counts，并设置参数值为 True，用于查看去重后数组中的元素在原数组中出现的次数。代码运行结果如下：

```
1    [2 3 4 5 6 8 9]
2    [2 1 1 3 1 3 1]
```

运行结果的第 1 行为数组 arr 去重后的效果，可以看到去重后的数组元素从小到大排列。第 2 行为去重后的数组 arr1 中的每个元素在原数组 arr 中出现的次数，例如，数字 2 在数组 arr 中出现了 2 次，数字 3 在数组 arr 中出现了 1 次。

3.5.5　拼接数组

代码文件：3.5.5 拼接数组.py

数组的拼接是指将多个数组合并为一个数组，可使用 NumPy 模块中的 concatenate() 函数、hstack() 函数和 vstack() 函数实现。需要注意的是，待合并的几个数组的维度必须相同，即一维数组只能和一维数组合并，二维数组只能和二维数组合并。此外，如果合并的是一维数组，数组的形状可以不一样；但如果合并的是多维数组，则数组的形状必须相同，也就是数组的行列数必须一样。

1. concatenate() 函数

concatenate() 函数能一次合并多个数组，是数组拼接最常用的方法。演示代码如下：

```
import numpy as np
arr1 = np.array([[1, 2, 3], [4, 5, 6]])
arr2 = np.array([[7, 8, 9], [10, 11, 12]])
arr3 = np.concatenate((arr1, arr2), axis=0)
arr4 = np.concatenate((arr1, arr2), axis=1)
print(arr3)
print(arr4)
```

第 2 行和第 3 行代码分别创建了二维数组 arr1 和 arr2，这两个数组的形状相同，都为 2 行 3 列。第 4 行和第 5 行代码使用 concatenate() 函数在不同的方向上拼接数组 arr1 和 arr2，函数中的参数 axis 用于指定数组拼接的方向，参数值省略或为 0 时表示在列方向上拼接，为 1 时表示在行方向上拼接。代码运行结果如下：

```
[[ 1  2  3]
 [ 4  5  6]
 [ 7  8  9]
 [10 11 12]]
[[ 1  2  3  7  8  9]
 [ 4  5  6 10 11 12]]
```

运行结果的第 1 ～ 4 行为在列方向上拼接数组 arr1 和 arr2 的效果，第 5 行和第 6 行为在行方向上拼接数组 arr1 和 arr2 的效果。可以看出，在列方向上拼接后的数组行数是原先的多个数组的行数之和，而列数不会改变；在行方向上拼接后的数组行数不会改变，而列数是原先的多个数组的列数之和。

2. hstack() 函数和 vstack() 函数

hstack() 函数能以水平堆叠的方式拼接数组。演示代码如下：

```
import numpy as np
arr1 = np.array([[1, 2, 3], [4, 5, 6]])
arr2 = np.array([[7, 8, 9], [10, 11, 12]])
arr3 = np.hstack((arr1, arr2))
print(arr3)
```

代码运行结果如下：

```
1   [[ 1  2  3  7  8  9]
2    [ 4  5  6 10 11 12]]
```

从运行结果可以看出，hstack() 函数拼接数组的效果等同于 concatenate() 函数在行方向上拼接数组的效果。

vstack() 函数能以垂直堆叠的方式拼接数组。演示代码如下：

```
1   import numpy as np
2   arr1 = np.array([[1, 2, 3], [4, 5, 6]])
3   arr2 = np.array([[7, 8, 9], [10, 11, 12]])
4   arr3 = np.vstack((arr1, arr2))
5   print(arr3)
```

代码运行结果如下：

```
1   [[ 1  2  3]
2    [ 4  5  6]
3    [ 7  8  9]
4    [10 11 12]]
```

从运行结果可以看出，vstack() 函数拼接数组的效果等同于 concatenate() 函数在列方向上拼接数组的效果。

3.5.6　拆分数组

代码文件：3.5.6 拆分数组.py

数组的拆分就是将一个数组分割成多个数组，可以使用 NumPy 模块中的 split() 函数、hsplit() 函数和 vsplit() 函数实现。

1. split() 函数

split() 函数可以按指定的份数将一个数组均分为多个数组。演示代码如下：

```
1   import numpy as np
2   arr = np.array([1, 2, 3, 4, 5, 6, 7, 8, 9, 10, 11, 12])
3   arr1 = np.split(arr, 2)
4   arr2 = np.split(arr, 4)
5   print(arr1)
6   print(arr2)
```

第 2 行代码创建了一个一维数组 arr。第 3 行和第 4 行代码中，split() 函数的第 2 个参数都是一个整数，分别表示将一维数组 arr 拆分为两个大小相等的一维数组和 4 个大小相等的一维数组。代码运行结果如下：

```
1  [array([1, 2, 3, 4, 5, 6]), array([ 7,  8,  9, 10, 11, 12])]
2  [array([1, 2, 3]), array([4, 5, 6]), array([7, 8, 9]), array([10, 11,
   12])]
```

split() 函数除了可以均分数组，还可以按照指定的索引位置拆分数组，此时需要将 split() 函数的第 2 个参数设置为一个数组。演示代码如下：

```
1  import numpy as np
2  arr = np.array([1, 2, 3, 4, 5, 6, 7, 8, 9, 10, 11, 12])
3  arr3 = np.split(arr, [2, 6])
4  arr4 = np.split(arr, [2, 3, 8, 10])
5  print(arr3)
6  print(arr4)
```

第 3 行代码中，split() 函数的第 2 个参数为 [2, 6]，表示在数组 arr 的索引值 2（第 3 个元素）和索引值 6（第 7 个元素）的位置之前进行拆分。第 4 行代码中，split() 函数的第 2 个参数为 [2, 3, 8, 10]，表示在数组 arr 的索引值 2（第 3 个元素）、索引值 3（第 4 个元素）、索引值 8（第 9 个元素）和索引值 10（第 11 个元素）的位置之前进行拆分。代码运行结果如下：

```
1  [array([1, 2]), array([3, 4, 5, 6]), array([ 7, 8, 9, 10, 11, 12])]
2  [array([1, 2]), array([3]), array([4, 5, 6, 7, 8]), array([ 9, 10]),
   array([11, 12])]
```

从运行结果可以看出，一维数组 arr 被分别拆分为 3 个一维数组和 5 个一维数组，拆分出的各个数组的大小并不相同。

2. hsplit() 函数和 vsplit() 函数

hsplit() 函数能将一个数组横向拆分为多个数组。vsplit() 函数能将一个数组纵向拆分为多个数组。演示代码如下：

```
1  import numpy as np
2  arr = np.array([[1, 2, 3, 4], [5, 6, 7, 8], [9, 10, 11, 12], [13, 14,
   15, 16]])
3  arr5 = np.hsplit(arr, 2)
4  arr6 = np.vsplit(arr, 2)
```

```
5    print(arr5)
6    print(arr6)
```

代码运行结果如下（第 1 ～ 7 行为将数组 arr 横向拆分成两个数组的效果，第 8 ～ 10 行为将数组 arr 纵向拆分成两个数组的效果）：

```
1    [array([[ 1,  2],
2           [ 5,  6],
3           [ 9, 10],
4           [13, 14]]), array([[ 3,  4],
5           [ 7,  8],
6           [11, 12],
7           [15, 16]])]
8    [array([[1, 2, 3, 4],
9           [5, 6, 7, 8]]), array([[ 9, 10, 11, 12],
10          [13, 14, 15, 16]])]
```

3.6　数组的运算

NumPy 模块的优势不仅在于支持多个维度数据的存储和展示，它还能很好地支持数组的数学运算，如数组之间的四则运算和数组元素的统计运算。

3.6.1　数组之间的四则运算

代码文件：3.6.1 数组之间的四则运算.py

对于多个形状一致的数组，我们可以直接对它们进行加、减、乘、除等运算，运算结果是一个由对应位置上的元素分别进行四则运算后的数组。为了便于读者理解，通过以下代码来演示数组之间四则运算的过程。

```
1    import numpy as np
2    arr1 = np.array([[1, 2, 3, 4], [5, 6, 7, 8]])
3    arr2 = np.array([[9, 10, 11, 12], [13, 14, 15, 16]])
4    arr3 = arr1 + arr2
5    arr4 = arr1 * arr2
6    print(arr3)
7    print(arr4)
```

第 2 行和第 3 行代码创建了两个形状相同的二维数组 arr1 和 arr2。第 4 行和第 5 行代码对二维数组 arr1 和 arr2 分别进行了加法和乘法运算。

代码运行结果如下（第 1 行和第 2 行为数组 arr3 的内容，第 3 行和第 4 行为数组 arr4 的内容）：

```
1   [[10 12 14 16]
2    [18 20 22 24]]
3   [[ 9 20 33 48]
4    [ 65  84 105 128]]
```

从运行结果可以看出，数组 arr3 为数组 arr1 和 arr2 中相同位置的元素分别相加后的结果，数组 arr4 为数组 arr1 和 arr2 中相同位置的元素分别相乘后的结果。同理，如果要对两个数组中相同位置的元素分别进行减法和除法运算，改变上面代码中的运算符即可。

除了可以在多个数组之间进行四则运算，还可以对一个数组和一个数值进行四则运算。演示代码如下：

```
1   import numpy as np
2   arr = np.array([[1, 2, 3, 4], [5, 6, 7, 8]])
3   arr5 = arr + 5
4   arr6 = arr * 10
5   print(arr5)
6   print(arr6)
```

代码运行结果如下（第 1 行和第 2 行为数组 arr5 的内容，第 3 行和第 4 行为数组 arr6 的内容）：

```
1   [[ 6 7 8 9]
2    [10 11 12 13]]
3   [[10 20 30 40]
4    [50 60 70 80]]
```

从运行结果可以看出，数组 arr5 为数组 arr 中的元素分别加上 5 的结果，数组 arr6 为数组 arr 中的元素分别乘以 10 的结果。

3.6.2　数组元素的统计运算

代码文件：3.6.2 数组元素的统计运算.py

使用 NumPy 模块中的一些函数可以对数组元素进行统计运算，如求和、求平均值、求最大值和最小值等。

1. 求和

sum() 函数用于求和，它除了能对整个数组的所有元素求和，还能对数组的每一行或每一列元素分别求和。演示代码如下：

```
1  import numpy as np
2  arr = np.array([[1, 2, 3, 4], [5, 6, 7, 8], [9, 10, 11, 12]])
3  arr1 = arr.sum()
4  arr2 = arr.sum(axis=0)
5  arr3 = arr.sum(axis=1)
6  print(arr1)
7  print(arr2)
8  print(arr3)
```

第 2 行代码创建了一个 3 行 4 列的二维数组 arr。第 3、4、5 行代码使用 sum() 函数对数组 arr 进行不同方式的求和：第 3 行代码中 sum() 函数的括号内没有参数，表示对整个数组的所有元素求和；第 4 行代码中为 sum() 函数设置参数 axis 的值为 0，表示对数组的每一列元素分别求和；第 5 行代码中为 sum() 函数设置参数 axis 的值为 1，表示对数组的每一行元素分别求和。代码运行结果如下：

```
1  78
2  [15 18 21 24]
3  [10 26 42]
```

2. 求平均值

mean() 函数用于求平均值，它除了能对整个数组的所有元素求平均值，还能对数组的每一行或每一列元素分别求平均值。演示代码如下：

```
1  import numpy as np
2  arr = np.array([[1, 2, 3, 4], [5, 6, 7, 8], [9, 10, 11, 12]])
3  arr1 = arr.mean()
4  arr2 = arr.mean(axis=0)
5  arr3 = arr.mean(axis=1)
6  print(arr1)
7  print(arr2)
8  print(arr3)
```

第 2 行代码创建了一个 3 行 4 列的二维数组 arr。第 3、4、5 行代码使用 mean() 函数对数组 arr 以不同方式求平均值：第 3 行代码中 mean() 函数的括号内没有参数，表示对整个数组的所有元素求平均值；第 4 行代码中为 mean() 函数设置参数 axis 的值为 0，表示对数组的每一列元素分别求平均值；第 5 行代码中为 mean() 函数设置参数 axis 的值为 1，表示对数组的每一行元素分别求平均值。代码运行结果如下：

```
1  6.5
2  [5. 6. 7. 8.]
3  [ 2.5  6.5 10.5]
```

3. 求最值

max() 函数和 min() 函数分别用于求数组元素的最大值和最小值。与 sum() 函数和 mean() 函数类似，max() 函数和 min() 函数也可以通过设置参数来指定求最值的方式。下面以 max() 函数为例进行讲解，演示代码如下：

```
1  import numpy as np
2  arr = np.array([[1, 2, 3, 4], [5, 6, 7, 8], [9, 10, 11, 12]])
3  arr1 = arr.max()
4  arr2 = arr.max(axis=0)
5  arr3 = arr.max(axis=1)
6  print(arr1)
7  print(arr2)
8  print(arr3)
```

第 2 行代码创建了一个 3 行 4 列的二维数组 arr。第 3、4、5 行代码使用 max() 函数对数组 arr 以不同方式求最大值：第 3 行代码中 max() 函数的括号内没有参数，表示对整个数组的所有元素求最大值；第 4 行代码中为 max() 函数设置参数 axis 的值为 0，表示对数组的每一列元素分别求最大值；第 5 行代码中为 max() 函数设置参数 axis 的值为 1，表示对数组的每一行元素分别求最大值。代码运行结果如下：

```
1  12
2  [ 9 10 11 12]
3  [ 4 8 12]
```

如果要求数组元素的最小值，则将上面第 3 ～ 5 行代码中的 max 改为 min 即可。

[第4章]

数据的简单处理
——pandas 模块入门

pandas 模块是基于 NumPy 模块开发的，它不仅能直观地展现数据的结构，还具备强大的数据处理和分析功能。从某种程度上来说，pandas 模块是 Python 成为强大而高效的数据分析工具的重要因素之一。本章先介绍 pandas 模块的数据结构知识，然后讲解如何使用该模块完成简单的数据处理操作。

4.1 数据结构

pandas 模块中有两个重要的数据结构对象——Series 和 DataFrame。使用这两个数据结构对象可以在计算机的内存中构建虚拟的数据库。下面一起来学习如何使用这两个对象创建数据结构。

4.1.1 Series 对象

代码文件：4.1.1 Series 对象.py

Series 是一种类似于 NumPy 模块创建的一维数组的对象，与一维数组不同的是，Series 对象不仅包含数据元素，还包含一组与数据元素对应的行标签。

使用 Series 对象可以基于列表创建数据结构。演示代码如下：

```
1  import pandas as pd
2  s = pd.Series(['短裤', '毛衣', '连衣裙', '牛仔裤'])
3  print(s)
```

代码运行结果如下：

```
1  0     短裤
2  1     毛衣
3  2     连衣裙
4  3     牛仔裤
5  dtype: object
```

从运行结果可以看出，创建了一个一维数据结构 s，结构中的每个元素都有一个行标签，其值默认为从 0 开始的数字序列，例如，s 中 4 个元素的行标签分别为 0、1、2、3。通过行标签可以定位数据结构中的元素，例如，s[1] 表示 s 中行标签为 1 的元素，即"毛衣"。

如果想要在创建数据结构时自定义元素的行标签，可以使用 Series 对象的参数 index 传入元素的行标签列表。演示代码如下：

```
1  import pandas as pd
2  s1 = pd.Series(['短裤', '毛衣', '连衣裙', '牛仔裤'], index=['a001',
   'a002', 'a003', 'a004'])
3  print(s1)
```

代码运行结果如下：

```
1  a001      短裤
2  a002      毛衣
3  a003      连衣裙
4  a004      牛仔裤
5  dtype: object
```

从运行结果可以看出，数据结构 s1 中 4 个元素的行标签分别为自定义的 a001、a002、a003、a004。需要注意的是，此时 s1 的行标签不是整数，则 s1[1] 表示 s1 的第 2 个元素，即"毛衣"。

使用 Series 对象还可以基于字典创建数据结构。演示代码如下：

```
1  import pandas as pd
2  s2 = pd.Series({'a001': '短裤', 'a002': '毛衣', 'a003': '连衣裙',
   'a004': '牛仔裤'})
3  print(s2)
```

第 2 行代码为 Series 对象传入了一个字典来创建数据结构，字典的键（key）是数据结构元素的行标签，字典的值（value）则是数据结构的元素。代码运行结果如下：

```
1  a001      短裤
2  a002      毛衣
3  a003      连衣裙
4  a004      牛仔裤
5  dtype: object
```

4.1.2　DataFrame 对象

代码文件：4.1.2 DataFrame 对象.py

DataFrame 是一种二维的数据结构对象，用该对象创建的数据结构在形式上类似于 Excel 表格。相比 Series 对象，DataFrame 对象在实际工作中的应用更为广泛，因此，后续章节与 pandas 模块相关的内容都主要围绕 DataFrame 对象展开。先来学习使用 DataFrame 对象基于列表创建数据结构的方法，演示代码如下：

```
1  import pandas as pd
2  df = pd.DataFrame([['短裤', 45], ['毛衣', 69], ['连衣裙', 119], ['牛
   仔裤', 99]])
3  print(df)
```

第 2 行代码为 DataFrame 对象传入了一个嵌套的列表来创建二维的数据结构。代码运行结果如下：

```
1        0     1
2  0    短裤    45
3  1    毛衣    69
4  2   连衣裙   119
5  3   牛仔裤    99
```

从运行结果可以看出，创建了一个二维的数据结构，数据结构中的元素既有行标签又有列标签，其值都默认为从 0 开始的数字序列。

在使用 DataFrame 对象创建数据结构时，还可以通过设置参数 columns 和 index 来分别自定义行标签和列标签。演示代码如下：

```
1  import pandas as pd
2  df1 = pd.DataFrame([['短裤', 45], ['毛衣', 69], ['连衣裙', 119], ['牛
   仔裤', 99]], columns=['产品', '单价'], index=['a001', 'a002', 'a003',
   'a004'])
3  print(df1)
```

第 2 行代码中的参数 columns 用于设置列标签，参数 index 用于设置行标签。代码运行结果如下：

```
1        产品   单价
2  a001  短裤   45
3  a002  毛衣   69
```

4	a003	连衣裙	119
5	a004	牛仔裤	99

使用 DataFrame 对象还可以基于字典创建数据结构。演示代码如下：

```
1  import pandas as pd
2  df2 = pd.DataFrame({'产品': ['短裤', '毛衣', '连衣裙', '牛仔裤'], '单
   价': [45, 69, 119, 99]})
3  print(df2)
```

第 2 行代码为 DataFrame 对象传入了一个字典来创建数据结构，字典的键（key）是数据结构元素的列标签，字典的值（value）则是数据结构的元素。代码运行结果如下：

```
1       产品    单价
2  0    短裤    45
3  1    毛衣    69
4  2    连衣裙   119
5  3    牛仔裤   99
```

从运行结果可以看出，由于没有设置行标签，数据结构的行标签默认为从 0 开始的数字序列。如果要自定义行标签，可以使用参数 index。演示代码如下：

```
1  import pandas as pd
2  df3 = pd.DataFrame({'产品': ['短裤', '毛衣', '连衣裙', '牛仔裤'], '单
   价': [45, 69, 119, 99]}, index=['a001', 'a002', 'a003', 'a004'])
3  print(df3)
```

代码运行结果如下：

```
1         产品    单价
2  a001   短裤    45
3  a002   毛衣    69
4  a003   连衣裙   119
5  a004   牛仔裤   99
```

4.2 读取数据

使用 pandas 模块可以从多种类型的文件中读取数据。本节以从 Excel 工作簿和 csv 格式文件中读取数据为例讲解具体方法。

4.2.1　读取 Excel 工作簿数据

代码文件：4.2.1 读取 Excel 工作簿数据.py

使用 pandas 模块中的 read_excel() 函数即可读取 Excel 工作簿数据。

1.　读取某个工作表的数据

一个 Excel 工作簿可能会有多个工作表，可通过 read_excel() 函数的参数 sheet_name 指定从哪个工作表中读取数据。演示代码如下：

```
1  import pandas as pd
2  data = pd.read_excel('订单表.xlsx', sheet_name=3)
3  print(data)
```

read_excel() 函数的第 1 个参数用于指定要读取的工作簿文件路径。第 2 行代码中将第 1 个参数设置为'订单表.xlsx'，表示从工作簿"订单表.xlsx"中读取数据。此处使用的文件路径是相对路径，表示要读取的工作簿"订单表.xlsx"与代码文件位于同一个文件夹下，如果两者的文件路径不同，则需要将第 1 个参数设置为绝对路径，如 'E:\\example\\订单表.xlsx' 或 r'E:\example\订单表.xlsx'。

第 2 个参数 sheet_name 用于指定从哪个工作表中读取数据，其值可以为整型数字或字符串。当参数值为整型数字时，以 0 代表第 1 个工作表，以 1 代表第 2 个工作表，依此类推。第 2 行代码中设置的参数值是 3，表示读取工作簿"订单表.xlsx"中的第 4 个工作表。当参数值为字符串时，表示要读取的工作表的名称。例如，要读取的第 4 个工作表名为"4 月"，则第 2 行代码中的 sheet_name=3 可修改为 sheet_name='4 月'。此外，如果省略参数 sheet_name，则默认读取工作簿中的第 1 个工作表。

代码运行结果如下：

```
1     订单编号    产品    数量    金额
2  0  d001   投影仪   5台   2000
3  1  d002   马克笔   5盒    300
4  2  d003   打印机   1台    298
5  3  d004   点钞机   1台    349
6  4  d005   复印纸   2箱    100
7  5  d006   条码纸   6卷     34
```

从运行结果可以看出，read_excel() 函数使用读取的数据创建了一个 DataFrame 对象。

2.　指定读取数据的列标签

在使用 read_excel() 函数读取数据时，可以通过设置参数 header 来指定使用数据表的第几行（从 0 开始计数）的内容作为列标签。当省略该参数或将其值设置为 0 时，表示使用数据表第 1 行的内容作为列标签。演示代码如下：

```
import pandas as pd
data = pd.read_excel('订单表.xlsx', sheet_name=3, header=0)
print(data)
```

代码运行结果如下：

```
   订单编号    产品   数量    金额
0   d001   投影仪   5台   2000
1   d002   马克笔   5盒    300
2   d003   打印机   1台    298
3   d004   点钞机   1台    349
4   d005   复印纸   2箱    100
5   d006   条码纸   6卷     34
```

如果将参数 header 的值设置为 1，则表示使用数据表第 2 行的内容作为列标签。演示代码如下：

```
import pandas as pd
data = pd.read_excel('订单表.xlsx', sheet_name=3, header=1)
print(data)
```

代码运行结果如下：

```
     d001   投影仪   5台   2000
0    d002   马克笔   5盒    300
1    d003   打印机   1台    298
2    d004   点钞机   1台    349
3    d005   复印纸   2箱    100
4    d006   条码纸   6卷     34
```

如果要将列标签设置为从 0 开始的数字序列，可以将参数 header 设置为 None。演示代码如下：

```
import pandas as pd
data = pd.read_excel('订单表.xlsx', sheet_name=3, header=None)
print(data)
```

代码运行结果如下：

	0	1	2	3
0	订单编号	产品	数量	金额
1	d001	投影仪	5台	2000
2	d002	马克笔	5盒	300
3	d003	打印机	1台	298
4	d004	点钞机	1台	349
5	d005	复印纸	2箱	100
6	d006	条码纸	6卷	34

3. 指定读取数据的行标签

read_excel() 函数的参数 index_col 用于指定使用数据表的第几列（同样是从 0 开始计数）的内容作为行标签。当省略该参数或将其值设置为 0 时，表示使用数据表第 1 列的内容作为行标签。演示代码如下：

```
import pandas as pd
data = pd.read_excel('订单表.xlsx', sheet_name=3, index_col=0)
print(data)
```

代码运行结果如下：

	产品	数量	金额
订单编号			
d001	投影仪	5台	2000
d002	马克笔	5盒	300
d003	打印机	1台	298
d004	点钞机	1台	349
d005	复印纸	2箱	100
d006	条码纸	6卷	34

也可以指定其他列作为读取数据的行标签。演示代码如下：

```
import pandas as pd
data = pd.read_excel('订单表.xlsx', sheet_name=3, index_col=1)
print(data)
```

第 2 行代码中设置参数 index_col 为 1，表示使用数据表第 2 列的内容作为行标签。代码运行结果如下：

```
1           订单编号     数量      金额
2    产品
3    投影仪      d001      5台      2000
4    马克笔      d002      5盒       300
5    打印机      d003      1台       298
6    点钞机      d004      1台       349
7    复印纸      d005      2箱       100
8    条码纸      d006      6卷        34
```

4. 读取指定列

如果只需要读取数据表的某一列或某几列，可以使用参数 usecols 来指定要读取的列。先从最简单的读取某一列数据开始讲解。演示代码如下：

```
1    import pandas as pd
2    data = pd.read_excel('订单表.xlsx', sheet_name=3, usecols=[2])
3    print(data)
```

第 2 行代码中设置参数 usecols 为 [2]，表示读取数据表的第 3 列。需要注意的是，参数 usecols 的值应为一个列表，即使只读取一列，也要以列表的形式给出。代码运行结果如下：

```
1        数量
2    0    5台
3    1    5盒
4    2    1台
5    3    1台
6    4    2箱
7    5    6卷
```

继续来学习通过设置参数 usecols 读取指定的多列数据。演示代码如下：

```
1    import pandas as pd
2    data = pd.read_excel('订单表.xlsx', sheet_name=3, usecols=[1, 3])
3    print(data)
```

第 2 行代码中设置参数 usecols 为 [1, 3]，表示读取数据表的第 2 列和第 4 列。代码运行结果如下：

		产品	金额
1			
2	0	投影仪	2000
3	1	马克笔	300
4	2	打印机	298
5	3	点钞机	349
6	4	复印纸	100
7	5	条码纸	34

4.2.2 读取 csv 文件数据

代码文件：4.2.2 读取 csv 文件数据.py

csv 是一种存储数据的文件格式，其本质上是一个文本文件，只能存储文本，不能存储格式、公式、宏等，所以所占存储空间通常较小。csv 文件一般用逗号分隔一系列值，它既可以用 Excel 程序打开，也可以用文本编辑器（如记事本）打开。

读取 csv 文件数据需要用到 pandas 模块中的 read_csv() 函数。演示代码如下。

```
1  import pandas as pd
2  data = pd.read_csv('订单表.csv')
3  print(data)
```

第 2 行代码表示读取一个名为 "订单表" 的 csv 文件。此处使用的文件路径是相对路径，表示要读取的 csv 文件与代码文件位于同一个文件夹下，可以根据需要更改为绝对路径。代码运行结果如下：

		订单编号	产品	数量	金额
1					
2	0	d001	投影仪	5台	2000
3	1	d002	马克笔	5盒	300
4	2	d003	打印机	1台	298
5	3	d004	点钞机	1台	349
6	4	d005	复印纸	2箱	100
7	5	d006	条码纸	6卷	34

如果只想读取 csv 文件的前几行数据，可在 read_csv() 函数中设置参数 nrows 的值。例如，读取 csv 文件的前 3 行数据的演示代码如下：

```
1  import pandas as pd
2  data = pd.read_csv('订单表.csv', nrows=3)
3  print(data)
```

代码运行结果如下：

1		订单编号	产品	数量	金额
2	0	d001	投影仪	5台	2000
3	1	d002	马克笔	5盒	300
4	2	d003	打印机	1台	298

从运行结果可以看出，read_csv() 函数是先从 csv 文件中读取第 1 行数据作为列标签，再接着往下读取 3 行数据的。此外，read_excel() 函数也支持通过设置参数 nrows 来控制读取数据的行数。

4.3 查看数据

当我们有了数据后，还需要查看数据的基本情况。对数据有了初步的了解，才能更好地分析数据。下面就来讲解使用 pandas 模块查看数据的几种常用操作。

4.3.1 查看数据的前几行

代码文件：4.3.1 查看数据的前几行.py

使用 read_excel() 函数或 read_csv() 函数读取数据并创建 DataFrame 对象后，如果想通过查看数据的前几行来大致判断读取结果是否满足需求，可以使用 DataFrame 对象的 head() 函数来控制要显示的行数。

当 head() 函数中不设置参数值时，表示查看数据的前 5 行。演示代码如下：

```
1  import pandas as pd
2  data = pd.read_excel('订单表.xlsx', sheet_name=3)
3  print(data.head())
```

代码运行结果如下：

1		订单编号	产品	数量	金额
2	0	d001	投影仪	5台	2000
3	1	d002	马克笔	5盒	300
4	2	d003	打印机	1台	298
5	3	d004	点钞机	1台	349
6	4	d005	复印纸	2箱	100

也可以在 head() 函数中输入要查看的行数。演示代码如下：

```
1    import pandas as pd
2    data = pd.read_excel('订单表.xlsx', sheet_name=3)
3    print(data.head(3))
```

代码运行结果如下：

```
1         订单编号      产品    数量    金额
2    0     d001    投影仪    5台    2000
3    1     d002    马克笔    5盒    300
4    2     d003    打印机    1台    298
```

4.3.2　查看数据的行数和列数

代码文件：4.3.2 查看数据的行数和列数.py

如果要查看 DataFrame 对象中数据的行数和列数，可以使用 DataFrame 对象的 shape 属性来实现。演示代码如下：

```
1    import pandas as pd
2    data = pd.read_excel('订单表.xlsx', sheet_name=3)
3    print(data)
4    print(data.shape)
```

代码运行结果如下：

```
1         订单编号      产品    数量    金额
2    0     d001    投影仪    5台    2000
3    1     d002    马克笔    5盒    300
4    2     d003    打印机    1台    298
5    3     d004    点钞机    1台    349
6    4     d005    复印纸    2箱    100
7    5     d006    条码纸    6卷    34
8    (6, 4)
```

运行结果的第 1 ～ 7 行为读取的数据，第 8 行为数据的行数和列数。可以看出，用 shape 属性获取数据的行数和列数时不会把行索引和列索引计算在内，返回的结果是一个元组，其中的两个元素分别代表数据的行数和列数。可以通过从元组中提取元素的方法来单独获取数据的行数或列数。

4.3.3　查看数据的类型

代码文件：4.3.3 查看数据的类型.py

使用 DataFrame 对象的 info() 函数可以打印输出读取的数据中各列的数据类型。演示代码如下：

```
1   import pandas as pd
2   data = pd.read_excel('订单表.xlsx', sheet_name=3)
3   data.info()
```

代码运行结果如下：

```
1   <class 'pandas.core.frame.DataFrame'>
2   RangeIndex: 6 entries, 0 to 5
3   Data columns (total 4 columns):
4   订单编号     6 non-null object
5   产品       6 non-null object
6   数量       6 non-null object
7   金额       6 non-null int64
8   dtypes: int64(1), object(3)
9   memory usage: 320.0+ bytes
```

从运行结果的第 3 行可以得知读取的数据有 4 列，从第 4 ～ 7 行可以得知各列的标签和数据类型，其中第 1 ～ 3 列的数据类型均为 object，第 4 列的数据类型为 int64。

如果只想查看某一列的数据类型，可使用 dtype 属性。演示代码如下：

```
1   import pandas as pd
2   data = pd.read_excel('订单表.xlsx', sheet_name=3)
3   print(data['金额'].dtype)
```

第 3 行代码表示查看"金额"列的数据类型，如果要查看其他列的数据类型，更改为相应的标签即可。代码运行结果如下：

```
1   int64
```

技巧：转换数据的类型

如果需要转换数据的类型，可以使用 astype() 函数。演示代码如下：

```
1   import pandas as pd
2   data = pd.read_excel('订单表.xlsx', sheet_name=3)
3   data['金额'] = data['金额'].astype('float64')
4   print(data)
5   print(data['金额'].dtype)
```

第 3 行代码表示将"金额"列的数据类型更改为 'float64'，为 astype() 函数传入的参数是要转换的目标类型，随后用转换数据类型后的"金额"列覆盖原始的"金额"列。第 4 行和第 5 行代码输出转换数据类型后的数据结构 data 及 data 中"金额"列的数据类型。代码运行结果如下：

```
1        订单编号      产品     数量       金额
2   0      d001    投影仪    5台    2000.0
3   1      d002    马克笔    5盒     300.0
4   2      d003    打印机    1台     298.0
5   3      d004    点钞机    1台     349.0
6   4      d005    复印纸    2箱     100.0
7   5      d006    条码纸    6卷      34.0
8   float64
```

运行结果的第 1 ～ 7 行为转换数据类型后的数据结构 data 的内容，可以发现"金额"列的数据类型由原来的整型数字变为浮点型数字。第 8 行为"金额"列当前的数据类型，即 float64。

4.4　选择数据

要对读取的数据进行编辑，需要先学会选择数据的操作，如选择行数据、选择列数据或者同时选择行列数据。下面就来讲解选择数据的方法。

4.4.1　选择行数据

代码文件：4.4.1 选择行数据.py

在读取的数据中，我们既可以选择单行数据，也可以选择多行数据，还可以按照指定的条件选择行数据。

先用 read_excel() 函数读取 Excel 工作簿中某个工作表的数据，创建一个 DataFrame 作为选择行数据的操作对象。演示代码如下：

```
1  import pandas as pd
2  data = pd.read_excel('订单表.xlsx', sheet_name=3, index_col=0)
3  print(data)
```

代码运行结果如下：

```
1          产品    数量    金额
2  订单编号
3    d001   投影仪   5台   2000
4    d002   马克笔   5盒    300
5    d003   打印机   1台    298
6    d004   点钞机   1台    349
7    d005   复印纸   2箱    100
8    d006   条码纸   6卷     34
```

1. 选择单行数据

在 DataFrame 中选择单行数据有 loc 和 iloc 两种方法，它们选择数据时的依据不同，下面分别介绍。

使用 loc 方法可以依据行标签选择单行数据。演示代码如下。

```
1  import pandas as pd
2  data = pd.read_excel('订单表.xlsx', sheet_name=3, index_col=0)
3  print(data.loc['d001'])
```

第 3 行代码中 loc 后的 "[]" 中输入的是要选择的行的行标签，此处的 'd001' 表示选择行标签为 "d001" 的行。代码运行结果如下：

```
1  产品      投影仪
2  数量      5台
3  金额      2000
4  Name: d001, dtype: object
```

使用 iloc 方法可以依据行序号（从 0 开始计数）选择单行数据。演示代码如下：

```
1  import pandas as pd
2  data = pd.read_excel('订单表.xlsx', sheet_name=3, index_col=0)
3  print(data.iloc[2])
```

第 3 行代码表示选择行序号为 2 的行,即第 3 行。代码运行结果如下:

```
产品      打印机
数量      1台
金额      298
Name: d003, dtype: object
```

2. 选择多行数据

loc 方法和 iloc 方法除了能选择单行数据外,还能选择多行数据。

使用 loc 方法依据行标签选择多行数据的演示代码如下:

```
import pandas as pd
data = pd.read_excel('订单表.xlsx', sheet_name=3, index_col=0)
print(data.loc[['d002', 'd004']])
```

第 3 行代码表示选择行标签为 "d002" 和 "d004" 的行,可以看到,多个行标签要以列表的形式给出。代码运行结果如下:

```
          产品   数量    金额
订单编号
   d002   马克笔   5盒    300
   d004   点钞机   1台    349
```

使用 iloc 方法依据行序号选择多行数据的演示代码如下:

```
import pandas as pd
data = pd.read_excel('订单表.xlsx', sheet_name=3, index_col=0)
print(data.iloc[[1, 5]])
```

第 3 行代码表示选择行序号为 1 和 5 的行,即第 2 行和第 6 行,多个行序号同样要以列表的形式给出。代码运行结果如下:

```
          产品   数量    金额
订单编号
   d002   马克笔   5盒    300
   d006   条码纸   6卷    34
```

使用 iloc 方法还可以通过类似列表切片的方式,对指定的行序号区间按照 "左闭右开" 的规则选择连续的行数据。演示代码如下:

```
1  import pandas as pd
2  data = pd.read_excel('订单表.xlsx', sheet_name=3, index_col=0)
3  print(data.iloc[1:5])
```

第 3 行代码的 "[]" 中指定的行序号区间为 "1:5"，根据 "左闭右开" 的规则，它表示选择行序号为 1 ~ 4 的行，也就是第 2 ~ 5 行。代码运行结果如下：

```
1           产品    数量    金额
2  订单编号
3     d002  马克笔    5盒    300
4     d003  打印机    1台    298
5     d004  点钞机    1台    349
6     d005  复印纸    2箱    100
```

3. 选择满足条件的行

除了依据行标签或行序号选择行数据外，还能依据指定条件选择行数据。演示代码如下：

```
1  import pandas as pd
2  data = pd.read_excel('订单表.xlsx', sheet_name=3, index_col=0)
3  a = data['金额'] < 300
4  print(data[a])
```

第 3 行代码将 "'金额' 列中数据小于 300" 的条件赋给变量 a。第 4 行代码表示输出 data 中满足条件 a 的行数据。代码运行结果如下：

```
1           产品    数量    金额
2  订单编号
3     d003  打印机    1台    298
4     d005  复印纸    2箱    100
5     d006  条码纸    6卷     34
```

4.4.2 选择列数据

代码文件：4.4.2 选择列数据.py

选择列数据有两种方法：第一种是通过直接指定列标签来实现；第二种是使用 iloc 方法，通过指定行序号和列序号来实现。

先用 read_excel() 函数读取 Excel 工作簿中某个工作表的数据，创建一个 DataFrame 作为选择列数据的操作对象。演示代码如下：

```
1  import pandas as pd
2  data = pd.read_excel('订单表.xlsx', sheet_name=3)
3  print(data)
```

代码运行结果如下：

```
1      订单编号    产品    数量    金额
2  0   d001   投影仪   5台   2000
3  1   d002   马克笔   5盒    300
4  2   d003   打印机   1台    298
5  3   d004   点钞机   1台    349
6  4   d005   复印纸   2箱    100
7  5   d006   条码纸   6卷     34
```

1. 选择单列数据

选择单列数据通过指定列标签来实现最为直观和方便。演示代码如下：

```
1  import pandas as pd
2  data = pd.read_excel('订单表.xlsx', sheet_name=3)
3  print(data['产品'])
```

第 3 行代码表示选择列标签为"产品"的列。代码运行结果如下：

```
1  0     投影仪
2  1     马克笔
3  2     打印机
4  3     点钞机
5  4     复印纸
6  5     条码纸
7  Name: 产品, dtype: object
```

2. 选择多列数据

通过指定列标签来选择多列数据的演示代码如下：

```
1  import pandas as pd
2  data = pd.read_excel('订单表.xlsx', sheet_name=3)
3  print(data[['产品', '金额']])
```

第 3 行代码表示选择列标签为"产品"和"金额"的列。代码运行结果如下：

```
1         产品    金额
2    0   投影仪   2000
3    1   马克笔    300
4    2   打印机    298
5    3   点钞机    349
6    4   复印纸    100
7    5   条码纸     34
```

用 iloc 方法也可以选择多列数据。演示代码如下：

```
1   import pandas as pd
2   data = pd.read_excel('订单表.xlsx', sheet_name=3)
3   print(data.iloc[:, [1, 3]])
```

第 3 行代码中，iloc 方法的"[]"中逗号之前的部分表示要选择的行序号，当只输入一个冒号而不输入任何数值时，表示选择所有行；逗号之后的部分为要选择的列序号，多个列序号可以用列表的形式给出。因此，第 3 行代码表示选择列序号为 1 和 3 的列，即第 2 列和第 4 列。代码运行结果如下：

```
1         产品    金额
2    0   投影仪   2000
3    1   马克笔    300
4    2   打印机    298
5    3   点钞机    349
6    4   复印纸    100
7    5   条码纸     34
```

如果要选择连续的多列数据，可以使用 iloc 方法通过类似列表切片的方式来实现。演示代码如下：

```
1   import pandas as pd
2   data = pd.read_excel('订单表.xlsx', sheet_name=3)
3   print(data.iloc[:, 1:3])
```

第 3 行代码中，iloc 方法的"[]"中逗号之后的部分表示要选择的列序号区间，按照"左闭右开"的规则，"1:3"表示选择列序号为 1 和 2 的列，也就是第 2 列和第 3 列。代码运行结果如下：

```
1          产品      数量
2    0    投影仪     5台
3    1    马克笔     5盒
4    2    打印机     1台
5    3    点钞机     1台
6    4    复印纸     2箱
7    5    条码纸     6卷
```

4.4.3　同时选择行列数据

代码文件：4.4.3 同时选择行列数据.py

如果要同时选择行列数据，可以通过 loc 方法和 iloc 方法来实现。这里以 4.4.1 节开头创建的 DataFrame 作为操作对象，讲解同时选择行列数据的方法。

使用 loc 方法依据行标签和列标签同时选择行列数据的演示代码如下：

```
1    import pandas as pd
2    data = pd.read_excel('订单表.xlsx', sheet_name=3, index_col=0)
3    data1 = data.loc[['d001', 'd005'], ['产品', '金额']]
4    print(data1)
```

第 3 行代码表示选择行标签为"d001"和"d005"的行，以及列标签为"产品"和"金额"的列。代码运行结果如下：

```
1                产品     金额
2    订单编号
3       d001    投影仪    2000
4       d005    复印纸    100
```

使用 iloc 方法依据行序号和列序号同时选择行列数据的演示代码如下：

```
1    import pandas as pd
2    data = pd.read_excel('订单表.xlsx', sheet_name=3, index_col=0)
3    data2 = data.iloc[[2, 4], [0, 2]]
4    print(data2)
```

第 3 行代码表示选择行序号为 2（第 3 行）和 4（第 5 行）的行，以及列序号为 0（第 1 列）和 2（第 3 列）的列。代码运行结果如下：

```
1              产品      金额
2   订单编号
3      d003     打印机     298
4      d005     复印纸     100
```

4.5 修改行标签和列标签

代码文件: 4.5 修改行标签和列标签.py

行标签和列标签是查找数据的依据，读取数据后，如果生成的标签不便于我们查找数据，可以修改标签。这里以 4.4.2 节开头创建的 DataFrame 作为操作对象，讲解具体的方法。

该 DataFrame 的内容如下：

```
1        订单编号     产品    数量    金额
2   0       d001     投影仪    5台    2000
3   1       d002     马克笔    5盒     300
4   2       d003     打印机    1台     298
5   3       d004     点钞机    1台     349
6   4       d005     复印纸    2箱     100
7   5       d006     条码纸    6卷      34
```

可以看到，读取数据时默认添加的行标签为从 0 开始的整数序列。如果要将"订单编号"列作为行标签，可使用 set_index() 函数修改行标签。演示代码如下：

```python
import pandas as pd
data = pd.read_excel('订单表.xlsx', sheet_name=3)
print(data.set_index('订单编号'))
```

代码运行结果如下：

```
1            产品    数量     金额
2   订单编号
3      d001    投影仪    5台    2000
4      d002    马克笔    5盒     300
5      d003    打印机    1台     298
6      d004    点钞机    1台     349
7      d005    复印纸    2箱     100
8      d006    条码纸    6卷      34
```

还可以使用 rename() 函数重命名行标签和列标签。演示代码如下：

```
1  import pandas as pd
2  data = pd.read_excel('订单表.xlsx', sheet_name=3)
3  data = data.rename(columns={'订单编号': '编号', '产品': '产品名称', '数
   量': '订单数量', '金额': '订单金额'}, index={0: 'A', 1: 'B', 2: 'C',
   3: 'D', 4: 'E', 5: 'F'})
4  print(data)
```

第 3 行代码将 rename() 函数的参数 columns 和 index 都设置为一个字典，字典的 key（键）为原来的列标签或行标签，value（值）为新的列标签或行标签。代码运行结果如下：

```
1       编号    产品名称    订单数量    订单金额
2  A   d001    投影仪       5台      2000
3  B   d002    马克笔       5盒       300
4  C   d003    打印机       1台       298
5  D   d004    点钞机       1台       349
6  E   d005    复印纸       2箱       100
7  F   d006    条码纸       6卷        34
```

还可以通过为 DataFrame 的 columns 属性和 index 属性重新赋值来分别修改列标签和行标签。演示代码如下：

```
1  import pandas as pd
2  data = pd.read_excel('订单表.xlsx', sheet_name=3)
3  data.columns = ['编号', '产品名称', '订单数量', '订单金额']
4  data.index = ['A', 'B', 'C', 'D', 'E', 'F']
5  print(data)
```

代码运行结果如下：

```
1       编号    产品名称    订单数量    订单金额
2  A   d001    投影仪       5台      2000
3  B   d002    马克笔       5盒       300
4  C   d003    打印机       1台       298
5  D   d004    点钞机       1台       349
6  E   d005    复印纸       2箱       100
7  F   d006    条码纸       6卷        34
```

第5章

数据的高级处理
——pandas 模块进阶

本章主要讲解 pandas 模块的进阶用法，包括数据的查找、替换、插入、删除、排序、筛选、运算，以及数据表的结构转换和拼接等。总体来说，本章内容虽然称为"进阶"，但是并不复杂，理解之后就能熟练运用。

5.1 数据的查找和替换

查找和替换是日常工作中很常见的数据预处理操作，下面就来讲解如何使用 pandas 模块中的函数对 DataFrame 中的数据进行查找和替换。

5.1.1 查找数据

代码文件：5.1.1 查找数据.py

使用 pandas 模块中的 isin() 函数可以查看 DataFrame 是否包含某个值。先用 read_excel() 函数读取工作表数据并创建 DataFrame 格式的数据表。演示代码如下：

```
1  import pandas as pd
2  data = pd.read_excel('产品统计表.xlsx')
3  print(data)
```

代码运行结果如下：

	编号	产品	成本价(元/个)	销售价(元/个)	数量(个)	成本(元)	收入(元)	利润(元)
0	a001	背包	16	65	60	960	3900	2940
1	a002	钱包	90	187	50	4500	9350	4850
2	a003	背包	16	65	23	368	1495	1127
3	a004	手提包	36	147	26	936	3822	2886
4	a005	钱包	90	187	78	7020	14586	7566
5	a006	单肩包	58	124	63	3654	7812	4158
6	a007	单肩包	58	124	58	3364	7192	3828

接下来就可以使用 isin() 函数查看数据表是否包含单个值或多个值。演示代码如下：

```
1   data1 = data.isin(['a005', '钱包'])
2   print(data1)
```

第 1 行代码表示在整个数据表中查找是否有值"a005"和"钱包"，将等于"a005"或"钱包"的地方标记为 True，将不等于"a005"或"钱包"的地方标记为 False。需要注意的是，要查找的值必须以列表的形式给出。代码运行结果如下：

```
1         编号     产品  成本价(元/个)  销售价(元/个)  数量(个)  成本(元)  收入(元)  利润(元)
2   0   False  False      False        False   False   False   False   False
3   1   False   True      False        False   False   False   False   False
4   2   False  False      False        False   False   False   False   False
5   3   False  False      False        False   False   False   False   False
6   4    True   True      False        False   False   False   False   False
7   5   False  False      False        False   False   False   False   False
8   6   False  False      False        False   False   False   False   False
```

从运行结果可以看出，数据表的第 2 行和第 5 行都有 True 值，说明数据表中有"a005"或"钱包"。

使用 isin() 函数还可以判断数据表的某一列中是否有某个值。演示代码如下：

```
1   data2 = data['产品'].isin(['手提包'])
2   print(data2)
```

第 1 行代码表示在"产品"列中查找值"手提包"，将等于"手提包"的地方标记为 True，将不等于"手提包"的地方标记为 False。代码运行结果如下：

```
1   0        False
2   1        False
3   2        False
4   3         True
5   4        False
6   5        False
7   6        False
8   Name: 产品, dtype: bool
```

从运行结果可以看出，"产品"列的第 4 行有一个 True 值，说明"产品"列中有"手提包"这个值。

5.1.2 替换数据

代码文件：5.1.2 替换数据.py

如果需要将数据表中的单个或多个值替换为其他值，可以使用 pandas 模块中的 replace() 函数来完成。该函数可以对数据表中的数据进行一对一替换、多对一替换和多对多替换。

1. 一对一替换

一对一替换是将数据表中的某个值全部替换为另一个值。演示代码如下：

```
1  import pandas as pd
2  data = pd.read_excel('产品统计表.xlsx')
3  data.replace('背包', '挎包')
4  print(data)
```

第 3 行代码表示将数据表中的值"背包"全部替换为"挎包"。replace() 函数括号中逗号前面的参数是需要替换的值，逗号后面的参数是替换后的值。代码运行结果如下：

```
1         编号    产品  成本价(元/个)  销售价(元/个)  数量(个)  成本(元)  收入(元)  利润(元)
2   0  a001    背包        16         65        60     960    3900    2940
3   1  a002    钱包        90        187        50    4500    9350    4850
4   2  a003    背包        16         65        23     368    1495    1127
5   3  a004  手提包        36        147        26     936    3822    2886
6   4  a005    钱包        90        187        78    7020   14586    7566
7   5  a006  单肩包        58        124        63    3654    7812    4158
8   6  a007  单肩包        58        124        58    3364    7192    3828
```

从运行结果可以看出，执行替换操作后，数据表中的"背包"并没有被替换为"挎包"。这是因为 replace() 函数在默认情况下不是直接对原数据表执行替换操作，而是用替换操作的结果生成一个新的数据表。

如果想要直接对原数据表执行替换操作，除了把用 replace() 函数执行替换操作的结果重新赋给原数据表，还可以为 replace() 函数添加参数 inplace，并将该参数的值设置为 True。演示代码如下：

```
1  import pandas as pd
2  data = pd.read_excel('产品统计表.xlsx')
3  data.replace('背包', '挎包', inplace=True)
4  print(data)
```

代码运行结果如下：

	编号	产品	成本价(元/个)	销售价(元/个)	数量(个)	成本(元)	收入(元)	利润(元)
0	a001	挎包	16	65	60	960	3900	2940
1	a002	钱包	90	187	50	4500	9350	4850
2	a003	挎包	16	65	23	368	1495	1127
3	a004	手提包	36	147	26	936	3822	2886
4	a005	钱包	90	187	78	7020	14586	7566
5	a006	单肩包	58	124	63	3654	7812	4158
6	a007	单肩包	58	124	58	3364	7192	3828

从运行结果可以看出，数据表中的"背包"被替换为了"挎包"。

2. 多对一替换

多对一替换是把数据表中的多个值替换为某一个值。演示代码如下：

```
import pandas as pd
data = pd.read_excel('产品统计表.xlsx')
data.replace(['背包', '手提包'], '挎包', inplace=True)
print(data)
```

第 3 行代码表示将数据表中的值"背包"和"手提包"都替换为"挎包"。代码运行结果如下：

	编号	产品	成本价(元/个)	销售价(元/个)	数量(个)	成本(元)	收入(元)	利润(元)
0	a001	挎包	16	65	60	960	3900	2940
1	a002	钱包	90	187	50	4500	9350	4850
2	a003	挎包	16	65	23	368	1495	1127
3	a004	挎包	36	147	26	936	3822	2886
4	a005	钱包	90	187	78	7020	14586	7566
5	a006	单肩包	58	124	63	3654	7812	4158
6	a007	单肩包	58	124	58	3364	7192	3828

3. 多对多替换

多对多替换可以看成是多个一对一替换。演示代码如下：

```
import pandas as pd
data = pd.read_excel('产品统计表.xlsx')
```

```
3    data.replace({'背包': '挎包', 16: 39, 65: 88}, inplace=True)
4    print(data)
```

第 3 行代码中以字典的形式为 replace() 函数指定需要替换的值和替换后的值，字典的 key（键）为需要替换的值，value（值）为替换后的值。因此，第 3 行代码表示将"背包""16""65"分别替换为"挎包""39""88"。代码运行结果如下：

	编号	产品	成本价(元/个)	销售价(元/个)	数量(个)	成本(元)	收入(元)	利润(元)
0	a001	挎包	39	88	60	960	3900	2940
1	a002	钱包	90	187	50	4500	9350	4850
2	a003	挎包	39	88	23	368	1495	1127
3	a004	手提包	36	147	26	936	3822	2886
4	a005	钱包	90	187	78	7020	14586	7566
5	a006	单肩包	58	124	63	3654	7812	4158
6	a007	单肩包	58	124	58	3364	7192	3828

5.2 数据的处理

本节要介绍 pandas 模块中常用的一些数据处理操作，包括数据的插入和删除、缺失值和重复值的处理、数据的排序和筛选等。

5.2.1 插入数据

代码文件：5.2.1 插入数据.py

pandas 模块没有专门提供插入行的方法，因此，插入数据主要是指插入一列新的数据。常用的方法有两种：第一种是以赋值的方式在数据表的最右侧插入列数据，第二种是用 insert() 函数在数据表的指定位置插入列数据。

以赋值的方式在数据表的最右侧插入列数据的演示代码如下：

```
1    import pandas as pd
2    data = pd.read_excel('产品统计表.xlsx')
3    data['品牌'] = ['AM', 'DE', 'SR', 'AM', 'TY', 'DE', 'UD']
4    print(data)
```

第 3 行代码表示在数据表的最右侧插入一个列标签为"品牌"的列，该列的数据分别为"AM、DE、SR、AM、TY、DE、UD"。代码运行结果如下：

	编号	产品	成本价(元/个)	销售价(元/个)	数量(个)	成本(元)	收入(元)	利润(元)	品牌
1									
2	0 a001	背包	16	65	60	960	3900	2940	AM
3	1 a002	钱包	90	187	50	4500	9350	4850	DE
4	2 a003	背包	16	65	23	368	1495	1127	SR
5	3 a004	手提包	36	147	26	936	3822	2886	AM
6	4 a005	钱包	90	187	78	7020	14586	7566	TY
7	5 a006	单肩包	58	124	63	3654	7812	4158	DE
8	6 a007	单肩包	58	124	58	3364	7192	3828	UD

如果需要在数据表的指定位置插入列数据，可以使用 pandas 模块中的 insert() 函数。演示代码如下：

```
import pandas as pd
data = pd.read_excel('产品统计表.xlsx')
data.insert(2, '品牌', ['AM', 'DE', 'SR', 'AM', 'TY', 'DE', 'UD'])
print(data)
```

第 3 行代码中为 insert() 函数设置了 3 个参数：第 1 个参数为插入列的位置，这里设置为 2，表示在序号为 2 的列（即第 3 列）前面插入一列新数据；第 2 个参数为插入列的列标签；第 3 个参数以列表的形式给出插入列的数据。代码运行结果如下：

	编号	产品	品牌	成本价(元/个)	销售价(元/个)	数量(个)	成本(元)	收入(元)	利润(元)
1									
2	0 a001	背包	AM	16	65	60	960	3900	2940
3	1 a002	钱包	DE	90	187	50	4500	9350	4850
4	2 a003	背包	SR	16	65	23	368	1495	1127
5	3 a004	手提包	AM	36	147	26	936	3822	2886
6	4 a005	钱包	TY	90	187	78	7020	14586	7566
7	5 a006	单肩包	DE	58	124	63	3654	7812	4158
8	6 a007	单肩包	UD	58	124	58	3364	7192	3828

5.2.2　删除数据

代码文件：5.2.2 删除数据.py

如果要删除数据表中的数据，可以使用 pandas 模块中的 drop() 函数。该函数既可以删除指定的列，也可以删除指定的行。

1. 删除列

在 drop() 函数中直接给出要删除的列的列标签就可以删除列。演示代码如下：

零基础学 Python 爬虫、数据分析与可视化从入门到精通

```
1  import pandas as pd
2  data = pd.read_excel('产品统计表.xlsx')
3  a = data.drop(['成本价(元/个)', '成本(元)'], axis=1)
4  print(a)
```

第 3 行代码为 drop() 函数设置了两个参数：第 1 个参数以列表的形式给出要删除的行或列的标签；第 2 个参数 axis 用于设置按行删除还是按列删除，设置为 0 表示按行删除（即第 1 个参数中给出的标签是行标签），设置为 1 表示按列删除（即第 1 个参数中给出的标签是列标签）。因此，第 3 行代码表示删除"成本价 (元 / 个)"列和"成本 (元)"列。代码运行结果如下：

```
1        编号    产品   销售价(元/个)  数量(个)  收入(元)  利润(元)
2  0    a001   背包        65      60    3900    2940
3  1    a002   钱包       187      50    9350    4850
4  2    a003   背包        65      23    1495    1127
5  3    a004   手提包      147      26    3822    2886
6  4    a005   钱包       187      78   14586    7566
7  5    a006   单肩包      124      63    7812    4158
8  6    a007   单肩包      124      58    7192    3828
```

还可以通过列序号来获取列标签，然后作为 drop() 函数的第 1 个参数使用。演示代码如下：

```
1  import pandas as pd
2  data = pd.read_excel('产品统计表.xlsx')
3  b = data.drop(data.columns[[2, 5]], axis=1)
4  print(b)
```

第 3 行代码表示删除数据表 data 中列序号为 2 和 5 的列，即第 3 列和第 6 列。代码运行结果如下：

```
1        编号    产品   销售价(元/个)  数量(个)  收入(元)  利润(元)
2  0    a001   背包        65      60    3900    2940
3  1    a002   钱包       187      50    9350    4850
4  2    a003   背包        65      23    1495    1127
5  3    a004   手提包      147      26    3822    2886
6  4    a005   钱包       187      78   14586    7566
7  5    a006   单肩包      124      63    7812    4158
8  6    a007   单肩包      124      58    7192    3828
```

也可以通过将列标签以列表的形式传递给 drop() 函数的参数 columns 来删除列。演示代码如下：

```
1  import pandas as pd
2  data = pd.read_excel('产品统计表.xlsx')
3  c = data.drop(columns=['成本价(元/个)', '成本(元)'])
4  print(c)
```

代码运行结果如下：

		编号	产品	销售价(元/个)	数量(个)	收入(元)	利润(元)
2	0	a001	背包	65	60	3900	2940
3	1	a002	钱包	187	50	9350	4850
4	2	a003	背包	65	23	1495	1127
5	3	a004	手提包	147	26	3822	2886
6	4	a005	钱包	187	78	14586	7566
7	5	a006	单肩包	124	63	7812	4158
8	6	a007	单肩包	124	58	7192	3828

2. 删除行

删除行的方法和删除列的方法类似，都要用到 drop() 函数，只不过需要将参数 axis 设置为 0。演示代码如下：

```
1  import pandas as pd
2  data = pd.read_excel('产品统计表.xlsx', index_col=0)
3  a = data.drop(['a001', 'a004'], axis=0)
4  print(a)
```

第 3 行代码表示删除行标签为 "a001" 和 "a004" 的行，其中的参数 axis 也可以省略。代码运行结果如下：

		产品	成本价(元/个)	销售价(元/个)	数量(个)	成本(元)	收入(元)	利润(元)
2	编号							
3	a002	钱包	90	187	50	4500	9350	4850
4	a003	背包	16	65	23	368	1495	1127
5	a005	钱包	90	187	78	7020	14586	7566
6	a006	单肩包	58	124	63	3654	7812	4158
7	a007	单肩包	58	124	58	3364	7192	3828

同样可以通过行序号来获取行标签，然后作为 drop() 函数的第 1 个参数使用。演示代码如下：

```
1  import pandas as pd
2  data = pd.read_excel('产品统计表.xlsx', index_col=0)
3  b = data.drop(data.index[[0, 4]], axis=0)
4  print(b)
```

第 3 行代码表示删除数据表 data 中行序号为 0 和 4 的行，即第 1 行和第 5 行。代码运行结果如下：

```
1        产品 成本价(元/个) 销售价(元/个) 数量(个) 成本(元) 收入(元) 利润(元)
2  编号
3  a002  钱包        90        187       50    4500   9350   4850
4  a003  背包        16         65       23     368   1495   1127
5  a004  手提包      36        147       26     936   3822   2886
6  a006  单肩包      58        124       63    3654   7812   4158
7  a007  单肩包      58        124       58    3364   7192   3828
```

还可以通过将行标签以列表的形式传递给 drop() 函数的参数 index 来删除行。演示代码如下：

```
1  import pandas as pd
2  data = pd.read_excel('产品统计表.xlsx', index_col=0)
3  c = data.drop(index=['a001', 'a004'])
4  print(c)
```

代码运行结果如下：

```
1        产品 成本价(元/个) 销售价(元/个) 数量(个) 成本(元) 收入(元) 利润(元)
2  编号
3  a002  钱包        90        187       50    4500   9350   4850
4  a003  背包        16         65       23     368   1495   1127
5  a005  钱包        90        187       78    7020  14586   7566
6  a006  单肩包      58        124       63    3654   7812   4158
7  a007  单肩包      58        124       58     336   7192   3828
```

5.2.3　处理缺失值

代码文件：5.2.3 处理缺失值.py

获取的数据表中可能有部分数据为空值，这些空值就是我们所说的缺失值。下面来学习如何使用 pandas 模块查看、删除和填充缺失值。

1. 查看缺失值

先用 read_excel() 函数从 Excel 工作簿中读取一个含有空值的数据表。演示代码如下：

```
1  import pandas as pd
2  data = pd.read_excel('产品统计表1.xlsx')
3  print(data)
```

代码运行结果如下：

```
1      编号    产品  成本价(元/个)  销售价(元/个)  数量(个)  成本(元)  收入(元)  利润(元)
2   0  a001   背包     16.0        65      60   960.0   3900   2940
3   1  a002   钱包     90.0       187      50  4500.0   9350   4850
4   2  a003   背包      NaN        65      23   368.0   1495   1127
5   3  a004  手提包     36.0       147      26   936.0   3822   2886
6   4  a005   钱包     90.0       187      78  7020.0  14586   7566
7   5  a006  单肩包     58.0       124      63  3654.0   7812   4158
8   6  a007  单肩包     58.0       124      58    NaN    7192   3828
```

在 Python 中，缺失值一般用 NaN 表示。从运行结果可以看出，数据表的第 3 行和第 7 行含有缺失值。

如果要查看每一列的缺失值情况，可以使用 pandas 模块中的 info() 函数。演示代码如下：

```
1  import pandas as pd
2  data = pd.read_excel('产品统计表1.xlsx')
3  data.info()
```

代码运行结果如下：

```
1  <class 'pandas.core.frame.DataFrame'>
2  RangeIndex: 7 entries, 0 to 6
3  Data columns (total 8 columns):
4  编号           7 non-null object
5  产品           7 non-null object
```

```
6    成本价(元/个)      6 non-null float64
7    销售价(元/个)      7 non-null int64
8    数量(个)         7 non-null int64
9    成本(元)         6 non-null float64
10   收入(元)         7 non-null int64
11   利润(元)         7 non-null int64
12   dtypes: float64(2), int64(4), object(2)
13   memory usage: 576.0+ bytes
```

从运行结果可以看出，"成本价 (元 / 个)"列和"成本 (元)"列都是"6 non-null"，表示这两列都有 6 个非空值，而其他列都有 7 个非空值，说明这两列各有 1 个空值（即缺失值）。

还可以使用 isnull() 函数判断数据表中的哪个值是缺失值，并将缺失值标记为 True，非缺失值标记为 False。演示代码如下：

```
1    import pandas as pd
2    data = pd.read_excel('产品统计表1.xlsx')
3    a = data.isnull()
4    print(a)
```

代码运行结果如下：

	编号	产品	成本价(元/个)	销售价(元/个)	数量(个)	成本(元)	收入(元)	利润(元)
0	False	False	False	False	False	False	False	False
1	False	False	False	False	False	False	False	False
2	False	False	True	False	False	False	False	False
3	False	False	False	False	False	False	False	False
4	False	False	False	False	False	False	False	False
5	False	False	False	False	False	False	False	False
6	False	False	False	False	False	True	False	False

2. 删除缺失值

使用 dropna() 函数可以删除数据表中含有缺失值的行。默认情况下，只要某一行中有缺失值，该函数就会把这一行删除。演示代码如下：

```
1    import pandas as pd
2    data = pd.read_excel('产品统计表1.xlsx')
3    b = data.dropna()
4    print(b)
```

代码运行结果如下：

	编号	产品	成本价(元/个)	销售价(元/个)	数量(个)	成本(元)	收入(元)	利润(元)
0	a001	背包	16.0	65	60	960.0	3900	2940
1	a002	钱包	90.0	187	50	4500.0	9350	4850
3	a004	手提包	36.0	147	26	936.0	3822	2886
4	a005	钱包	90.0	187	78	7020.0	14586	7566
5	a006	单肩包	58.0	124	63	3654.0	7812	4158

如果只想删除整行都为缺失值的行，则需要为 dropna() 函数设置参数 how 的值为 'all'。演示代码如下：

```
import pandas as pd
data = pd.read_excel('产品统计表1.xlsx')
c = data.dropna(how='all')
print(c)
```

代码运行结果如下：

	编号	产品	成本价(元/个)	销售价(元/个)	数量(个)	成本(元)	收入(元)	利润(元)
0	a001	背包	16.0	65	60	960.0	3900	2940
1	a002	钱包	90.0	187	50	4500.0	9350	4850
2	a003	背包	NaN	65	23	368.0	1495	1127
3	a004	手提包	36.0	147	26	936.0	3822	2886
4	a005	钱包	90.0	187	78	7020.0	14586	7566
5	a006	单肩包	58.0	124	63	3654.0	7812	4158
6	a007	单肩包	58.0	124	58	NaN	7192	3828

从运行结果可以看出，因为数据表中不存在整行都为缺失值的行，所以没有行被删除。

3. 缺失值的填充

缺失值的处理方式除了删除，还包括填充。使用 fillna() 函数可以将数据表中的所有缺失值填充为指定的值。演示代码如下：

```
import pandas as pd
data = pd.read_excel('产品统计表1.xlsx')
d = data.fillna(0)
print(d)
```

第 3 行代码表示将数据表中所有的缺失值都填充为 0。代码运行结果如下：

		编号	产品	成本价(元/个)	销售价(元/个)	数量(个)	成本(元)	收入(元)	利润(元)
1									
2	0	a001	背包	16.0	65	60	960.0	3900	2940
3	1	a002	钱包	90.0	187	50	4500.0	9350	4850
4	2	a003	背包	0.0	65	23	368.0	1495	1127
5	3	a004	手提包	36.0	147	26	936.0	3822	2886
6	4	a005	钱包	90.0	187	78	7020.0	14586	7566
7	5	a006	单肩包	58.0	124	63	3654.0	7812	4158
8	6	a007	单肩包	58.0	124	58	0.0	7192	3828

还可以通过为 fillna() 函数传入一个字典，为不同列中的缺失值设置不同的填充值。演示代码如下：

```
1  import pandas as pd
2  data = pd.read_excel('产品统计表1.xlsx')
3  e = data.fillna({'成本价(元/个)': 16, '成本(元)': 3364})
4  print(e)
```

第 3 行代码表示将"成本价（元／个）"列中的缺失值填充为 16，将"成本（元）"列中的缺失值填充为 3364。代码运行结果如下：

		编号	产品	成本价(元/个)	销售价(元/个)	数量(个)	成本(元)	收入(元)	利润(元)
1									
2	0	a001	背包	16.0	65	60	960.0	3900	2940
3	1	a002	钱包	90.0	187	50	4500.0	9350	4850
4	2	a003	背包	16.0	65	23	368.0	1495	1127
5	3	a004	手提包	36.0	147	26	936.0	3822	2886
6	4	a005	钱包	90.0	187	78	7020.0	14586	7566
7	5	a006	单肩包	58.0	124	63	3654.0	7812	4158
8	6	a007	单肩包	58.0	124	58	3364.0	7192	3828

5.2.4 处理重复值

代码文件：5.2.4 处理重复值.py

重复值的常用处理操作包括删除重复值和提取唯一值，前者可以使用 drop_duplicates() 函数来完成，后者可以使用 unique() 函数来完成。

1. 删除重复行

先用 read_excel() 函数从 Excel 工作簿中读取含有重复值的数据。演示代码如下：

```
1   import pandas as pd
2   data = pd.read_excel('产品统计表2.xlsx')
3   print(data)
```

代码运行结果如下：

	编号	产品	成本价(元/个)	销售价(元/个)	数量(个)	成本(元)	收入(元)	利润(元)
0	a001	背包	16	65	60	960	3900	2940
1	a002	钱包	90	187	50	4500	9350	4850
2	a003	背包	16	65	23	368	1495	1127
3	a004	手提包	36	147	26	936	3822	2886
4	a004	手提包	36	147	26	936	3822	2886
5	a005	钱包	90	187	78	7020	14586	7566
6	a006	单肩包	58	124	63	3654	7812	4158

可以看到，上述数据表的第 4 行和第 5 行中每列数据都完全相同，这样的行称为重复行。如果要只保留第 4 行，删除与第 4 行重复的行，可直接使用 drop_duplicates() 函数，无须设置任何参数。演示代码如下：

```
1   a = data.drop_duplicates()
2   print(a)
```

代码运行结果如下：

	编号	产品	成本价(元/个)	销售价(元/个)	数量(个)	成本(元)	收入(元)	利润(元)
0	a001	背包	16	65	60	960	3900	2940
1	a002	钱包	90	187	50	4500	9350	4850
2	a003	背包	16	65	23	368	1495	1127
3	a004	手提包	36	147	26	936	3822	2886
5	a005	钱包	90	187	78	7020	14586	7566
6	a006	单肩包	58	124	63	3654	7812	4158

2.　删除某一列中的重复值

如果要删除某一列中的重复值，则为 drop_duplicates() 函数添加参数 subset，并设置该参数的值为要处理的列的标签。演示代码如下：

```
1   b = data.drop_duplicates(subset='产品')
2   print(b)
```

第 1 行代码表示删除"产品"列中的重复值。如果要对多列进行删除重复值的操作，则将参数 subset 设置为一个包含多个列标签的列表。代码运行结果如下：

	编号	产品	成本价(元/个)	销售价(元/个)	数量(个)	成本(元)	收入(元)	利润(元)
0	a001	背包	16	65	60	960	3900	2940
1	a002	钱包	90	187	50	4500	9350	4850
3	a004	手提包	36	147	26	936	3822	2886
6	a006	单肩包	58	124	63	3654	7812	4158

从运行结果可以看出，使用 drop_duplicates() 函数删除重复值时，默认保留第一个重复值所在的行，删除其他重复值所在的行。可以利用 drop_duplicates() 函数的参数 keep 来自定义删除重复值时保留哪个重复值所在的行。例如，将参数 keep 设置为 'first'，表示保留第一个重复值所在的行。演示代码如下：

```
c = data.drop_duplicates(subset='产品', keep='first')
print(c)
```

代码运行结果如下：

	编号	产品	成本价(元/个)	销售价(元/个)	数量(个)	成本(元)	收入(元)	利润(元)
0	a001	背包	16	65	60	960	3900	2940
1	a002	钱包	90	187	50	4500	9350	4850
3	a004	手提包	36	147	26	936	3822	2886
6	a006	单肩包	58	124	63	3654	7812	4158

如果要保留最后一个重复值所在的行，则将参数 keep 设置为 'last'。演示代码如下：

```
d = data.drop_duplicates(subset='产品', keep='last')
print(d)
```

代码运行结果如下：

	编号	产品	成本价(元/个)	销售价(元/个)	数量(个)	成本(元)	收入(元)	利润(元)
2	a003	背包	16	65	23	368	1495	1127
4	a004	手提包	36	147	26	936	3822	2886
5	a005	钱包	90	187	78	7020	14586	7566
6	a006	单肩包	58	124	63	3654	7812	4158

此外，还可以将参数 keep 设置为 False，表示把重复值一个不留地全部删除。演示代码如下：

```
1    e = data.drop_duplicates(subset='产品', keep=False)
2    print(e)
```

代码运行结果如下：

```
1        编号    产品 成本价(元/个) 销售价(元/个) 数量(个) 成本(元) 收入(元) 利润(元)
2    6   a006 单肩包        58         124      63     3654   7812   4158
```

3. 获取唯一值

使用 pandas 模块中的 unique() 函数可以获取某一列数据的唯一值。演示代码如下：

```
1    f = data['产品'].unique()
2    print(f)
```

代码运行结果如下：

```
1    ['背包' '钱包' '手提包' '单肩包']
```

从运行结果可以看出，获取的唯一值是按照其在数据表中出现的顺序排列的。

5.2.5　排序数据

代码文件：5.2.5 排序数据.py

排序数据主要会用到 sort_values() 函数和 rank() 函数。sort_values() 函数的功能是将数据按照大小进行升序排序或降序排序，rank() 函数的功能则是获取数据的排名。

1. 用 sort_values() 函数排序数据

sort_values() 函数的常用参数有两个：一个是 by，用于指定要排序的列；另一个是 ascending，用于指定排序方式是升序还是降序。演示代码如下：

```
1    import pandas as pd
2    data = pd.read_excel('产品统计表2.xlsx')
3    a = data.sort_values(by='数量(个)', ascending=True)
4    print(a)
```

第 3 行代码表示对"数量（个）"列进行排序，设置参数 ascending 为 True，表示升序排序。
代码运行结果如下：

	编号	产品	成本价(元/个)	销售价(元/个)	数量(个)	成本(元)	收入(元)	利润(元)
1								
2	2 a003	背包	16	65	23	368	1495	1127
3	3 a004	手提包	36	147	26	936	3822	2886
4	4 a004	手提包	36	147	26	936	3822	2886
5	1 a002	钱包	90	187	50	4500	9350	4850
6	0 a001	背包	16	65	60	960	3900	2940
7	6 a006	单肩包	58	124	63	3654	7812	4158
8	5 a005	钱包	90	187	78	7020	14586	7566

如果要进行降序排序，将参数 ascending 设置为 False 即可。演示代码如下：

```
b = data.sort_values(by='数量(个)', ascending=False)
print(b)
```

代码运行结果如下：

	编号	产品	成本价(元/个)	销售价(元/个)	数量(个)	成本(元)	收入(元)	利润(元)
1								
2	5 a005	钱包	90	187	78	7020	14586	7566
3	6 a006	单肩包	58	124	63	3654	7812	4158
4	0 a001	背包	16	65	60	960	3900	2940
5	1 a002	钱包	90	187	50	4500	9350	4850
6	3 a004	手提包	36	147	26	936	3822	2886
7	4 a004	手提包	36	147	26	936	3822	2886
8	2 a003	背包	16	65	23	368	1495	1127

2. 用 rank() 函数获取数据的排名

rank() 函数的常用参数有两个：一个是 method，用于指定数据有重复值时的处理方式；另一个是 ascending，用于指定排序方式是升序还是降序。演示代码如下：

```
c = data['利润(元)'].rank(method='average', ascending=False)
print(c)
```

第 1 行代码中，参数 method 设置为 'average'，表示在数据有重复值时，返回重复值的平均排名；参数 ascending 设置为 False，表示降序排序。代码运行结果如下：

```
0    4.0
1    2.0
2    7.0
```

```
4    3    5.5
5    4    5.5
6    5    1.0
7    6    3.0
8    Name: 利润(元), dtype: float64
```

从运行结果可以看出，参数 method 设置为 'average' 时，会将重复值的自然排名取平均值，作为重复值的最终排名。例如，行标签为 3 和 4 的数据是重复值，它们的自然排名为 5 和 6，那么就将 5 和 6 的平均值 5.5 作为这两个数据的最终排名。

如果将参数 method 设置为 'first'，则表示在数据有重复值时，越先出现的数据排名越靠前。演示代码如下：

```
1    d = data['利润(元)'].rank(method='first', ascending=False)
2    print(d)
```

代码运行结果如下：

```
1    0    4.0
2    1    2.0
3    2    7.0
4    3    5.0
5    4    6.0
6    5    1.0
7    6    3.0
8    Name: 利润(元), dtype: float64
```

5.2.6　筛选数据

代码文件：5.2.6 筛选数据.py

根据指定条件对数据进行筛选的演示代码如下：

```
1    import pandas as pd
2    data = pd.read_excel('产品统计表.xlsx')
3    a = data[data['产品'] == '单肩包']
4    print(a)
```

第 3 行代码表示筛选出"产品"列的值等于"单肩包"的数据。需要注意的是，判断两者是否相等要使用比较运算符"=="，不要写成赋值运算符"="。代码运行结果如下：

	编号	产品	成本价(元/个)	销售价(元/个)	数量(个)	成本(元)	收入(元)	利润(元)
1								
2	5	a006	单肩包	58	124	63	3654	7812	4158
3	6	a007	单肩包	58	124	58	3364	7192	3828

下面使用比较运算符 ">" 筛选出 "数量 (个)" 列的值大于 60 的数据,演示代码如下:

```
b = data[data['数量(个)'] > 60]
print(b)
```

代码运行结果如下:

	编号	产品	成本价(元/个)	销售价(元/个)	数量(个)	成本(元)	收入(元)	利润(元)
1								
2	4	a005	钱包	90	187	78	7020	14586	7566
3	5	a006	单肩包	58	124	63	3654	7812	4158

如果要进行多条件筛选,并且这些条件之间是 "逻辑与" 的关系,可以用 "&" 符号连接多个筛选条件。需要注意的是,每个条件要分别用括号括起来。演示代码如下:

```
c = data[(data['产品'] == '单肩包') & (data['数量(个)'] > 60)]
print(c)
```

第 1 行代码表示筛选出 "产品" 列的值等于 "单肩包" 且 "数量 (个)" 列的值大于 60 的数据。代码运行结果如下:

	编号	产品	成本价(元/个)	销售价(元/个)	数量(个)	成本(元)	收入(元)	利润(元)
1								
2	5	a006	单肩包	58	124	63	3654	7812	4158

如果要进行多条件筛选,并且这些条件之间是 "逻辑或" 的关系,可以用 "|" 符号连接多个筛选条件,每个条件也要分别用括号括起来。演示代码如下:

```
d = data[(data['产品'] == '单肩包') | (data['数量(个)'] > 60)]
print(d)
```

第 1 行代码表示筛选出 "产品" 列的值等于 "单肩包" 或 "数量 (个)" 列的值大于 60 的数据。代码运行结果如下:

	编号	产品	成本价(元/个)	销售价(元/个)	数量(个)	成本(元)	收入(元)	利润(元)
1								
2	4	a005	钱包	90	187	78	7020	14586	7566
3	5	a006	单肩包	58	124	63	3654	7812	4158
4	6	a007	单肩包	58	124	58	3364	7192	3828

5.3 数据表的处理

数据表的处理主要是指对数据表中的数据进行行列转置、将数据表转换为树形结构、对多个数据表进行拼接等操作。

5.3.1 转置数据表的行列

代码文件：5.3.1 转置数据表的行列.py

转置行列就是将数据表的行数据转换到列方向上，将列数据转换到行方向上。在 pandas 模块中，可直接调用 DataFrame 对象的 T 属性来转置行列。演示代码如下：

```
1  import pandas as pd
2  data = pd.read_excel('产品统计表.xlsx')
3  a = data.T
4  print(a)
```

代码运行结果如下：

```
1              0       1       2       3       4       5       6
2  编号       a001    a002    a003    a004    a005    a006    a007
3  产品        背包     钱包     背包    手提包    钱包    单肩包   单肩包
4  成本价(元/个)   16      90      16      36      90      58      58
5  销售价(元/个)   65     187      65     147     187     124     124
6  数量(个)      60      50      23      26      78      63      58
7  成本(元)     960    4500     368     936    7020    3654    3364
8  收入(元)    3900    9350    1495    3822   14586    7812    7192
9  利润(元)    2940    4850    1127    2886    7566    4158    3828
```

5.3.2 将数据表转换为树形结构

代码文件：5.3.2 将数据表转换为树形结构.py

将数据表转换为树形结构就是在维持二维表格的行标签不变的情况下，把列标签也变成行标签，通俗来讲，就是为二维表格建立层次化的索引。

先用 read_excel() 函数从 Excel 工作簿中读取一个二维表格型的数据表。演示代码如下：

```
1  import pandas as pd
2  data = pd.read_excel('产品统计表3.xlsx')
3  print(data)
```

代码运行结果如下：

```
1        编号      产品    销售价(元/个)   数量(个)   收入(元)
2   0   a001     背包         65       60      3900
3   1   a002     钱包        187       50      9350
4   2   a003    单肩包       124       58      7192
```

随后使用 stack() 函数将上述数据表转换为树形结构。演示代码如下：

```
1   a = data.stack()
2   print(a)
```

代码运行结果如下：

```
1    0   编号           a001
2        产品           背包
3        销售价(元/个)    65
4        数量(个)        60
5        收入(元)       3900
6    1   编号           a002
7        产品           钱包
8        销售价(元/个)   187
9        数量(个)        50
10       收入(元)       9350
11   2   编号           a003
12       产品          单肩包
13       销售价(元/个)   124
14       数量(个)        58
15       收入(元)       7192
16   dtype: object
```

5.3.3 数据表的拼接

代码文件：5.3.3 数据表的拼接.py

数据表的拼接是指将两个或多个数据表合并为一个数据表，主要会用到 pandas 模块中的 merge() 函数、concat() 函数和 append() 函数。

1. merge() 函数

merge() 函数可以根据一个或多个相同的列将不同数据表的行连接起来。

先用 read_excel() 函数从一个 Excel 工作簿中读取两个工作表的数据。演示代码如下：

```
1  import pandas as pd
2  data1 = pd.read_excel('产品表.xlsx', sheet_name=0)
3  data2 = pd.read_excel('产品表.xlsx', sheet_name=1)
4  print(data1)
5  print(data2)
```

代码运行结果如下：

```
1        员工编号      员工姓名       员工性别
2    0    a001        张三           男
3    1    a002        李四           女
4    2    a003        王五           男
5    3    a004        赵六           男
6        员工编号      员工姓名       销售业绩
7    0    a001        张三         360000
8    1    a002        李四         458000
9    2    a003        王五         369000
10   3    a004        赵六         450000
11   4    a005        钱七         500000
```

随后使用 merge() 函数连接数据表 data1 和 data2。演示代码如下：

```
1  a = pd.merge(data1, data2)
2  print(a)
```

代码运行结果如下：

```
1        员工编号      员工姓名       员工性别      销售业绩
2    0    a001        张三           男        360000
3    1    a002        李四           女        458000
4    2    a003        王五           男        369000
5    3    a004        赵六           男        450000
```

从运行结果可以看出，merge() 函数直接依据相同的列标签"员工编号"对数据表进行了合并操作，并且选取的是两个表中共有的员工编号的数据，也就是说，默认的合并方式是取交集。如果想合并两个表的所有数据，则需要为 merge() 函数添加参数 how，并设置其值为 'outer'。演示代码如下：

```
1    b = pd.merge(data1, data2, how='outer')
2    print(b)
```

代码运行结果如下：

```
1        员工编号      员工姓名      员工性别      销售业绩
2    0     a001        张三          男         360000
3    1     a002        李四          女         458000
4    2     a003        王五          男         369000
5    3     a004        赵六          男         450000
6    4     a005        钱七          NaN        500000
```

如果两个表中相同的列标签不止一个，可以利用参数 on 来指定依据哪一列进行合并操作。演示代码如下：

```
1    c = pd.merge(data1, data2, on='员工姓名')
2    print(c)
```

代码运行结果如下：

```
1        员工编号_x      员工姓名      员工性别      员工编号_y      销售业绩
2    0     a001         张三          男          a001         360000
3    1     a002         李四          女          a002         458000
4    2     a003         王五          男          a003         369000
5    3     a004         赵六          男          a004         450000
```

2. concat() 函数

concat() 函数采用的是全连接数据的方式，它可以直接将两个或多个数据表合并，即不需要两表的某些列或索引相同，也可以把数据整合到一起。演示代码如下：

```
1    d = pd.concat([data1, data2])
2    print(d)
```

代码运行结果如下：

	员工姓名	员工性别	员工编号	销售业绩
0	张三	男	a001	NaN
1	李四	女	a002	NaN
2	王五	男	a003	NaN
3	赵六	男	a004	NaN
0	张三	NaN	a001	360000.0
1	李四	NaN	a002	458000.0
2	王五	NaN	a003	369000.0
3	赵六	NaN	a004	450000.0
4	钱七	NaN	a005	500000.0

从运行结果可以看出，如果一个表中的列在另外一个表中不存在，则合并后的表中会将该列数据填充为缺失值 NaN。此外，合并后的表中每一行的行标签仍然为原先两个表各自的行标签，如果想要重置行标签，可以在 concat() 函数中设置参数 ignore_index 为 True。演示代码如下：

```
e = pd.concat([data1, data2], ignore_index=True)
print(e)
```

代码运行结果如下：

	员工姓名	员工性别	员工编号	销售业绩
0	张三	男	a001	NaN
1	李四	女	a002	NaN
2	王五	男	a003	NaN
3	赵六	男	a004	NaN
4	张三	NaN	a001	360000.0
5	李四	NaN	a002	458000.0
6	王五	NaN	a003	369000.0
7	赵六	NaN	a004	450000.0
8	钱七	NaN	a005	500000.0

3. append() 函数

append() 函数的用法比较简单，它可以直接将一个或多个数据表中的数据合并到其他数据表中。演示代码如下：

```
f = data1.append(data2)
print(f)
```

代码运行结果如下：

```
1        员工姓名      员工性别      员工编号      销售业绩
2    0    张三         男           a001        NaN
3    1    李四         女           a002        NaN
4    2    王五         男           a003        NaN
5    3    赵六         男           a004        NaN
6    0    张三         NaN          a001        360000.0
7    1    李四         NaN          a002        458000.0
8    2    王五         NaN          a003        369000.0
9    3    赵六         NaN          a004        450000.0
10   4    钱七         NaN          a005        500000.0
```

append() 函数也可以用于在数据表的末尾追加行数据。演示代码如下：

```
1    g = data1.append({'员工编号': 'a005', '员工姓名': '孙七', '员工性别':
     '男'}, ignore_index=True)
2    print(g)
```

第 1 行代码在 append() 函数中传入了一个字典，字典的 key（键）为要追加的数据的列标签，value（值）为要追加的数据的值。需要注意的是，在使用 append() 函数新增行数据时，一定要设置参数 ignore_index 为 True 来忽略原有的行标签，并生成一个从 0 开始的数字序列作为新的行标签，否则会报错。代码运行结果如下：

```
1        员工编号      员工姓名      员工性别
2    0    a001        张三         男
3    1    a002        李四         女
4    2    a003        王五         男
5    3    a004        赵六         男
6    4    a005        孙七         男
```

5.4 数据的运算

数据的运算包含的内容有多个方面，主要有数据的统计运算、数值分布情况的获取、相关系数的计算、数据的分组汇总、数据透视表的创建。下面一起来学习具体的编程方法。

5.4.1　数据的统计运算

代码文件：5.4.1 数据的统计运算.py

常见的统计运算包括求和、求平均值、求最值，分别要用到 sum() 函数、mean() 函数、max() 函数和 min() 函数。

1. 求和

pandas 模块中的 sum() 函数可以对数据表的每一列数据分别进行求和。演示代码如下：

```
1  import pandas as pd
2  data = pd.read_excel('产品统计表.xlsx')
3  a = data.sum()
4  print(a)
```

代码运行结果如下：

```
1  编号              a001a002a003a004a005a006a007
2  产品              背包钱包背包手提包钱包单肩包单肩包
3  成本价(元/个)       364
4  销售价(元/个)       899
5  数量(个)          358
6  成本(元)          20802
7  收入(元)          48157
8  利润(元)          27355
9  dtype: object
```

从运行结果可以看出，对于非数值数据，运算结果是将它们依次连接得到的一个字符串；对于数值数据，运算结果才是数据之和。也可以单独对某一列进行求和，演示代码如下：

```
1  b = data['利润(元)'].sum()
2  print(b)
```

代码运行结果如下：

```
1  27355
```

2. 求平均值

pandas 模块中的 mean() 函数可以对数据表的所有数值数据列分别计算平均值。演示代码如下：

```
1   c = data.mean()
2   print(c)
```

代码运行结果如下：

```
1   成本价(元/个)      52.000000
2   销售价(元/个)      128.428571
3   数量(个)          51.142857
4   成本(元)          2971.714286
5   收入(元)          6879.571429
6   利润(元)          3907.857143
7   dtype: float64
```

从运行结果可以看出，所有非数值数据列被自动跳过了。也可以单独对某一列计算平均值，演示代码如下：

```
1   d = data['利润(元)'].mean()
2   print(d)
```

代码运行结果如下：

```
1   3907.8571428571427
```

3. 求最值

pandas 模块中的 max() 函数可以统计每一列数据的最大值，min() 函数可以统计每一列数据的最小值。下面以 max() 函数为例讲解具体用法。演示代码如下：

```
1   e = data.max()
2   print(e)
```

代码运行结果如下：

```
1   编号           a007
2   产品           钱包
3   成本价(元/个)     90
4   销售价(元/个)     187
5   数量(个)        78
6   成本(元)        7020
7   收入(元)        14586
```

| 8 | 利润(元) | 7566 |
| 9 | dtype: object | |

也可以单独对某一列求最大值，演示代码如下：

```
1  f = data['利润(元)'].max()
2  print(f)
```

代码运行结果如下：

```
1  7566
```

5.4.2　获取数值分布情况

代码文件：5.4.2 获取数值分布情况.py

pandas 模块中的 describe() 函数可以按列获取数据表中所有数值数据的分布情况，包括数据的个数、均值、最值、方差、分位数等。演示代码如下：

```
1  import pandas as pd
2  data = pd.read_excel('产品统计表.xlsx')
3  a = data.describe()
4  print(a)
```

代码运行结果如下：

		成本价(元/个)	销售价(元/个)	数量(个)	成本(元)	收入(元)	利润(元)
2	count	7.000000	7.000000	7.000000	7.000000	7.000000	7.000000
3	mean	52.000000	128.428571	51.142857	2971.714286	6879.571429	3907.857143
4	std	31.112698	50.483849	20.053500	2391.447659	4352.763331	2002.194498
5	min	16.000000	65.000000	23.000000	368.000000	1495.000000	1127.000000
6	25%	26.000000	94.500000	38.000000	948.000000	3861.000000	2913.000000
7	50%	58.000000	124.000000	58.000000	3364.000000	7192.000000	3828.000000
8	75%	74.000000	167.000000	61.500000	4077.000000	8581.000000	4504.000000
9	max	90.000000	187.000000	78.000000	7020.000000	14586.000000	7566.000000

也可以单独查看某一列数据的分布情况，演示代码如下：

```
1  b = data['利润(元)'].describe()
2  print(b)
```

代码运行结果如下：

```
count          7.000000
mean        3907.857143
std         2002.194498
min         1127.000000
25%         2913.000000
50%         3828.000000
75%         4504.000000
max         7566.000000
Name: 利润(元), dtype: float64
```

5.4.3　计算相关系数

代码文件：5.4.3 计算相关系数.py

相关系数通常用来衡量两个或多个元素之间的相关程度，使用 pandas 模块中的 corr() 函数可以计算相关系数。先用 read_excel() 函数读取要计算相关系数的数据。演示代码如下：

```
import pandas as pd
data = pd.read_excel('相关性分析.xlsx')
print(data)
```

代码运行结果如下：

	代理商编号	年销售额（万元）	年广告费投入额（万元）	成本费用（万元）	管理费用（万元）
0	A-001	20.5	5.6	2.00	0.80
1	A-003	24.5	16.7	2.54	0.94
2	B-002	31.8	20.4	2.96	0.88
3	B-006	34.9	22.6	3.02	0.79
4	B-008	39.4	25.7	3.14	0.84
5	C-003	44.5	28.8	4.00	0.80
6	C-004	49.6	32.1	6.84	0.85
7	C-007	54.8	35.9	5.60	0.91
8	D-006	58.5	38.7	6.45	0.90

然后使用 corr() 函数计算数据表 data 中各列之间的相关系数。演示代码如下：

```
a = data.corr()
print(a)
```

代码运行结果如下：

	年销售额（万元）	年广告费投入额（万元）	成本费用（万元）	管理费用（万元）
年销售额（万元）	1.000000	0.996275	0.914428	0.218317
年广告费投入额（万元）	0.996275	1.000000	0.918404	0.223187
成本费用（万元）	0.914428	0.918404	1.000000	0.284286
管理费用（万元）	0.218317	0.223187	0.284286	1.000000

如果只想查看某一列与其他列的相关系数，可以用列标签来指定列。演示代码如下：

```
b = data.corr()['年销售额（万元）']
print(b)
```

代码运行结果如下：

```
年销售额（万元）            1.000000
年广告费投入额（万元）       0.996275
成本费用（万元）            0.914428
管理费用（万元）            0.218317
Name: 年销售额（万元）, dtype: float64
```

5.4.4　分组汇总数据

代码文件：5.4.4 分组汇总数据.py

pandas 模块中的 groupby() 函数可以对数据进行分组。演示代码如下：

```
import pandas as pd
data = pd.read_excel('产品统计表.xlsx')
a = data.groupby('产品')
print(a)
```

第 3 行代码表示依据"产品"列对数据进行分组。代码运行结果如下：

```
<pandas.core.groupby.generic.DataFrameGroupBy object at 0x0000028C-
158BA550>
```

从运行结果可以看出，groupby() 函数返回的是一个 DataFrameGroupBy 对象，该对象包含分组后的数据，但是不能直观地显示出来，还需要继续运用 5.4.1 节中介绍的函数对其进行求和、求平均值、求最值等特定的汇总计算，以获得更有意义的结果。

例如，依据"产品"列对数据进行分组，再对分组后的数据分别进行求和运算。演示代

零基础学 Python 爬虫、数据分析与可视化从入门到精通

码如下：

```
1  b = data.groupby('产品').sum()
2  print(b)
```

代码运行结果如下：

	成本价(元/个)	销售价(元/个)	数量(个)	成本(元)	收入(元)	利润(元)
产品						
单肩包	116	248	121	7018	15004	7986
手提包	36	147	26	936	3822	2886
背包	32	130	83	1328	5395	4067
钱包	180	374	128	11520	23936	12416

如果只想在分组后对某一列进行汇总计算，可以用列标签来指定列。演示代码如下：

```
1  c = data.groupby('产品')['利润(元)'].sum()
2  print(c)
```

代码运行结果如下：

```
1  产品
2  单肩包      7986
3  手提包      2886
4  背包        4067
5  钱包        12416
6  Name: 利润(元), dtype: int64
```

当然，也可以选取多列进行分组后的汇总计算。演示代码如下：

```
1  d = data.groupby('产品')['数量(个)', '利润(元)'].sum()
2  print(d)
```

代码运行结果如下：

	数量(个)	利润(元)
产品		
单肩包	121	7986
手提包	26	2886
背包	83	4067
钱包	128	12416

5.4.5　创建数据透视表

代码文件：5.4.5 创建数据透视表.py

数据透视表可对数据表中的数据进行快速分组和计算。pandas 模块中的 pivot_table() 函数可以制作数据透视表。演示代码如下：

```
1  import pandas as pd
2  data = pd.read_excel('产品统计表.xlsx')
3  a = pd.pivot_table(data, values='利润(元)', index='产品', aggfunc=
   'sum')
4  print(a)
```

第 3 行代码中，参数 values 用于指定要计算的列；参数 index 用于指定一个列作为数据透视表的行标签；参数 aggfunc 用于指定参数 values 的计算类型，这里的 'sum' 表示求和。代码运行结果如下：

```
1           利润(元)
2  产品
3  单肩包      7986
4  手提包      2886
5  背包       4067
6  钱包      12416
```

如果要计算的列不止一个，可以为参数 values 传入一个列表。演示代码如下：

```
1  b = pd.pivot_table(data, values=['利润(元)', '成本(元)'], index='产
   品', aggfunc='sum')
2  print(b)
```

代码运行结果如下：

```
1           利润(元)      成本(元)
2  产品
3  单肩包      7986       7018
4  手提包      2886        936
5  背包       4067       1328
6  钱包      12416      11520
```

5.5 案例：获取并分析股票历史数据

代码文件：5.5 案例：获取并分析股票历史数据.py

股市中每天都会产生大量的交易数据，分析一只股票的历史数据可以帮助我们预测这只股票的收益。Python 的第三方模块 Tushare 是一个免费且专业的财经数据接口，它能获取指定股票的历史数据，并生成 DataFrame 类型的数据表，便于我们使用 pandas 模块对数据进行处理和分析。

下面以"ST 天业"为例，讲解获取和分析股票历史数据的方法。在开始编程之前，先使用"pip install tushare"命令安装 Tushare 模块，然后用搜索引擎查询到"ST 天业"的上市时间为 1994 年 1 月 3 日、股票代码为 600807。

步骤 1：使用 Tushare 模块中的 get_k_data() 函数获取"ST 天业"的股票历史数据。演示代码如下：

```
1    import tushare as ts
2    import pandas as pd
3    tianye = ts.get_k_data(code='600807', start='1994-01-01')    # 获取
     1994年1月1日到今天的所有交易数据
4    print(tianye)
```

第 3 行代码中，get_k_data() 函数的参数 code 用于指定股票代码，参数 start 用于指定获取数据的开始时间，如果指定的开始时间比上市时间还早，则获取的数据是从上市时间开始的。

代码运行结果如下图所示。可以看到，尽管代码中指定的开始时间是 1994 年 1 月 1 日，但是获取到的数据是从该股票的上市时间 1994 年 1 月 3 日开始的。

```
              date   open  close  high   low   volume     code
0       1994-01-03  1.367  1.216  1.383  1.208   54821.05  600807
1       1994-01-04  1.206  1.110  1.208  1.110   33274.90  600807
2       1994-01-05  1.077  1.158  1.169  1.074   20944.03  600807
3       1994-01-06  1.159  1.150  1.180  1.111   12058.33  600807
4       1994-01-07  1.150  1.182  1.190  1.142   11743.50  600807
...            ...    ...    ...    ...    ...        ...     ...
5877    2020-06-16  4.370  4.600  4.610  4.370   79812.00  600807
5878    2020-06-17  4.610  4.540  4.750  4.520  100055.00  600807
5879    2020-06-18  4.540  4.470  4.600  4.450   60878.00  600807
5880    2020-06-19  4.500  4.610  4.650  4.500   63481.00  600807
5881    2020-06-22  4.700  4.650  4.770  4.560   64665.00  600807

[5882 rows x 7 columns]
```

步骤 2：将获取到的数据存储为 csv 文件。演示代码如下：

```
1    tianye.to_csv('tianye.csv')
```

步骤 3： 读取 csv 文件，将 date 列作为行标签，并将该列数据转换为 date（日期）类型，以便做数据分析。演示代码如下：

```
1  Tianye = pd.read_csv('tianye.csv', index_col='date', parse_dates=
   ['date'])    # 将date列作为行标签，并将该列数据转换为date（日期）类型
2  print(Tianye)
```

代码运行结果如下图所示。

```
            Unnamed: 0   open  close   high    low     volume   code
date
1994-01-03           0  1.367  1.216  1.383  1.208   54821.05  600807
1994-01-04           1  1.206  1.110  1.208  1.110   33274.90  600807
1994-01-05           2  1.077  1.158  1.169  1.074   20944.03  600807
1994-01-06           3  1.159  1.150  1.180  1.111   12058.33  600807
1994-01-07           4  1.150  1.182  1.190  1.142   11743.50  600807
...                ...    ...    ...    ...    ...        ...     ...
2020-06-16        5877  4.370  4.600  4.610  4.370   79812.00  600807
2020-06-17        5878  4.610  4.540  4.750  4.520  100055.00  600807
2020-06-18        5879  4.540  4.470  4.600  4.450   60878.00  600807
2020-06-19        5880  4.500  4.610  4.650  4.500   63481.00  600807
2020-06-22        5881  4.700  4.650  4.770  4.560   64665.00  600807

[5882 rows x 7 columns]
```

步骤 4： 因为 10 年前的数据对于现在进行股票数据预测的帮助不是很大，所以需要对数据进行时间范围选择，这里只选择 2010—2019 年的数据。演示代码如下：

```
1  Tianye = Tianye['2010':'2019']      # 使用行标签做切片获取2010—2019年
   的数据
```

步骤 5： 假设我们从 2010 年开始，每月第一天以开盘价买入 1000 股该股票，当月最后一天以收盘价全部卖出，计算出 2010—2019 年的收益。演示代码如下：

```
1  month_first = Tianye.resample('M').first()    # 获取每月第一天的股价
   数据
2  month_first_money = month_first['open'].sum() * 1000   # 计算每月
   第一天以开盘价买入1000股该股票的总支出
3  month_max = Tianye.resample('M').last()    # 获取每月最后一天的股价数据
4  month_max_money = month_max['close'].sum() * 1000    # 计算每月最后
   一天以收盘价卖出的总收入
5  get_money = month_max_money - month_first_money    # 计算10年收益
6  print(get_money)
```

第 1 行和第 3 行代码使用 resample() 函数重新取样，参数值 'M' 代表按月分组，first() 函数用于获取每月第一天的数据，last() 函数则用于获取每月最后一天的数据。代码的运行结果

就是 10 年的收益。

需要说明的是，本案例的侧重点是讲解 Tushare 和 pandas 模块的使用，而不是股票的投资方法。为了不增加代码的复杂度，本案例采用了一种非常简单的交易策略，实践中采用的策略要复杂得多。

提示

目前 Tushare 模块已升级为 Tushare Pro 版本。Tushare Pro 的安装方法同旧版本一样，也是使用"pip install tushare"命令。如果读者已经安装了旧版本的 Tushare 模块，可以使用"pip install tushare --upgrade"命令升级到 Tushare Pro。

安装了 Tushare Pro 后，旧版本的函数目前还可以正常使用，只是在运行过程中会收到如下所示的提示信息：

```
1    本接口即将停止更新，请尽快使用Pro版接口：https://waditu.com/docu-
     ment/2
```

如果旧版本的函数已能满足工作需求，可不必理会上述提示信息。如果读者对 Tushare Pro 感兴趣，可以访问提示信息中给出的网址做进一步了解。这里也对 Tushare Pro 做一个简单的介绍。

Tushare Pro 大幅提升了数据稳定性和获取速度，并将数据内容扩展到股票、基金、期货、债券、外汇、数字货币等领域，极大地减轻了金融分析人员在金融数据采集、加工、存储过程中的工作量。

为了避免少部分用户无限制地恶意调取数据，更好地保证大多数用户调取数据的稳定性，Tushare Pro 引入了积分制度，不同积分级别的用户拥有不同的数据调取权限。用户需要在 Tushare Pro 的官网注册账号并获取 token 凭证，在 Python 代码中使用 token 凭证才能调取数据，下面就来介绍具体步骤。

步骤1： 在浏览器中访问 Tushare 社区门户，网址为 https://waditu.com，单击右上角的"注册"按钮，注册一个账号并进行登录。注册和登录的操作比较简单，这里就不详细讲解了。

步骤2： 完成登录后，❶单击页面右上角的用户账号，❷在展开的列表中单击"个人主页"选项，如下图所示。

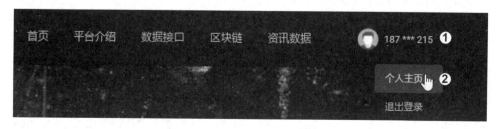

步骤 3：在"用户中心"界面可看到用户信息，其中最重要的是积分，积分的多少决定了用户能调取哪些数据。单击"接口 TOKEN"按钮，如下图所示。

步骤 4：在"接口令牌"界面可看到自己的 token 凭证。单击右侧眼睛形状的按钮，可查看 token 凭证的明文。单击右侧的"复制"按钮，可复制 token 凭证，如下图所示。token 凭证是调取金融数据的唯一凭证，需妥善保管。如果发现自己的 token 凭证被别人盗用，可在本页面单击"刷新"按钮，生成新的 token 凭证，之前的 token 凭证将失效。

完成账号的注册和 token 凭证的获取后，就可以在 Python 代码中使用 Tushare Pro 获取金融数据了。下面以获取股票日线行情数据为例，介绍 Tushare Pro 的用法。演示代码如下：

```
1  import tushare as ts
2  ts.set_token('6f440*******************************e8a33')
3  pro = ts.pro_api()
4  df = pro.daily(trade_date='20200918')
5  print(df)
```

第 1 行代码用于导入 Tushare 模块（版本必须高于 1.2.10）。

第 2 行代码用于设置 token 凭证，括号里的字符串内容就是前面步骤 4 中复制的 token 凭证。

第 3 行代码用于初始化 Tushare Pro 的接口。

第 4 行代码使用 daily() 函数获取 2020 年 9 月 18 日的所有股票的行情数据。

运行以上代码，即可得到如下图所示的日线行情数据。

```
        ts_code trade_date    open  ...  pct_chg         vol       amount
0     688196.SH   20200918   56.99  ...   1.4485    22939.43   129644.533
1     605168.SH   20200918  198.45  ...   9.9990    21499.00   452986.594
2     605366.SH   20200918   15.04  ...  -1.9244    58388.32    86570.145
3     605166.SH   20200918   11.73  ...  -0.5098    20889.41    24524.581
4     688021.SH   20200918   62.30  ...   0.1273     3528.58    22182.069
...         ...        ...     ...  ...      ...         ...          ...
3980  300459.SZ   20200918    5.37  ...  -6.6914  3131145.73  1634304.062
3981  300460.SZ   20200918   13.28  ...   0.9023    60824.60    81328.813
3982  300461.SZ   20200918   21.77  ...  -1.0171    39573.41    84570.989
3983  300462.SZ   20200918   26.71  ...  -2.3551    68389.38   178302.586
3984  300463.SZ   20200918   49.08  ...   0.8230    17709.46    86657.682

[3985 rows x 11 columns]
```

因为旧版本 Tushare 模块的函数还可以免费正常使用，所以本书后续章节中有关 Tushare 模块的内容还是以讲解旧版本的函数为主。

[第6章]

使用 Python 进行数据分析

前几章介绍的 NumPy、pandas 等模块让 Python 拥有了非常强大的数据分析能力，可以轻松应对实战中的各种数据分析问题。本章将结合典型案例详细介绍如何使用 Python 来完成几类基础的数据分析，如相关性分析、假设检验、方差分析、描述性统计分析、线性回归分析等。

6.1 相关性分析

相关性分析是指对多个可能具备相关关系的变量进行分析，从而衡量变量之间的相关程度或密切程度。本节将通过计算皮尔逊相关系数，判断两只股票的股价数据的相关程度。

6.1.1 获取股价数据

代码文件：6.1.1 获取股价数据.py

要分析股价数据的相关程度，首先就要获取股价数据。在 5.5 节中我们已经初步接触了可以获取股票历史数据的 Python 第三方模块 Tushare，下面就来全面详细地学习这个模块的使用方法。

1. 获取日 K 线级别的股价数据

使用 Tushare 模块中的 get_hist_data() 函数可获取日 K 线级别的股价数据。演示代码如下：

```
1  import tushare as ts
2  data = ts.get_hist_data('000061', start='2018-01-01', end='2019-
   01-01')
3  print(data.head(10))
```

第 1 行代码导入 Tushare 模块，并简写为 ts，以方便后面调用该模块中的函数。

第 2 行代码使用 get_hist_data() 函数获取股票代码为 000061 的股票从 2018 年 1 月 1 日到 2019 年 1 月 1 日的日 K 线级别的股价数据，得到的是一个 DataFrame 类型的二维数据表。get_hist_data() 函数中的第 1 个参数为股票代码，通常为 6 位数字；第 2 个参数 start 和第 3 个参数 end 分别表示开始日期和结束日期，日期格式为 YYYY-MM-DD。

第 3 行代码使用 head() 函数输出前 10 行数据。

代码运行结果如下图所示。

date	open	high	close	low	volume	price_change	p_change	ma5	ma10	ma20	v_ma5	v_ma10	v_ma20
2018-12-28	4.83	4.88	4.85	4.81	36631.84	0.04	0.83	4.958	5.093	5.038	76225.27	116826.84	94405.04
2018-12-27	4.99	5.02	4.81	4.8	59757.01	-0.1	-2.04	4.98	5.121	5.04	88376.95	131476.38	96589.4
2018-12-26	5.02	5.02	4.91	4.87	73012.65	-0.12	-2.39	5.046	5.137	5.046	92379.14	131257.01	98596.8
2018-12-25	5.13	5.15	5.03	4.81	93694.17	-0.16	-3.08	5.094	5.135	5.051	101421.76	127253.36	98596.34
2018-12-24	4.98	5.22	5.19	4.96	118030.7	0.23	4.64	5.154	5.118	5.046	120089.14	121739.25	96552.82
2018-12-21	5.14	5.16	4.96	4.93	97390.22	-0.18	-3.5	5.228	5.08	5.032	157428.41	117845.34	94298.63
2018-12-20	5.17	5.22	5.14	5.1	79767.97	-0.01	-0.19	5.262	5.088	5.027	174575.81	112823.01	95110.69
2018-12-19	5.35	5.35	5.15	5.15	118225.8	-0.18	-3.38	5.228	5.069	5.028	170134.89	109634.49	95839.3
2018-12-18	5.48	5.48	5.33	5.23	187031.1	-0.23	-4.14	5.176	5.052	5.032	153084.96	104862.29	97305.15
2018-12-17	5.2	5.64	5.56	5.19	304727	0.43	8.38	5.082	5.029	5.019	123389.36	93367.02	99055.18

上图中各列数据的含义见下表。

列名	含义	列名	含义
date	日期	p_change	涨跌幅（price_change / 昨日收盘价）
open	开盘价		
high	最高价	ma5	5 日均价
close	收盘价	ma10	10 日均价
low	最低价	ma20	20 日均价
volume	成交量	v_ma5	5 日均量
price_change	价格变动（今日收盘价－昨日收盘价）	v_ma10	10 日均量
		v_ma20	20 日均量

某些编辑器（如 PyCharm）在使用 print() 函数打印输出数据结果时有可能不会显示所有列，此时可以在上面的代码中添加两行代码来强制显示所有列。演示代码如下：

```
1  import pandas as pd
2  pd.set_option('display.max_columns', None)
```

2. 获取分钟级别的股价数据

使用 get_hist_data() 函数还可以获取分钟级别的股价数据。演示代码如下：

```
1  data = ts.get_hist_data('000061', ktype='5')
```

代码中为 get_hist_data() 函数设置的参数 ktype 表示获取数据的类型，其值为 'D'、'W'、'M' 时分别表示获取日 K 线、周 K 线、月 K 线级别的数据，为 '5'、'15'、'30'、'60' 时分别表示获取 5 分钟、15 分钟、30 分钟、60 分钟级别的数据。

运行代码后，得到的数据如下图所示。最后一列 turnover 是换手率。

date	open	high	close	low	volume	price_change	p_change	ma5	ma10	ma20	v_ma5	v_ma10	v_ma20	turnover
2020-05-18 15:00:00	8.53	8.56	8.56	8.53	22712.1	0.03	0.35	8.5	8.505	8.4835	20531.1	16594.9	15659.6	0.13
2020-05-18 14:55:00	8.54	8.55	8.53	8.5	32124.5	-0.01	-0.12	8.488	8.493	8.486	17974.9	14887.1	18242.9	0.19
2020-05-18 14:50:00	8.46	8.53	8.53	8.43	23502	0.07	0.83	8.478	8.485	8.482	13884.5	12664.2	18359.1	0.14
2020-05-18 14:45:00	8.44	8.47	8.45	8.44	11164.7	0.01	0.12	8.476	8.476	8.469	12603.1	10816.4	17437.7	0.07
2020-05-18 14:40:00	8.49	8.5	8.43	8.43	13152.1	-0.06	-0.71	8.5	8.472	8.461	14104.5	10595.2	17634.3	0.08
2020-05-18 14:35:00	8.48	8.52	8.5	8.46	9931.44	0.02	0.24	8.51	8.474	8.4545	12658.8	10070.7	17413.1	0.06
2020-05-18 14:30:00	8.53	8.53	8.48	8.48	11672.4	-0.05	-0.59	8.498	8.469	8.441	11799.3	10899.7	17049.1	0.07
2020-05-18 14:25:00	8.53	8.54	8.52	8.51	17094.9	-0.01	-0.12	8.492	8.469	8.4255	11443.9	10915.2	16725.4	0.1
2020-05-18 14:20:00	8.48	8.58	8.57	8.46	18671.6	0.09	1.06	8.476	8.465	8.411	9029.63	10570.2	16527.4	0.11
2020-05-18 14:15:00	8.44	8.5	8.48	8.44	5923.56	0.04	0.47	8.444	8.46	8.3965	7085.82	11152.4	16604.9	0.03

3. 获取实时股价数据

如果要获取实时的股价数据，可以使用 Tushare 模块中的 get_realtime_quotes() 函数。演示代码如下：

```
1  data = ts.get_realtime_quotes('000061')
```

运行代码后，会得到股票代码为 000061 的股票在当时的行情数据，这个数据有 1 行 33 列。如果觉得列数太多，可以通过 DataFrame 对象选取列的方法选取需要的列。演示代码如下：

```
1  data = data[['code', 'name', 'price', 'bid', 'ask', 'volume', 'amount',
   'date', 'time']]
```

运行代码后，得到的数据如下图所示。

	code	name	price	bid	ask	volume	amount	date	time
0	000061	农产品	9.080	9.080	9.090	61562303	532497730.660	2020-05-19	11:30:00

使用 get_realtime_quotes() 函数还可以同时获取多只股票的实时行情数据。演示代码如下：

```
1  data = ts.get_realtime_quotes(['000061', '000002', '000006'])
```

运行代码后，得到的数据如下图所示。

	code	name	price	bid	ask	volume	amount	date	time
0	000061	农产品	9.080	9.080	9.090	61562303	532497730.660	2020-05-19	11:30:00
1	000002	万科A	26.250	26.250	26.260	39423779	1038146867.400	2020-05-19	11:30:00
2	000006	深振业A	4.860	4.850	4.870	3802715	18511809.060	2020-05-19	11:30:00

4. 获取分笔股价数据

分笔股价数据是指每笔成交的信息，可以使用 Tushare 模块中的 get_tick_data() 函数来获取。演示代码如下：

```
1  data = ts.get_tick_data('000002', date='2018-12-12', src='tt')
```

运行代码后，得到的数据如下图所示。其中的 change 表示价格变动，amount 表示成交金额（元），type 表示买卖类型（买盘、卖盘、中性盘）。

	time	price	change	volume	amount	type
0	09:25:04	4.89	0.03	85	41565	卖盘
1	09:30:03	4.85	-0.04	108	52500	卖盘
2	09:30:06	4.85	0	79	38315	买盘
3	09:30:09	4.84	-0.01	51	24706	卖盘
4	09:30:12	4.85	0.01	50	24249	买盘
5	09:30:15	4.84	-0.01	10	4840	卖盘
6	09:30:18	4.84	0	42	20329	卖盘
7	09:30:21	4.85	0.01	16	7760	买盘
8	09:30:36	4.85	0	6	2910	卖盘
9	09:30:42	4.85	0	43	20855	卖盘

5. 获取指数信息

指数信息是指大盘指数的实时行情数据，可以使用 Tushare 模块中的 get_index() 函数来获取。演示代码如下：

```
1  data = ts.get_index()
```

运行代码后，得到的数据如下图所示。其中的 change 表示涨跌幅，preclose 表示昨日收盘点位。

	code	name	change	open	preclose	close	high	low	volume	amount
0	000001	上证指数	0.53	2897.6867	2875.4176	2890.5631	2900.2187	2887.5768	113957385	1479.4502
1	000002	A股指数	0.53	3037.2343	3013.8753	3029.7313	3039.8818	3026.5971	113689515	1478.4433
2	000003	B股指数	0.85	208.7582	207.7771	209.5395	210.9118	208.7582	267869	1.007
3	000008	综合指数	0.51	2640.686	2619.0002	2632.2526	2644.2875	2629.8562	20447482	226.4585
4	000009	上证380	0.56	4901.9139	4872.4203	4899.7796	4912.0982	4891.2278	24306970	317.2192
5	000010	上证180	0.65	8390.1465	8307.4192	8361.6497	8396.77	8354.8818	33333621	523.4918
6	000011	基金指数	0.49	6311.4971	6286.9866	6317.9111	6336.7172	6311.4971	58710852	172.1887
7	000012	国债指数	-0.1	182.9062	182.892	182.7164	182.9062	182.7018	341350	3.381
8	000016	上证50	0.7	2869.2324	2837.1721	2857.0954	2872.6969	2854.8855	13888987	261.4412
9	000017	新综指	0.53	2449.0156	2430.179	2442.9627	2451.1494	2440.4349	110937410	1338.9186

6.1.2 合并股价数据

代码文件：6.1.2 合并股价数据.py

学习完 Tushare 模块的用法后，接下来就利用该模块获取用于相关性分析的股价数据。假设要分析的两只股票的股票代码分别为 000061 和 399300，用于计算相关系数的股价数据是 2018 年 1 月 1 日到 2019 年 1 月 1 日的日 K 线级别的数据，获取数据后将其保存到 Excel 工作簿中。演示代码如下：

```
1  import tushare as ts
2  data = ts.get_hist_data('000061', start='2018-01-01', end='2019-
   01-01')
3  data.to_excel('农产品.xlsx')
4  data1 = ts.get_hist_data('399300', start='2018-01-01', end='2019-
   01-01')
5  data1.to_excel('沪深300.xlsx')
```

运行代码后，在代码文件所在的文件夹下会生成两个 Excel 工作簿。打开工作簿"农产品.xlsx"，可看到股票代码 000061 的股价数据，如下图所示。

	A	B	C	D	E	F	G	H	I	J	K	L	M	N
1	date	open	high	close	low	volume	price_change	p_change	ma5	ma10	ma20	v_ma5	v_ma10	v_ma20
2	2018-12-28	4.83	4.88	4.85	4.81	36631.84	0.04	0.83	4.958	5.093	5.038	76225.27	116826.84	94405.04
3	2018-12-27	4.99	5.02	4.81	4.8	59757.01	-0.1	-2.04	4.98	5.121	5.04	88376.95	131476.38	96589.4
4	2018-12-26	5.02	5.02	4.91	4.87	73012.65	-0.12	-2.39	5.046	5.137	5.046	92379.14	131257.01	98596.8
5	2018-12-25	5.13	5.15	5.03	4.81	93694.17	-0.16	-3.08	5.094	5.135	5.051	101421.76	127253.36	98596.34
6	2018-12-24	4.98	5.22	5.19	4.96	118030.7	0.23	4.64	5.154	5.118	5.046	120089.14	121739.25	96552.82
7	2018-12-21	5.14	5.16	4.96	4.93	97390.22	-0.18	-3.5	5.228	5.08	5.032	157428.41	117845.34	94298.63
8	2018-12-20	5.17	5.22	5.14	5.1	79767.97	-0.01	-0.19	5.262	5.088	5.027	174575.81	112823.01	95110.69
9	2018-12-19	5.35	5.35	5.15	5.15	118225.8	-0.18	-3.38	5.069	5.028	5.028	170134.89	109634.49	95839.3
10	2018-12-18	5.48	5.48	5.33	5.23	187031.1	-0.23	-4.14	5.176	5.052	5.032	153084.96	104862.29	97305.15
11	2018-12-17	5.2	5.64	5.56	5.19	304727	0.43	8.38	5.082	5.029	5.019	123389.36	93367.02	99055.18
12	2018-12-14	4.98	5.3	5.13	4.95	183127.2	0.16	3.22	4.932	4.982	5.01	78262.27	71983.23	99508.49
13	2018-12-13	4.89	4.99	4.97	4.84	57563.38	0.08	1.64	4.914	4.959	4.998	51070.22	61702.43	98920.71
14	2018-12-12	4.89	4.93	4.89	4.84	32976.1	0.03	0.62	4.91	4.954	4.992	49134.08	65936.59	106951.9
15	2018-12-11	4.82	4.89	4.86	4.82	38553.07	0.05	1.04	4.928	4.966	4.995	56639.63	69939.31	119880.76
16	2018-12-10	5.02	5.02	4.81	4.79	79091.56	-0.23	-4.56	4.976	4.973	4.978	63344.67	71366.38	120420.46

打开工作簿"沪深 300.xlsx"，可看到股票代码 399300 的股价数据，如下图所示。

	A	B	C	D	E	F	G	H	I	J	K	L	M	N
1	date	open	high	close	low	volume	price_change	p_change	ma5	ma10	ma20	v_ma5	v_ma10	v_ma20
2	2018-12-28	2994.8	3024.35	3010.65	2984.82	71053776	20.14	0.67	3011.734	3053.625	3127.047	68646326.4	67557882.8	71351991.6
3	2018-12-27	3042.95	3047.23	2990.51	2990.51	80541784	-11.52	-0.38	3015.484	3069.151	3135.149	69787192	68882630	71345354.8
4	2018-12-26	3012.87	3029.06	3002.03	2996.48	55647032	-15.25	-0.51	3030.866	3092.069	3142.506	67628728	69872726.8	71343188.8
5	2018-12-25	3006.88	3030.14	3017.28	2964.88	78689424	-20.92	-0.69	3048.686	3108.927	3151.351	67603781.6	66939015.2	72304934.8
6	2018-12-24	3015.5	3040.35	3038.2	3007.33	57299616	8.8	0.29	3070.916	3123.181	3157.349	64629960.8	67092460.4	71140855.2
7	2018-12-21	3055.33	3057.4	3029.4	3007.61	76758104	-38.02	-1.24	3095.516	3133.837	3162.501	66469439.2	67706226	71244831.4
8	2018-12-20	3083.54	3097.72	3067.42	3044.29	69749464	-23.71	-0.77	3122.818	3149.053	3168.205	67978068	65366608	71638839
9	2018-12-19	3133.74	3137.01	3091.13	3086.76	55522300	-37.3	-1.19	3153.272	3160.478	3175.555	72116725.6	66024538.4	71406280.4
10	2018-12-18	3139.95	3165	3128.43	3114.47	63820320	-32.77	-1.04	3169.168	3176.565	3182.323	71674248.8	68087614	72836151.8
11	2018-12-17	3158.28	3167.51	3161.2	3134.37	66497008	-4.71	-0.15	3175.446	3190.493	3186.822	69554960	69647086	75113193.4
12	2018-12-14	3207.35	3210.72	3165.91	3165.91	84301248	-53.78	-1.67	3172.158	3200.468	3193.492	68943012.8	75146100.4	77586172.6
13	2018-12-13	3178.89	3234.08	3219.69	3169.42	90442752	49.08	1.55	3175.288	3201.146	3198.08	62755148	73808079.6	79714951.8
14	2018-12-12	3181.57	3182.21	3170.61	3160.28	53309916	10.79	0.34	3167.684	3192.942	3199.214	59932351.2	72813650.8	80120755
15	2018-12-11	3148.23	3161.96	3159.82	3143.61	53223876	15.06	0.48	3183.962	3193.774	3200.931	64500979.2	74970854.4	83145692.4
16	2018-12-10	3153.52	3170.15	3144.76	3134.38	63437272	-36.8	-1.16	3205.54	3191.516	3204.809	69739212	75189250	86809171.8

可以发现，获取的股价数据的日期是不连续的，这是因为股市并不是每天都开市，所以周末和节假日没有股价数据。

接下来使用 pandas 模块中的 merge() 函数将两个 Excel 工作簿中的数据合并到一个 Excel 工作簿中，便于后面分析两只股票股价的相关性。演示代码如下：

```
1  import pandas as pd
2  stock = pd.read_excel('农产品.xlsx')
3  stock = stock[['date', 'close']]
4  stock = stock.rename(columns={'close': 'price_农产品'})
```

```
5   stock1 = pd.read_excel('沪深300.xlsx')
6   stock1 = stock1[['date', 'close']]
7   stock1 = stock1.rename(columns={'close': 'price_沪深300'})
8   data_merge = pd.merge(stock, stock1, on='date', how='inner')
9   data_merge.to_excel('合并股价数据.xlsx', index=False)
```

第 1 行代码导入 pandas 模块，并简写为 pd。

第 2 ～ 4 行代码读取 Excel 工作簿 "农产品.xlsx" 中的数据，并且只选取其中的 "date" 和 "close" 两列数据，随后使用 rename() 函数将 "close" 列重命名为 "price_农产品"。

第 5 ～ 7 行代码读取 Excel 工作簿 "沪深 300.xlsx" 中的数据，并且也只选取其中的 "date" 和 "close" 两列数据，随后使用 rename() 函数将 "close" 列重命名为 "price_沪深 300"。

第 8 行和第 9 行代码使用 merge() 函数将更改列名后的数据合并到一个数据表中，再使用 to_excel() 函数将合并后的数据表写入名为 "合并股价数据.xlsx" 的 Excel 工作簿中。

运行代码后，得到如下图所示的数据表。

	A	B	C	D	E
1	date	price_农产品	price_沪深300		
2	2018-12-28	4.85	3010.65		
3	2018-12-27	4.81	2990.51		
4	2018-12-26	4.91	3002.03		
5	2018-12-25	5.03	3017.28		
6	2018-12-24	5.19	3038.2		
7	2018-12-21	4.96	3029.4		
8	2018-12-20	5.14	3067.42		
9	2018-12-19	5.15	3091.13		
10	2018-12-18	5.33	3128.43		
11	2018-12-17	5.56	3161.2		

6.1.3　股价数据相关性分析

代码文件：6.1.3 股价数据相关性分析.py

在实际工作中，为了做出更科学的决策，常常需要研究若干数据之间是否存在关联，如此增彼长或此消彼长等，以及这种关联的密切程度。下面就来介绍一个对数据的相关性进行定量分析的主要工具——皮尔逊相关系数。

皮尔逊相关系数（Pearson correlation coefficient）是一个用于反映两个随机变量之间的线性相关程度的统计指标，通常用 r 表示。皮尔逊相关系数的计算公式如下：

$$r = \frac{COV(X, Y)}{\sqrt{D(X)}\sqrt{D(Y)}}$$

其中 COV(X, Y) 是变量 X 和变量 Y 的协方差，$D(X)$ 和 $D(Y)$ 分别为变量 X 和变量 Y 的方差，$\sqrt{D(X)}$ 和 $\sqrt{D(Y)}$ 分别为变量 X 和变量 Y 的标准差。

由公式可知，皮尔逊相关系数是用两个变量的协方差除以两个变量的标准差得到的。虽然协方差能反映两个随机变量的相关程度（协方差为正值表示两者正相关，为负值表示两者负相关），但是协方差值的大小并不能很好地度量两个随机变量的相关程度。例如，在二维空间中分布着一些数据点，我们想知道数据点的 x 坐标和 y 坐标的相关程度，如果两者的相关程度较小但是数据分布得比较离散，就会导致求出的协方差值较大，用这个值来度量相关程度是不合理的。因此，为了更好地度量两个随机变量的相关程度，引入了皮尔逊相关系数。

r 的取值范围为 $[-1, 1]$。r 的正负表示相关性的类型：r 为正值表示线性正相关，即两个变量的增长趋势相同；r 为负值表示线性负相关，即两个变量的增长趋势相反；r 为 0 表示不存在线性相关性。r 的绝对值表示相关性的强弱，绝对值越接近 1，说明相关性越强。

需要注意的是，r 的绝对值小不一定意味着变量之间的相关性弱。这是因为 r 衡量的仅仅是变量之间的线性相关关系，而变量之间的关系除了线性关系之外，还有指数关系、多项式关系、幂关系等，这些"非线性相关"的关系不在 r 的衡量范围之内。

在实际工作中，我们通常不需要自己编写计算皮尔逊相关系数的代码，因为许多 Python 第三方模块已经封装好了计算皮尔逊相关系数的函数。这里使用 SciPy 模块中的 pearsonr() 函数计算皮尔逊相关系数。演示代码如下：

```
1  from scipy.stats import pearsonr
2  corr = pearsonr(X, Y)
```

给 pearsonr() 函数传入两个数组，会返回一个包含两个元素的元组，两个元素分别代表皮尔逊相关系数 r 和显著性水平 P 值。r 的含义前面已经讲解过，而 P 值与皮尔逊相关显著性检验有关，$P < 0.05$ 时表示显著相关，即两个变量之间真的存在相关性，而不是由偶然因素引起的。只有在显著相关的前提下，r 的值才有意义。简单来说，在使用 pearsonr() 函数计算出结果后，要先根据 P 值是否小于 0.05 来判断两个变量之间是否真的存在相关性，再根据 r 的正负判断相关性的类型，根据 r 的绝对值判断相关性的强弱。

学习完皮尔逊相关系数的计算和使用方法，下面就对 6.1.2 节中处理好的两只股票的股价数据进行相关性的计算。演示代码如下：

```
1  import pandas as pd
2  from scipy.stats import pearsonr
3  data = pd.read_excel('合并股价数据.xlsx')
4  corr = pearsonr(data['price_农产品'], data['price_沪深300'])
5  print('相关系数r值为' + str(corr[0]) + '，显著性水平P值为' +
   str(corr[1]))
```

第 4 行代码表示用"price_农产品"列和"price_沪深 300"列的数据计算相关性。

此外，因为 pearsonr() 函数返回的元组的两个元素是浮点型数字，所以在第 5 行代码中进行字符串拼接时就需要使用 str() 函数将这两个浮点型数字转换成字符串。

代码运行结果如下：

```
1    相关系数r值为0.9424989951941217，显著性水平P值为6.213473367651319e-112
```

从运行结果可以看出，显著性水平 P 值约为 6.213×10^{-112}，满足小于 0.05 的条件，说明 "price_农产品" 列和 "price_沪深 300" 列的数据显著相关，即它们的确具有相关性。相关系数 r 值约为 0.942，为正值，且绝对值接近 1，说明 "price_农产品" 列和 "price_沪深 300" 列的数据具有较强的线性正相关性。最后可以得出结论：000061 和 399300 这两只股票的股价具有较强的线性正相关性，即增长趋势基本相同。

6.2　假设检验

代码文件：6.2 假设检验.py

事物的个体差异总是客观存在的，抽样的误差也就不可避免。我们不能只依据个别样本的值来对整体数据下结论。当一些样本均数与已知的总体均数有很大的差别时，一般来说有两点主要原因：一是抽样误差的偶然性；二是样本来自不同的总体，从而使得试验因素不同。此时，运用假设检验方法就能够排除误差的影响，区分差别在统计上是否成立，并了解误差事件发生的概率。

假设检验又称为显著性检验，是统计推断中的一种重要的数据统计方法。它首先对研究总体的参数做出某种假设，然后从总体中抽取样本进行观察，用样本提供的信息对假设的正确性进行判断，从而决定假设是否成立。若观察结果与理论不符，则假设不成立；若观察结果与理论相符，则认为没有充分的证据表明假设错误。

在实际工作中广泛使用的假设检验主要有 t 检验、z 检验、F 检验。

t 检验是一种推论统计量，用于确定在某些特征中两组的均值之间是否存在显著差异，主要用于数据集。t 检验主要有两种类型：单样本 t 检验和双样本 t 检验。单样本 t 检验用于确定样本均值是否与已知或假设的总体均值具有统计学差异。双样本 t 检验用于比较两个独立组的均值，以确定是否有统计证据表明这两个独立组存在显著差异。

z 检验用于在两组样本的总体方差未知时，检验两组数据表现情况的差异。它与 t 检验的区别在于：z 检验常用于样本量较大的情况；而 t 检验则用于样本量较小、总体标准差未知的正态分布情况的数据。

F 检验用于检验两个正态随机变量的总体方差是否相等，常用于判断应该选择使用 t 检验中的哪种检验方法，根据该检验方法计算出的方差比值可以用来检验两组数据是否存在显著性差异。

本节将主要介绍如何使用 t 检验分析两个品种水稻的产量是否存在显著性差异。

已知在 Excel 工作簿"样本数据.xlsx"中记录了两种水稻在 8 个地区的单位面积产量，具体数据如右图所示。水稻的品种分别用 A 和 B 表示。

现在需要在置信度为 95% 的前提下，使用 t 检验判断两种水稻的产量是否有显著性差异。提出的假设是两种水稻的产量没有显著性差异。

使用 Python 的第三方模块 SciPy 即可进行 t 检验。先用 pandas 模块从 Excel 工作簿中读取要进行 t 检验的数据。演示代码如下：

	A	B
1	品种	产量
2	A	85
3	A	87
4	A	56
5	A	90
6	A	84
7	A	94
8	A	75
9	A	79
10	B	80
11	B	79
12	B	58
13	B	90
14	B	77
15	B	82
16	B	75
17	B	65

```
1  import pandas as pd
2  data = pd.read_excel('样本数据.xlsx')
3  print(data.head())
```

运行代码后，可看到读取的数据的前 5 行。

```
1        品种   产量
2  0     A    85
3  1     A    87
4  2     A    56
5  3     A    90
6  4     A    84
```

随后把 A 品种水稻和 B 品种水稻的产量分别赋给变量 x 和变量 y。演示代码如下：

```
1  x = data[data['品种'] == 'A']['产量']
2  y = data[data['品种'] == 'B']['产量']
```

然后导入 SciPy 模块，调用进行双样本 t 检验的 ttest_ind() 函数检验这两种水稻的产量是否有显著性差异。演示代码如下：

```
1  from scipy.stats import ttest_ind
2  print(ttest_ind(x, y))
```

代码运行结果如下：

```
1  Ttest_indResult(statistic=1.0044570121313174, pvalue=0.3322044373983689)
```

运行结果中的 pvalue 就是计算出的显著性水平 P 值。如果 P 值小于选定的显著性水平，则拒绝原假设；如果 P 值远大于选定的显著性水平，则不拒绝原假设。

前面选定的置信度为 95%，则选定的显著性水平为 $1-95\%=5\%=0.05$。这里计算出的 P 值约为 0.332，远大于选定的显著性水平 0.05，因此不拒绝原假设，即认为这两个品种水稻的产量并没有显著性差异。

6.3 方差分析

假设检验可以分析一组数据与另一组数据或总体均值之间的均值差异，从而判断它们是否来自同一个总体。但是假设检验具有局限性，它无法应对多个因素以及因素中又包含多种状态的情况，这时就要使用方差分析。

方差分析就是对试验数据进行分析，检验方差相等的多个正态总体均值是否相等，进而判断各因素对试验指标的影响是否显著。根据影响试验条件的因素的个数可以将方差分析分为单因素方差分析、双因素方差分析和多因素方差分析。

单因素方差分析是指只考虑一个因素对试验指标的影响是否显著，例如，分析"销售地区"这个因素对"销售金额"的影响。双因素方差分析则是分析两个因素对试验指标的影响，例如，分析"产品价格"和"销售地区"这两个因素对"销售金额"的影响。如果还有更多因素，则为多因素方差分析。本节主要介绍如何用 Python 来完成单因素方差分析和双因素方差分析。

6.3.1 方差分析的基本步骤

在学习编写方差分析的 Python 代码之前，先来学习方差分析的基本步骤。

1. 单因素方差分析的基本步骤

假定试验中只有一个因素 A，且 A 又包含 m 种水平（因素所处的状态），分别记为 A_1，A_2，$\cdots$，A_m。在每一种水平下做 n 次试验，则总的试验次数，也就是样本数为 $n\times m$。每一次试验后都会得到一个试验值，记为 x_{ij}，表示在第 j 种水平下的第 i 个试验值（$i=1, 2, \cdots, n$；$j=1, 2, \cdots, m$），其中从不同水平中抽取的样本容量可以相等，也可以不相等。为便于分析，这里假设单因素方差分析的数据结构如下表所示。

试验次数（n 次）	因素 A（m 种水平）			
	A_1	A_2	$\cdots$	A_m
1	x_{11}	x_{12}	$\cdots$	x_{1m}
2	x_{21}	x_{22}	$\cdots$	x_{2m}
$\cdots$	$\cdots$	$\cdots$	$\cdots$	$\cdots$
n	x_{n1}	x_{n2}	$\cdots$	x_{nm}

为了考察因素 A 对试验结果是否有显著性影响，即看各种水平下的试验值的均值的差异，把因素 A 的 m 种水平 A_1，A_2，$\cdots$，A_m 看成是 m 个正态总体，此时可设 $x_{ij} \sim N(a_j, \sigma^2)$，其中 σ^2 是总体方差，a_j 是第 j 个总体的总体均值，$a_j = \mu + \xi_j$，μ 是算术平均值，ξ_j 是因素 A 的第 j 种水平 A_j 所引起的差异。因此，检验因素 A 的各水平之间是否有显著的差异，相当于检验：

$$H_0\text{：}\ a_1 = a_2 = \cdots = a_m = \mu\ \text{或者}\ H_0\text{：}\ \xi_1 = \xi_2 = \cdots = \xi_m = 0$$

具体分析步骤如下：

（1）提出假设

H_0：多个样本总体均值相等，也就是不同水平的均值无差异；

H_1：多个样本总体均值不相等或不全等，也就是不同水平的均值有显著差异。

（2）计算均值

令 $\overline{x_j}$ 表示第 j 种水平的样本均值，计算公式如下：

$$\overline{x_j} = \frac{\sum_{i=1}^{n_j} x_{ij}}{n_j}$$

公式中的 n_j 表示第 j 种水平的试验次数。

令总均值为 $\overline{\overline{x}}$，计算公式如下：

$$\overline{\overline{x}} = \frac{\sum_{j=1}^{m} \sum_{i=1}^{n_j} x_{ij}}{n} = \frac{\sum_{j=1}^{m} n_j \overline{x_j}}{n}$$

公式中的 $n = n_1 + n_2 + \cdots + n_m$。

（3）计算误差平方和

在单因素方差分析中，误差平方和有 3 个，分别为总误差平方和 SST、组间误差平方和 SSA、组内误差平方和 SSE。

总误差平方和 SST 是全部试验值 x_{ij} 与总均值 $\overline{\overline{x}}$ 的误差平方和，反映了全部试验值的离散程度。计算公式如下：

$$\text{SST} = \sum_{j=1}^{m} \sum_{i=1}^{n_j} \left(x_{ij} - \overline{\overline{x}}\right)^2$$

组间误差平方和 SSA 是各组样本均值 $\overline{x_j}$ 与总均值 $\overline{\overline{x}}$ 的误差平方和，反映了各水平总体的样本均值的差异程度。计算公式如下：

$$\text{SSA} = \sum_{j=1}^{m} \sum_{i=1}^{n_j} \left(\overline{x_j} - \overline{\overline{x}}\right)^2 = \sum_{j=1}^{m} n_j \left(\overline{x_j} - \overline{\overline{x}}\right)^2$$

组内误差平方和 SSE 是每种水平或各组的各样本数据 x_{ij} 与其组内样本均值 $\overline{x_j}$ 的误差平方和，反映了每组样本各试验值的离散程度。计算公式如下：

$$\text{SSE} = \sum_{j=1}^{m} \sum_{i=1}^{n_j} \left(x_{ij} - \overline{x_j}\right)^2$$

可以证明，SST、SSA 和 SSE 之间存在着一定的关系，证明过程如下：

$$\sum_{j=1}^{m}\sum_{i=1}^{n_j}\left(x_{ij}-\bar{\bar{x}}\right)^2 = \sum_{j=1}^{m}\sum_{i=1}^{n_j}\left[\left(\overline{x_j}-\bar{\bar{x}}\right)+\left(x_{ij}-\overline{x_j}\right)\right]^2$$

$$= \sum_{j=1}^{m}\sum_{i=1}^{n_j}\left(\overline{x_j}-\bar{\bar{x}}\right)^2 + \sum_{j=1}^{m}\sum_{i=1}^{n_j}\left(x_{ij}-\overline{x_j}\right)^2 +$$

$$2\sum_{j=1}^{m}\sum_{i=1}^{n_j}\left[\left(\overline{x_j}-\bar{\bar{x}}\right)\left(x_{ij}-\overline{x_j}\right)\right]$$

在各组同为正态分布，等方差的条件下有：

$$2\sum_{j=1}^{m}\sum_{i=1}^{n_j}\left[\left(\overline{x_j}-\bar{\bar{x}}\right)\left(x_{ij}-\overline{x_j}\right)\right]=0$$

因此：

$$\sum_{j=1}^{m}\sum_{i=1}^{n_j}\left(x_{ij}-\bar{\bar{x}}\right)^2 = \sum_{j=1}^{m}\sum_{i=1}^{n_j}\left(\overline{x_j}-\bar{\bar{x}}\right)^2 + \sum_{j=1}^{m}\sum_{i=1}^{n_j}\left(x_{ij}-\overline{x_j}\right)^2$$

即 SST = SSA + SSE。

（4）计算统计量

统计量 F 值等于组间方差除以组内方差。计算公式如下：

$$F = \frac{\text{MSA}}{\text{MSE}}$$

公式中的 MSA 和 MSE 是误差平方和除以自由度后得到的平均平方。MSA 为组间误差平方和 SSA 的平均平方，也就是组间均方；MSE 为组内误差平方和 SSE 的平均平方，也就是组内均方。

组间均方 MSA 的计算公式如下：

$$\text{MSA} = \frac{\text{SSA}}{m-1}$$

公式中的 $m-1$ 为 SSA 的自由度。

组内均方 MSE 的计算公式如下：

$$\text{MSE} = \frac{\text{SSE}}{n \times m - m}$$

公式中的 $n \times m - m$ 为 SSE 的自由度。

此外，SST 的自由度为 $n \times m - 1$。

SST、SSA、SSE 的自由度之间也存在着一定的关系，可用公式表达为：

$$n \times m - 1 = (m-1) + (n \times m - m)$$

为了更清晰地展示单因素方差分析的主要过程，这里把有关计算结果列成如下所示的方差分析表。

方差来源	误差平方和	自由度	平均平方	F 值
组间	SSA	$m-1$	MSA	MSA / MSE
组内	SSE	$n \times m - m$	MSE	—
总差异	SST	$n \times m - 1$	—	—

（5）做出统计决策

计算出统计量 F 的值后，根据给定的显著性水平 α，在 F 检验临界值表中查找出自由度为 $(m-1, n \times m - m)$ 的临界值 F_α。如果 $F > F_\alpha$，则拒绝原假设 H_0，说明不同水平对试验值有显著影响；如果 $F < F_\alpha$，则接受原假设 H_0，说明不同水平对试验值的影响不显著。

2. 双因素方差分析的基本步骤

假定试验中有两个因素 A 和 B：A 为列因素，且有 m 种水平，分别记为 A_1，A_2，$\cdots$，A_m；B 为行因素，且有 n 种水平，分别记为 B_1，B_2，$\cdots$，B_n。每一次试验后都会得到一个试验值，记为 x_{ij}（$i=1, 2, \cdots, n; j=1, 2, \cdots, m$），整个试验值表示由行因素的 n 种水平和列因素的 m 种水平所组合成的 $n \times m$ 个总体中抽取的样本量为 1 的独立随机样本。为便于分析，这里假设双因素方差分析的数据结构如下表所示。

行因素 B（n 种水平）	列因素 A（m 种水平）			
	A_1	A_2	$\cdots$	A_m
B_1	x_{11}	x_{12}	$\cdots$	x_{1m}
B_2	x_{21}	x_{22}	$\cdots$	x_{2m}
$\cdots$	$\cdots$	$\cdots$	$\cdots$	$\cdots$
B_n	x_{n1}	x_{n2}	$\cdots$	x_{nm}

具体分析检验步骤如下：

（1）提出假设

为了检验两个因素的影响，需要对两个因素分别提出假设。

对行因素提出的假设为：

H_0：多个样本总体均值相等，也就是行因素的不同水平的均值无差异；

H_1：多个样本总体均值不相等或不全等，也就是行因素的不同水平的均值有显著差异。

对列因素提出的假设为：

H_0：多个样本总体均值相等，也就是列因素的不同水平的均值无差异；

H_1：多个样本总体均值不相等或不全等，也就是列因素的不同水平的均值有显著差异。

（2）计算均值

令 $\overline{x_j}$ 表示列因素 A 的第 j 种水平的样本均值，计算公式如下：

$$\overline{x_j} = \frac{\sum_{j=1}^{m} x_{ij}}{m}$$

令 $\overline{x}_i$ 表示行因素 B 的第 i 种水平的样本均值，计算公式如下：

$$\overline{x}_i = \frac{\sum\limits_{i=1}^{n} x_{ij}}{n}$$

令总均值为 $\overline{\overline{x}}$，计算公式如下：

$$\overline{\overline{x}} = \frac{\sum\limits_{j=1}^{m}\sum\limits_{i=1}^{n} x_{ij}}{m \times n}$$

（3）计算误差平方和

在双因素方差分析中，误差平方和有 4 个，分别是总误差平方和 SST、行因素的误差平方和 SSR、列因素的误差平方和 SSC、随机误差平方和 SSE。

总误差平方和 SST 是全部试验值 x_{ij} 与总均值 $\overline{\overline{x}}$ 的误差平方和，反映了全部试验值的离散程度。计算公式如下：

$$SST = \sum_{j=1}^{m}\sum_{i=1}^{n}\left(x_{ij} - \overline{\overline{x}}\right)^2$$

行因素的误差平方和 SSR 反映了行因素 B 总体的样本均值之间的差异程度。计算公式如下：

$$SSR = \sum_{j=1}^{m}\sum_{i=1}^{n}\left(\overline{x}_i - \overline{\overline{x}}\right)^2$$

列因素的误差平方和 SSC 反映了列因素 A 每个样本各试验值的离散程度。计算公式如下：

$$SSC = \sum_{j=1}^{m}\sum_{i=1}^{n}\left(\overline{x}_j - \overline{\overline{x}}\right)^2$$

随机误差平方和 SSE 是在除了行因素和列因素之外的剩余因素影响下产生的误差平方和。计算公式如下：

$$SSE = \sum_{j=1}^{m}\sum_{i=1}^{n}\left(x_{ij} - \overline{x}_i - \overline{x}_j + \overline{\overline{x}}\right)^2$$

SST、SSR、SSC 和 SSE 之间也存在着一定的关系，可用公式表达为：

$$SST = SSR + SSC + SSE$$

（4）计算统计量

在上述误差平方和的基础上，可以计算均方，也就是将各误差平方和除以对应的自由度。各误差平方和对应的自由度分别是：

- 总误差平方和 SST 的自由度为 $n \times m - 1$；
- 行因素的误差平方和 SSR 的自由度为 $n - 1$；
- 列因素的误差平方和 SSC 的自由度为 $m - 1$；

- 随机误差平方和 SSE 的自由度为 $(n-1)\times(m-1)$。

为计算统计量，需要计算下列各均方。

行因素的均方 MSR 的计算公式如下：

$$\text{MSR} = \frac{\text{SSR}}{n-1}$$

列因素的均方 MSC 的计算公式如下：

$$\text{MSC} = \frac{\text{SSC}}{m-1}$$

随机误差项的均方 MSE 的计算公式如下：

$$\text{MSE} = \frac{\text{SSE}}{(n-1)\times(m-1)}$$

为了检验行因素 B 的影响是否显著，采用下面的统计量：

$$F_R = \frac{\text{MSR}}{\text{MSE}} \sim F\big((n-1),\ (n-1)\times(m-1)\big)$$

为了检验列因素 A 的影响是否显著，采用下面的统计量：

$$F_C = \frac{\text{MSC}}{\text{MSE}} \sim F\big((m-1),\ (n-1)\times(m-1)\big)$$

为了更清晰地展示双因素方差分析的主要过程，这里把有关计算结果列成如下所示的方差分析表。

方差来源	误差平方和	自由度	均方	F 值
列因素 A	SSC	$m-1$	MSC	F_C
行因素 B	SSR	$n-1$	MSR	F_R
误差	SSE	$(n-1)\times(m-1)$	MSE	—
总差异	SST	$n\times m-1$	—	—

（5）做出统计决策

计算出统计量的值后，根据给定的显著性水平 α 和两个自由度，在 F 检验临界值表（可用搜索引擎搜索）中查找相应的临界值 F_α，然后将 F_C 和 F_R 与 F_α 进行比较。

如果 $F_C > F_\alpha$，则拒绝列因素提出的原假设 H_0，说明因素 A 对试验值有显著影响。

如果 $F_R > F_\alpha$，则拒绝行因素提出的原假设 H_0，说明因素 B 对试验值有显著影响。

> **提示**
>
> 　　实际上，双因素方差分析可根据两个因素对试验结果的影响是否相互独立分为无交互作用的双因素方差分析和有交互作用的双因素方差分析。
>
> 　　无交互作用的双因素方差分析假定两个因素的效应之间是相互独立的，不存在相互

关系。因为不考虑交互作用的影响，只需对两个因素的每一种水平的组合进行一次独立试验，所以无交互作用的双因素方差分析又称为无重复双因素方差分析。

有交互作用的方差分析假定两个因素不是相互独立的，而是相互起作用的，两个因素同时起作用的结果不是两个因素分别作用的简单相加，两者的结合会产生一个新的效应。因为假定两个因素有交互作用，需要对两个因素的每一种水平的组合分别进行至少两次的重复试验，才能分析出交互作用的效应，所以有交互作用的双因素方差分析又称为有重复双因素方差分析。

限于篇幅，本节只介绍了无交互作用的双因素方差分析。如果读者需要了解有交互作用的双因素方差分析，可以参考其他统计学书籍。

掌握了单因素方差分析和双因素方差分析的分析步骤后，就可以在 Python 中进行方差分析了。首先来看看要分析的数据。

现有某产品在上海、北京、成都、重庆 4 个城市的 2019 年月度销量数据，保存在一个 Excel 工作簿中，如下图所示。

	A	B	C	D	E	F
1	月份	上海	北京	成都	重庆	
2	2019年1月	8500	8975	3600	5620	
3	2019年2月	7851	5784	4526	7852	
4	2019年3月	9120	6354	4521	7456	
5	2019年4月	5241	5687	2000	3652	
6	2019年5月	7800	7450	2630	5784	
7	2019年6月	3640	9645	6230	2540	
8	2019年7月	6987	3654	4516	6358	
9	2019年8月	6923	5875	7850	5874	
10	2019年9月	7852	2564	3256	2457	
11	2019年10月	8540	4500	5600	1278	
12	2019年11月	6360	4785	3652	5600	
13	2019年12月	5963	6895	4125	3600	
14						

现要回答以下 3 个问题：

问题 1：不同的城市对销量是否有显著影响？

问题 2：不同的月份对销量是否有显著影响？

问题 3：不同城市与月份对销量是否有显著影响？

首先要弄清楚这 3 个问题分别用哪种方差分析方法来分析。问题 1 与问题 2 针对的是城市和月份各自对销量的影响，也就是单个因素对销量的影响，所以要使用单因素方差分析；问题 3 针对的是城市与月份对销量的影响，所以要使用双因素方差分析。接下来就通过编写 Python 代码解决上述 3 个问题。

6.3.2　单因素方差分析的代码实现

代码文件：6.3.2 单因素方差分析的代码实现.py

下面主要讲解如何编程分析城市因素对销量的影响，月份因素的分析思路是一样的。

1. 提出假设

H_0：不同城市的销量没有显著差异；

H_1：不同城市的销量有显著差异。

2. 编写代码

下面根据 6.3.1 节中介绍的单因素方差分析的基本步骤来编写代码。为了让代码更简洁，这里采用自定义函数的方式来实现单因素方差分析。演示代码如下：

```python
import pandas as pd

def ONE_WAY_ANOVA(data):

    #计算各水平的样本均值
    col_mean = data.mean()
    print('各水平的样本均值为')
    for index, value in col_mean.items():
        print(index, str(value))

    #计算所有样本的总均值
    data_mean = col_mean.mean()
    print('所有样本的总均值为' + str(data_mean))

    #计算样本数
    a = data.shape
    n = data.shape[0]
    m = data.shape[1]
    nm = data.shape[0] * data.shape[1]
    print('数据的行列数为' + str(a))
    print('试验次数为' + str(n))
    print('因素水平个数为' + str(m))
    print('总样本数为' + str(nm))

```

```
25        #计算总误差平方和、组间误差平方和和组内误差平方和
26        SST = ((data - data_mean) ** 2).sum().sum()
27        SSA = ((col_mean - data_mean) ** 2 * n).sum()
28        SSE = ((data - col_mean) ** 2).sum().sum()
29        print('总误差平方和SST为' + str(SST))
30        print('组间误差平方和SSA为' + str(SSA))
31        print('组内误差平方和SSE为' + str(SSE))
32
33        #计算统计量
34        MSA = SSA / (m - 1)
35        MSE = SSE / (nm - m)
36        F = MSA / MSE
37        print('组间均方MSA为' + str(MSA))
38        print('组内均方MSE为' + str(MSE))
39        print('统计量F值为' + str(F))
40
41   data_city = pd.read_excel('销量统计.xlsx', index_col='月份')
42   print(data_city.head())
43   ONE_WAY_ANOVA(data_city)
```

第 3 行代码定义了一个函数 ONE_WAY_ANOVA()，它有一个参数 data，代表要进行单因素方差分析的样本数据。

第 6 行代码使用 5.4.1 节介绍的 mean() 函数计算因素各水平的样本均值，默认的方式为按列计算，获得的 col_mean 是一个 Series 对象。第 8 行和第 9 行代码用 for 语句遍历 Series 对象，输出每个水平的名称和样本均值。

第 12 行代码同样使用 mean() 函数，在 Series 对象中存储的各城市的销量均值的基础上，计算全部城市的总销量均值，相当于先对 Series 对象中存储的各城市的销量均值进行求和，然后除以城市的个数。

第 16 ～ 23 行代码获取数据的试验次数、因素水平个数和总样本数，为计算误差平方和与统计量做准备。代码中主要使用 4.3.2 节讲解的 shape 属性获取数据的形状。第 17 行和第 18 行代码中的 shape[0] 和 shape[1] 分别表示获取数据的行数和列数。

第 26 ～ 31 行代码用于计算总误差平方和 SST、组间误差平方和 SSA 和组内误差平方和 SSE。这里充分利用了 DataFrame 对象和 Series 对象在数组运算上的特长，用比较简洁的代码完成了复杂的运算。

第 34 ～ 39 行代码用于计算统计量。

第 41 行代码从 Excel 工作簿中读取样本数据，将"月份"列的内容设置为行标签。第 42 行代码输出数据的前 5 行。第 43 行代码调用自定义函数 ONE_WAY_ANOVA()，并传入读取的样本数据作为参数，完成计算。

3. 做出统计决策

代码运行结果内容较多，这里只列出最关键的统计量 F 值，具体如下：

```
1    统计量F值为5.168441117660171
```

从运行结果可以看出，统计量 F 值约为 5.168，此时 SSA 的自由度 $m-1=4-1=3$，SSE 的自由度 $n\times m-m=48-4=44$。这里假设以上检验是在显著性水平 $\alpha=0.05$ 的基础上进行的。在 F 检验临界值表中查得自由度为 (3, 44) 时的临界值 F_a 为 2.816，可知 $F>F_a$，因此拒绝原假设 H_0，说明城市因素对销量有显著影响，即不同城市的销量有显著差异。

验证月份对销量的影响和验证城市对销量的影响一样，首先提出如下假设：

H_0：不同月份的销量没有显著差异；

H_1：不同月份的销量有显著差异。

接着调用自定义函数 ONE_WAY_ANOVA() 完成方差分析的计算。需要注意的是，因为这里要分析的月份因素在数据表中位于行方向上，所以要先利用 T 属性对读取的数据进行转置，再作为参数传入。演示代码如下：

```
1    data_month = data_city.T
2    print(data_month.head())
3    ONE_WAY_ANOVA(data_month)
```

代码运行结果内容较多，这里同样只列出最关键的统计量 F 值，具体如下：

```
1    统计量F值为0.8259162372814113
```

从运行结果可以看出，统计量 F 值约为 0.826，此时 SSA 的自由度为 $m-1=12-1=11$，SSE 的自由度为 $n\times m-m=48-12=36$。假设以上检验也是在显著性水平 $\alpha=0.05$ 的基础上进行的，在 F 检验临界值表中查得自由度为 (11, 36) 时的临界值 F_a 为 2.067，可知 $F<F_a$，因此接受原假设 H_0，说明月份因素对销量没有显著影响，即不同月份的销量没有显著差异。

技巧：不查表计算 F 检验临界值

如果找不到 F 检验临界值表，可以借助 Excel 或 Python 的第三方模块来计算 F 检验临界值。

Excel 的工作表函数 FINV() 可以计算 F 检验临界值，其语法格式如下：

FINV(probability, deg_freedom1, deg_freedom2)

参数 probability 为选定的显著性水平 α，参数 deg_freedom1 和 deg_freedom2 分别为 SSA 和 SSE 的自由度。例如，显著性水平 $\alpha=0.05$，SSA 和 SSE 的自由度分别为 3 和 44，则在某个单元格中输入公式 "=FINV(0.05, 3, 44)"，按【Enter】键，即可计算出此时

的 F 检验临界值约为 2.816465817，和查表得到的结果一致。

使用 Python 的第三方模块 SciPy 也可以计算 F 检验临界值，演示代码如下：

```
1    from scipy.stats import f
2    critical1 = f.ppf(0.95, 3, 44)
3    print(critical1)
```

第 1 行代码导入 SciPy 模块的子模块 f。第 2 行代码使用 f 子模块中的 ppf() 函数计算 F 检验临界值，第 1 个参数为 $1-\alpha$，第 2 个和第 3 个参数分别为 SSA 和 SSE 的自由度。代码运行结果如下：

```
1    2.816465816565682
```

计算结果和查表得到的结果也是一致的。

6.3.3 双因素方差分析的代码实现

代码文件：6.3.3 双因素方差分析的代码实现.py

双因素方差分析和单因素方差分析一样，先提出假设，然后按照 6.3.1 节中介绍的基本步骤编写代码。

1. 提出假设

对行因素提出的假设为：

H_0：不同月份的销量没有显著差异；

H_1：不同月份的销量有显著差异。

对列因素提出的假设为：

H_0：不同城市的销量没有显著差异；

H_1：不同城市的销量有显著差异。

2. 编写代码

按照双因素方差分析的基本步骤编写代码。演示代码如下：

```
1    import pandas as pd
2    data = pd.read_excel('销量统计.xlsx', index_col='月份')
3
4    #计算均值
5    col_mean = data.mean()
```

```
6    print('各城市的样本均值为')
7    for index, value in col_mean.items():
8        print(index, str(value))
9    row_mean = data.T.mean()
10   print('各月份的样本均值为')
11   for index, value in row_mean.items():
12       print(index, str(value))
13   data_mean = col_mean.mean()
14   print('所有样本的总均值为' + str(data_mean))
15
16   #计算样本数
17   n = data.shape[0]
18   m = data.shape[1]
19
20   #计算误差平方和
21   SST = ((data - data_mean) ** 2).sum().sum()
22   SSR = ((row_mean - data_mean) ** 2 * m).sum()
23   SSC = ((col_mean - data_mean) ** 2 * n).sum()
24   SSE = SST - SSR - SSC
25   print('总误差平方和SST为' + str(SST))
26   print('行因素的误差平方和SSR为' + str(SSR))
27   print('列因素的误差平方和SSC为' + str(SSC))
28   print('随机误差平方和SSE为' + str(SSE))
29
30   #计算统计量
31   MSR = SSR / (n - 1)
32   MSC = SSC / (m - 1)
33   MSE = SSE / ((n - 1) * (m - 1))
34   FR = MSR / MSE
35   FC = MSC / MSE
36   print('行因素的均方MSR为' + str(MSR))
37   print('列因素的均方MSC为' + str(MSC))
38   print('随机误差项的均方MSE为' + str(MSE))
39   print('行因素的统计量FR值为' + str(FR))
40   print('列因素的统计量FC值为' + str(FC))
```

代码的编写思路和单因素方差分析类似，这里不再做详细讲解。

3. 做出统计决策

代码运行结果内容较多，这里只列出最关键的行因素的 F_R 值和列因素的 F_C 值，具体如下：

```
1   行因素的统计量FR值为1.1238269187775267
2   列因素的统计量FC值为5.328439152280905
```

从运行结果可以看出，行因素的统计量 F_R 值约为 1.124，列因素的统计量 F_C 值约为 5.328。此时 SSR 的自由度 $n-1=12-1=11$，SSC 的自由度 $m-1=4-1=3$，SSE 的自由度 $(n-1)\times(m-1)=33$。在显著性水平 $\alpha=0.05$ 的前提下，在 F 检验临界值表中查得自由度为 (11, 33) 时的临界值 $F_{\alpha 1}$ 为 2.093，自由度为 (3, 33) 时的临界值 $F_{\alpha 2}$ 为 2.892。可知 $F_R < F_{\alpha 1}$ 及 $F_C > F_{\alpha 2}$，因此，接受行因素提出的原假设 H_0，拒绝列因素提出的原假设 H_0，说明月份因素对销量没有显著影响，而城市因素对销量有显著影响，即不同月份的销量没有显著差异，不同城市的销量有显著差异。这个结论与前面分别针对月份和城市因素进行单因素方差分析得出的结论相同。

6.3.4 利用第三方模块快速完成方差分析

代码文件：6.3.4 利用第三方模块快速完成方差分析.py

6.3.2 和 6.3.3 节中的代码是完全按照方差分析的基本步骤编写的，如果读者感觉方差分析的数学原理理解起来比较困难，也可以直接利用 Python 的第三方模块来快速完成方差分析。能进行方差分析的第三方模块有不少，下面以 statsmodels 模块为例进行讲解。

首先导入需要用到的模块并读取样本数据。演示代码如下：

```
1   import pandas as pd
2   from statsmodels.formula.api import ols
3   from statsmodels.stats.anova import anova_lm
4   data = pd.read_excel('销量统计.xlsx', index_col='月份')
```

第 2 行代码从 statsmodels 模块中导入 ols() 函数，它能用普通最小二乘法创建一个线性回归分析模型。第 3 行代码从 statsmodels 模块中导入 anova_lm() 函数，它能基于 ols() 函数创建的模型生成一个方差分析表。

接下来就可以开始进行方差分析了。先从城市因素的单因素方差分析开始，演示代码如下：

```
1   df_city = data.melt(var_name='城市', value_name='销量')
2   model_city = ols('销量~C(城市)', df_city).fit()
3   anova_table = anova_lm(model_city)
4   print(anova_table)
```

第 1 行代码使用 melt() 函数对读取的数据进行结构转换，以满足 ols() 函数对数据格式的要求。melt() 函数能将列标签转换为列数据，转换效果的示意如下图所示。

第 2 行代码先用 ols() 函数基于样本数据创建一个线性回归分析模型，再用 fit() 函数对模型进行拟合。ols() 函数的第 1 个参数是一个字符串，其中用列标签指定了因素和试验值所在的列，这里的 '销量 ~C(城市)' 就表示分析城市因素对销量的影响；第 2 个参数是用于分析的样本数据，这里为前面用 melt() 函数处理后得到的样本数据。

第 3 行代码使用 anova_lm() 函数基于 ols() 函数创建的模型生成一个方差分析表。第 4 行代码输出该方差分析表。

代码运行结果如下：

```
              df        sum_sq        mean_sq          F      PR(>F)
C(城市)       3.0   5.270633e+07   1.756878e+07   5.168441   0.003796
Residual     44.0   1.495666e+08   3.399241e+06        NaN        NaN
```

anova_lm() 函数生成的方差分析表的第 1 行是方差来源为组间的数据，第 2 行是方差来源为组内的数据；第 1 列 df 代表自由度，第 2 列 sum_sq 代表误差平方和，第 3 列 mean_sq 代表平均平方，第 4 列 F 代表统计量 F 值，第 5 列 PR(>F) 代表显著性水平 P 值。

要做出统计决策，我们主要关注的是第 5 列中的显著性水平 P 值。如果 P 值小于选定的显著性水平 α，则拒绝原假设；如果 P 值远大于选定的显著性水平值，则接受原假设。假设选定的显著性水平 $\alpha = 0.05$，这里的 P 值约为 $0.0038 < 0.05$，因此拒绝原假设，与 6.3.2 节中得出的结论一致。

接着进行月份因素的单因素方差分析，演示代码如下：

```python
df_month = data.T.melt(var_name='月份', value_name='销量')
model_month = ols('销量~C(月份)', df_month).fit()
anova_table = anova_lm(model_month)
print(anova_table)
```

可以看到，月份因素的单因素方差分析代码和城市因素的单因素方差分析代码基本一致，区别有两点：第 1 行代码中在使用 melt() 函数转换数据结构之前，要先用 T 属性对读取的数据进行转置；第 2 行代码中要相应修改 ols() 函数中的列标签。代码运行结果如下：

```
1              df      sum_sq         mean_sq          F        PR(>F)
2  C(月份)    11.0   4.075995e+07   3.705450e+06   0.825916   0.615648
3  Residual   36.0   1.615130e+08   4.486471e+06        NaN        NaN
```

这里的 P 值约为 0.6156＞0.05，因此接受原假设，与 6.3.2 节中得出的结论一致。

最后进行城市和月份因素的双因素方差分析，演示代码如下：

```python
df_twoway = data.stack().reset_index()
df_twoway.columns = ['月份', '城市', '销量']
model_twoway = ols('销量~C(月份) + C(城市)', df_twoway).fit()
anova_table = anova_lm(model_twoway)
print(anova_table)
```

双因素方差分析对数据结构的要求和单因素方差分析不同，这里在第 1 行代码中使用 stack() 函数进行转换，转换效果的示意如下图所示。

第 2 行代码对转换结构后的数据进行列标签重命名。第 3 行代码使用重命名后的列标签指定了两个因素和试验值所在的列。

代码运行结果如下：

```
1              df      sum_sq         mean_sq          F        PR(>F)
2  C(月份)    11.0   4.075995e+07   3.705450e+06   1.123827   0.374878
3  C(城市)     3.0   5.270633e+07   1.756878e+07   5.328439   0.004176
4  Residual   33.0   1.088066e+08   3.297171e+06        NaN        NaN
```

从运行结果可以看出，月份因素的 P 值约为 0.3749＞0.05，因此接受月份因素的原假设；城市因素的 P 值约为 0.0042＜0.05，因此拒绝城市因素的原假设。这一结论与 6.3.3 节中得出的结论一致。

6.4 描述性统计分析

代码文件：6.4 描述性统计分析.py

描述性统计分析主要指求一组数据的平均值、中位数、众数、极差、方差和标准差等指标，通过这些指标来发现这组数据的分布状态、数字特征等内在规律。在 Python 中进行描述性统计分析，可以借助 NumPy、pandas、SciPy 等科学计算模块计算出指标，然后用绘图模块 Matplotlib 绘制出数据的分布状态和频率及频数直方图，以更直观的方式展示数据分析的结果。

6.4.1 描述性统计指标的计算

假设某企业要对销售人员实行销售业绩目标管理，根据目标完成情况采取相应的奖惩措施。销售业绩目标的制定大有学问，目标定得太高会导致很多员工因为不能完成任务而失去工作的信心，目标定得过低则不利于激发员工的工作积极性。

为了更科学地制定目标，销售部经理从企业的几百名销售人员中随机抽取了 100 人，并将他们在前年的销售业绩数据制作成一张统计表格，保存在一个 Excel 工作簿中，如下图所示。

序号	销售业绩（万元）	序号	销售业绩（万元）	序号	销售业绩（万元）	序号	销售业绩（万元）
1	33.02	26	20.63	51	30.85	76	16.36
2	11.63	27	36.45	52	50.78	77	26.87
3	33.15	28	36.54	53	40.36	78	9.63
4	35.45	29	50.12	54	36.98	79	33.46
5	15.64	30	24.32	55	42.36	80	11.45
6	10.26	31	34.23	56	20.94	81	40.25
7	9.54	32	32.63	57	31.25	82	43.68
8	28.45	33	41.78	58	32.64	83	12.89
9	10.84	34	15.88	59	32.25	84	50.31
10	20.96	35	50.45	60	50.19	85	30.21
11	26.45	36	20.12	61	22.64	86	35.78
12	20.78	37	21.64	62	6.34	87	36.45
13	8.45	38	30.46	63	31.26	88	20.36
14	30.26	39	20.86	64	12.64	89	44.25
15	9.45	40	34.26	65	5.36	90	32.45
16	11.16	41	18.64	66	40.26	91	40.26
17	22.39	42	15.65	67	32.48	92	22.45
18	20.56	43	12.33	68	18.63	93	20.84
19	12.36	44	44.27	69	30.89	94	40.63
20	38.78	45	33.12	70	12.63	95	50.45
21	34.67	46	31.06	71	22.63	96	30.69
22	10.36	47	40.36	72	11.26	97	20.48
23	12.69	48	45.36	73	40.85	98	20.68
24	30.78	49	23.45	74	42.96	99	30.45
25	23.15	50	30.66	75	45.69	100	42.31

经过初步观察，销售部经理发现这 100 人中有很大一部分人的销售业绩都在一定的区间内徘徊，因此，可以基于这 100 人的销售业绩的均值、中位数、众数等描述性统计指标，估算出销售业绩目标。下面就用 Python 编程来完成计算。先从 Excel 工作簿中读取数据，演示代码如下：

```
1  import pandas as pd
2  data = pd.read_excel('销售业绩统计.xlsx', index_col='序号')
3  print(data.head())
```

代码运行结果如下:

```
1          销售业绩(万元)
2   序号
3   1         33.02
4   2         11.63
5   3         33.15
6   4         35.45
7   5         15.64
```

描述性统计指标的计算需要用到 NumPy 模块和 SciPy 模块。NumPy 模块在第 3 章已详细介绍过，SciPy 模块在 6.1.3 节中计算皮尔逊相关系数时也已初步接触过。

SciPy 是一个基于 NumPy 模块开发的高级模块，它提供了许多用于解决科学计算问题的数学算法和函数，而且在符号计算、信号处理、数值优化等方面有突出表现。SciPy 模块包含很多子模块，其中，子模块 stats 在统计分布分析方面有很大的作用。

下面就一起来看看如何使用 NumPy 模块和 SciPy 模块进行描述性统计分析。

首先计算 100 名销售人员的销售业绩的均值、中位数和众数。演示代码如下：

```python
1   from numpy import mean, median
2   from scipy.stats import mode
3   mean = mean(data['销售业绩(万元)'])
4   median = median(data['销售业绩(万元)'])
5   mode = mode(data['销售业绩(万元)'])[0][0]
6   print('均值: ' + str(mean))
7   print('中位数: ' + str(median))
8   print('众数: ' + str(mode))
```

第 3 行和第 4 行代码中的 mean() 和 median() 是 NumPy 模块中的函数，用于计算一组数据的均值和中位数。均值就是算术平均数。中位数是指将一组数据升序排列，位于该组数据最中间位置的值，如果数据个数为偶数，则取中间两个值的均值为中位数。

第 5 行代码中的 mode() 是 SciPy 模块的子模块 stats 中的函数，这个函数用于寻找一组数据中的众数及众数出现的次数。众数是在一组数据中出现次数最多的值，常用于描述一般水平。在一组数据中可能存在多个众数，如在 1、2、2、3、3、4、5 中，2 和 3 均为众数；也可能不存在众数，如在 1、2、3、4、5 中就不存在众数。众数不仅适用于数值型数据，也适用于非数值型数据，如在"苹果、苹果、香蕉、桃"中，"苹果"就是众数。因为一组数据可能存在多个众数，所以第 5 行代码中用切片格式"[0][0]"获取数据中第一个位置的众数。

代码运行结果如下：

```
1   均值: 27.952599999999993
```

```
2    中位数：30.455
3    众数：36.45
```

均值、中位数和众数主要用于描述数据的集中趋势，它们各有优点和缺点。均值可以充分利用所有数据，但是容易受到极端值的影响；中位数不受极端值的影响，但是缺乏敏感性；众数也不受极端值的影响，且当数据具有明显的集中趋势时，代表性好，但是缺乏唯一性。因此，在分析了数据的集中趋势，也就是数据的中心位置后，一般会想要知道数据以中心位置为标准有多发散，也就是分析数据的离散程度。如果以中心位置来预测新数据，那么离散程度决定了预测的准确性。数据的离散程度可用极差、方差和标准差来衡量。

极差是指一组数据中最大值与最小值的差。方差是每个样本值与总体均值之差的平方值的均值，体现每个样本值偏离总体均值的程度。标准差是方差的开方。使用 NumPy 模块中的 ptp()、var() 和 std() 函数可以分别计算数据的极差、方差和标准差。演示代码如下：

```
1    from numpy import ptp, var, std
2    ptp = ptp(data['销售业绩（万元）'])
3    var = var(data['销售业绩（万元）'])
4    std = std(data['销售业绩（万元）'])
5    print('极差：' + str(ptp))
6    print('方差：' + str(var))
7    print('标准差：' + str(std))
```

代码运行结果如下：

```
1    极差：45.42
2    方差：146.67877524000002
3    标准差：12.111101322340591
```

6.4.2　数据的分布状态分析

根据数据的分布是否对称，数据的分布状态可分为正态分布与偏态分布。偏态分布又分为正偏态分布与负偏态分布：若众数＜中位数＜均值，则为正偏态分布；若均值＜中位数＜众数，则为负偏态分布。

偏度和峰度是描述数据分布状态时常用的两个概念，它们描述的是数据的分布状态与正态分布的偏离程度。

偏度是数据分布的偏斜方向和程度的度量，常用于衡量随机分布的不均衡性。如果数据对称分布，如标准正态分布，则偏度为 0；如果数据左偏分布，则偏度小于 0；如果数据右偏分布，则偏度大于 0。

峰度用来描述数据分布陡峭或平滑的情况，可以理解为数据分布的高矮程度。峰度的比较是相对于标准正态分布而言的：标准正态分布的峰度为 3；峰度越大，代表分布越陡峭，尾部越厚；峰度越小，代表分布越平滑。很多情况下，将峰度值减 3，让标准正态分布的峰度变为 0，以方便比较。

先来计算标准正态分布的偏度和峰度。演示代码如下：

```
1  import numpy as np
2  standard_normal = pd.Series(np.random.normal(0, 1, size=1000000))
3  normal_p = standard_normal.skew()
4  normal_f = standard_normal.kurt()
5  print('标准正态分布的偏度: ' + str(normal_p))
6  print('标准正态分布的峰度: ' + str(normal_f))
```

第 2 行代码使用 NumPy 模块的子模块 random 中的 normal() 函数生成一组符合正态分布的随机数。normal() 函数的前两个参数分别代表正态分布的均值和标准差，这里分别设置为 0 和 1，表示生成的随机数符合标准正态分布。

第 3 行代码中的 skew() 函数用于统计随机数的偏度。第 4 行代码中的 kurt() 函数用于统计随机数的峰度。

代码运行结果如下：

```
1  标准正态分布的偏度: -0.000727961870080489
2  标准正态分布的峰度: 0.001021764823831539
```

接着计算销售业绩数据的偏度和峰度。演示代码如下：

```
1  p = data['销售业绩（万元）'].skew()
2  f = data['销售业绩（万元）'].kurt()
3  print('偏度: ' + str(p))
4  print('峰度: ' + str(f))
```

代码运行结果如下：

```
1  偏度: 0.03279571847827727
2  峰度: -0.9749688324183667
```

完成了偏度和峰度的计算后，就可以绘制标准正态分布图和销售业绩的分布图了。在 Python 中，常用 Matplotlib 模块来绘制图表，在第 11 章会详细介绍这个模块。这里我们还要结合使用 Seaborn 模块，它是基于 Matplotlib 模块开发的，不需要进行复杂的参数设置就能绘制出外观精美的图表。演示代码如下：

```
1  import seaborn as sns
```

```
2    import matplotlib.pyplot as plt
3    plt.rcParams['font.sans-serif'] = ['SimHei']
4    plt.rcParams['axes.unicode_minus'] = False
5    sns.kdeplot(standard_normal, shade=True, label='标准正态分布')
6    sns.kdeplot(data['销售业绩（万元）'], shade=True, label='销售业绩分布')
7    plt.show()
```

第 1 行和第 2 行代码导入绘图需要的模块。第 3 行和第 4 行代码用于解决 Matplotlib 模块在绘图时默认不支持显示中文的问题。

第 5 行和第 6 行代码使用 Seaborn 模块中的 kdeplot() 函数绘制分布图。kdeplot() 函数的功能是对单变量和双变量进行核密度估计及可视化，可以帮助我们比较直观地看出样本数据的分布特征。核密度估计是在概率论中用来估计未知的密度函数，属于非参数检验方法之一。kdeplot() 函数的参数 shade 用于控制是否用颜色填充核密度估计曲线下的面积，为 True 时代表填充；参数 label 用于指定图例的显示内容。

第 7 行代码使用 Matplotlib 模块中的 show() 函数显示绘制的分布图。

代码运行结果如下图所示。

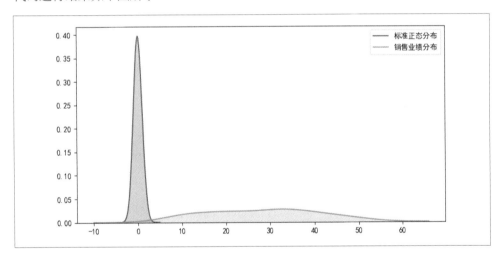

只观察分布图可能无法直观判断销售业绩的分布特征，但由 6.4.1 节的计算结果可知，销售业绩的均值＜中位数＜众数，所以销售业绩的分布状态属于负偏态分布。

6.4.3　数据的频数和频率分析

完成了描述性统计指标的计算和数据的分布状态分析后，还可以通过绘制直方图来分析数据的分布情况：先统计一组数据的每个分段中值的个数，然后根据统计结果绘制类似柱形图的图表，可以更直观地展示数据的频数或频率分布情况。

频数是指数据中的类别变量的每种取值出现的次数。频率是指每个类别变量的频数与总次数的比值，通常用百分数表示。计算频数和频率的演示代码如下：

```
1  frequency = data['销售业绩（万元）'].value_counts()
2  percentage = frequency / len(data['销售业绩（万元）'])
3  print(frequency.head())
4  print(percentage.head())
```

第 1 行代码中的 value_counts() 函数用于计算数据的频数。第 2 行代码中的 len() 函数用于计算 "销售业绩（万元）" 列的长度，即该列中数据的个数。代码运行结果如下：

```
1   50.45         2
2   36.45         2
3   40.36         2
4   40.26         2
5   22.63         1
6   Name: 销售业绩（万元）, dtype: int64
7   50.45         0.02
8   36.45         0.02
9   40.36         0.02
10  40.26         0.02
11  22.63         0.01
12  Name: 销售业绩（万元）, dtype: float64
```

接着使用 Matplotlib 模块中的 hist() 函数绘制频数分布直方图。演示代码如下：

```
1  import matplotlib.pyplot as plt
2  plt.rcParams['font.sans-serif'] = ['SimHei']
3  plt.rcParams['axes.unicode_minus'] = False
4  plt.hist(data['销售业绩（万元）'], bins=9, density=False, color='g',
   edgecolor='k', alpha=0.75)
5  plt.xlabel('销售业绩')
6  plt.ylabel('频数')
7  plt.title('销售业绩频数分布直方图')
8  plt.show()
```

第 4 行代码中，hist() 函数的第 1 个参数是用于绘制直方图的一维数组；参数 bins 用于指定绘制的直方图的柱子个数，即数据分段的数量；参数 density 为 False 时表示绘制频数分布直方图，为 True 时表示绘制频率分布直方图；参数 color 用于设置直方图柱子的填充颜色，这里的 'g' 代表绿色；参数 edgecolor 用于设置直方图柱子的轮廓颜色，这里的 'k' 代表黑色；参数 alpha 用于设置柱子颜色的透明度。

第 5 行和第 6 行代码中的 xlabel() 和 ylabel() 函数分别用于设置 x 轴和 y 轴的标题内容。

第 7 行代码中的 title() 函数用于设置图表标题。第 8 行代码则用于显示绘制的直方图。

代码运行结果如下图所示。

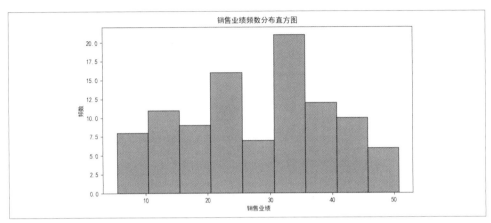

如果要绘制频率分布直方图，可以在 hist() 函数中设置参数 density 为 True，并将第 6 行代码 ylabel() 函数中的 y 轴标题更改为 "频率 / 组距"，将第 7 行代码 title() 函数中的图表标题更改为 "销售业绩频率分布直方图"。代码运行结果如下图所示。

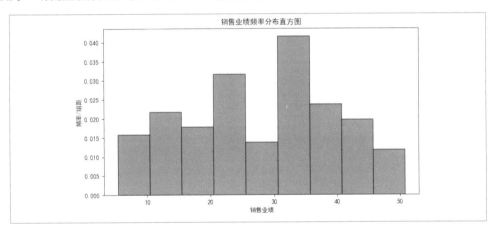

hist() 函数的参数 bins 的值设置为一个整型数字时表示自动均匀分组，也可以自行设定分组组距，如设置 bins=[5, 10, 15, 20, 25, 30, 35, 40, 45, 50, 55]。代码运行结果如下图所示。

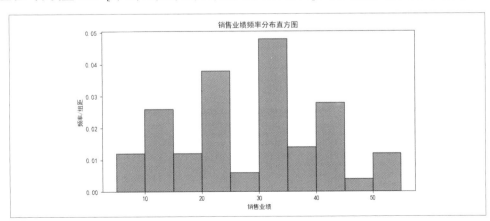

从直方图可以看出，抽取的 100 名销售人员的销售业绩在 30 万元～35 万元区间内的人数最多。在 6.4.1 节中得到销售业绩的均值、中位数和众数分别约为 27.95、30.46 和 36.45。结合描述统计中的各项指标数据以及直方图中的销售业绩频数和频率分布情况，可将销售人员的销售业绩目标定在 30 万元～35 万元之间，因为这个区间的销售业绩是大多数人能够完成的。

6.5　线性回归分析

线性回归是指确定两种或两种以上变量之间相互依赖的定量关系的一种统计分析方法。根据自变量的个数，可以将线性回归分为一元线性回归和多元线性回归。

一元线性回归就是只包含一个自变量，且该自变量与因变量之间是线性关系。例如，通过广告费这一个自变量来预测销量，就属于一元线性回归分析。在 6.5.3 节将通过一个案例讲解在 Python 中进行一元线性回归分析的方法。

如果回归分析包含两个或两个以上的自变量，且每个因变量和自变量之间都是线性关系，则称为多元线性回归分析。例如，通过电视广告费、电梯广告费、手机 App 广告费来预测销量，就属于多元线性回归分析。在 6.5.4 节也将通过一个案例讲解在 Python 中进行多元线性回归分析的方法。

6.5.1　线性回归分析的数学原理

虽然使用 Python 的第三方模块可以方便地完成线性回归分析，但是我们仍然有必要适当了解线性回归分析的数学原理。

1.　一元线性回归的数学原理

一元线性回归也称为简单线性回归，其形式可以表达为如下所示的公式：

$$y = ax + b$$

其中，y 为因变量，x 为自变量，a 表示回归系数，b 表示截距。

一元线性回归的目的是拟合出一条直线，使得预测值和实际值尽可能接近，如果大部分点都落在拟合出来的直线上，那么可以认为该线性回归分析模型拟合得较好。

如右图所示就是一元线性回归拟合出的一条直线，其中 $y^{(i)}$ 为实际值，$\hat{y}^{(i)}$ 为预测值。

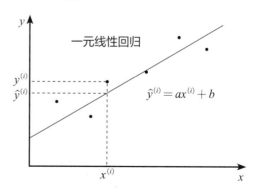

那么该如何衡量实际值与预测值的接近程度呢？数学上通过两者差值的平方和（也称残差平方和）来进行衡量，公式如下：

$$L = \sum (y^{(i)} - \hat{y}^{(i)})^2 = \sum (y^{(i)} - (ax^{(i)} + b))^2$$

显然我们希望残差平方和越小越好，这样实际值和预测值就更加接近，而数学上求最小值的方法为求导数，当导数为 0 时，该残差平方和最小。那么通过对残差平方和进行求导，然后令其导数为 0，即可求得一元线性回归分析模型的回归系数 a 和截距 b，这个便是一元线性回归的数学原理，数学上称为最小二乘法。

Python 中有专门的模块来求解回归系数 a 和截距 b，不需要我们根据复杂的数学公式自己编写代码。我们只要了解最小二乘法的原理即可，具体的计算过程交给 Python 处理。

2. 多元线性回归的数学原理

多元线性回归的原理本质上和一元线性回归是一样的，不过多元线性回归会考虑到多个因素对目标变量的影响，因而在实际工作中应用更为广泛。

多元线性回归的形式可以用如下公式表达：

$$y = k_0 + k_1 x_1 + k_2 x_2 + k_3 x_3 + \cdots$$

其中，x_1、x_2、x_3……为不同的自变量，k_1、k_2、k_3……则为这些自变量前的系数，k_0 为常数项。与一元线性回归一样，多元线性回归也通过残差平方和来衡量实际值和预测值的接近程度。

6.5.2　线性回归分析的思路

了解线性回归分析的思路可以帮助我们厘清 Python 代码的编写思路。线性回归分析主要有以下几个步骤。

1. 确定因变量和自变量

确定自变量和因变量的方法很简单，通常已知的就是自变量，未知的就是因变量。例如，通过广告费预测销量时，广告费是自变量，销量是因变量。

2. 确定线性回归分析的类型

根据历史数据，绘制自变量与因变量的散点图，看看能否直观地找到数据关系并建立线性回归方程，从而确定线性回归分析的类型。例如，在一元线性回归分析中，只需要确定自变量与因变量的相关度为强相关性，即可建立一元线性回归方程，从而确定线性回归分析的类型为一元线性回归。

3. 建立线性回归分析模型

要建立线性回归分析模型，首先需要估计出线性回归分析模型的参数 a 和 b，也就是线性回归方程的回归系数和截距。那么如何得到最佳的参数 a 和 b，使得尽可能多的数据点落在或者更加靠近拟合出来的直线上呢？统计学家研究出一个方法，即通过最小二乘法最小化误差的平方和来寻找数据的最佳直线，这个误差就是实际观测点和估计点之间的距离。

4. 检验线性回归分析模型的拟合程度

为了判断线性回归分析模型是否可用于实际预测，需要检验线性回归分析模型的拟合程度，也就是对模型进行评估。我们主要以 3 个值作为评估标准：R-squared（即统计学中的 R^2）、Adj. R-squared（即 Adjusted R^2）、P 值。其中 R-squared 和 Adj. R-squared 用来衡量线性拟合的拟合程度，P 值用来衡量特征变量的显著性。下面从数学原理的角度讲解这 3 个值的概念。

（1）R-squared

要想理解 R-squared，得先了解 3 组新的概念：整体平方和 TSS、残差平方和 RSS、解释平方和 ESS，它们的关系如下图所示。其中 Y_i 为实际值，Y_{fitted} 为预测值，Y_{mean} 为所有散点的平均值（为了让图的内容更简洁，这里没有绘制散点），R^2 为 R-squared 值。

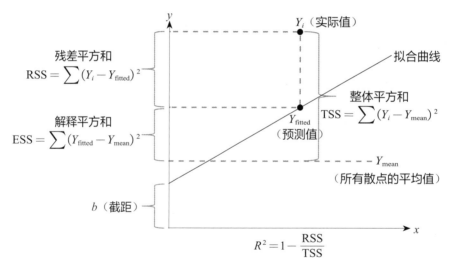

对于一个拟合程度较高的线性回归分析模型，我们希望其实际值尽可能落在拟合曲线上，即残差平方和 RSS 尽可能小，根据 R-squared 的公式 $R^2 = 1 - (RSS/TSS)$，也就是希望 R-squared 尽可能大。当 RSS 趋向于 0 时，说明实际值基本都落在了拟合曲线上，模型的拟合程度非常高，那么此时 R-squared 趋向于 1，因此，R-squared 越接近 1，说明模型的拟合程度越高。不过拟合程度也不是越高越好，当拟合程度过高时，可能会出现过拟合现象。

所谓过拟合也就是过度拟合，是指模型对训练样本数据的拟合程度过高，虽然它很好地贴合了训练样本数据，但是丧失了泛化能力，不具有推广性，也就是说，对训练样本以外的数据达不到较好的预测效果。与过拟合相对应的概念是欠拟合，欠拟合是指模型拟合程度不高，数据距离拟合曲线较远，或者指模型没有很好地捕捉到数据特征，不能很好地拟合数据。

如下图所示为常见的几种拟合程度示意图。

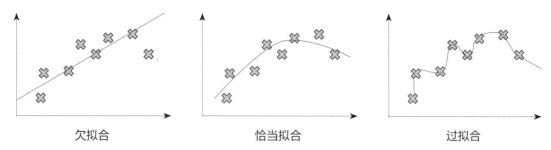

欠拟合　　　　　　　　　　恰当拟合　　　　　　　　　　过拟合

（2）Adj.R-squared

在线性回归分析中，每新增一个自变量，线性回归背后的数学原理都会导致 R-squared 增加，但是这个新增的自变量可能对改善模型的拟合程度并没有什么帮助。为了防止选取的自变量过多导致虚高的 R-squared，引入了 Adj. R-squared 的概念，它在 R-squared 的基础上额外考虑了自变量数量这一因素，其公式如下：

$$\overline{R^2} = 1 - \frac{(1-R^2)(n-1)}{n-k-1}$$

其中，n 为样本数量，k 为自变量数量。从上述公式可以看出，自变量数量 k 越大，其实会对 Adj. R-squared 产生负影响，从而告诫数据建模者不要为了追求高 R-squared 值而添加过多的自变量。当考虑了自变量数量后，Adj. R-squared 能够更准确地反映线性回归分析模型的拟合程度。

（3）P 值

P 值涉及统计学里假设检验中的概念，其原假设为自变量与因变量无显著相关性，P 值是当原假设为真时所得到的样本观察结果或更极端结果出现的概率。如果该概率越大，即 P 值越大，原假设为真的可能性就越大，即自变量与因变量无显著相关性的可能性越大；如果该概率越小，即 P 值越小，原假设为真的可能性就越小，即自变量与因变量有显著相关性的可能性越大。所以 P 值越小，自变量与因变量的显著相关性越大。通常以 0.05 为阈值，当 P 值小于 0.05 时，就认为该自变量与因变量显著相关。

模型评估的数学原理比较复杂，本书侧重于实际应用，就不对理论知识做详细讲解了。读者在实践中只需要记住以下规则：

- R-squared 和 Adj. R-squared 的取值范围为 0 ～ 1，它们的值越接近 1，则模型的拟合程度越高；
- P 值在本质上是一个概率值，其取值范围也为 0 ～ 1，P 值越接近 0，则自变量的显著性越高，即该自变量真的和因变量有相关性。

5. 利用线性回归分析模型进行预测

如果拟合出来的回归分析模型的拟合度符合要求，就可以使用该模型以及计算出的系数 a 和 b 得到回归方程，从而根据已有的自变量数据来预测需要的因变量结果。

6.5.3 广告费与销量的一元线性回归分析

代码文件：6.5.3 一元线性回归分析.py

了解完线性回归分析的数学原理和思路，下面通过一个案例来讲解如何编写 Python 代码实现一元线性回归分析。

随着经济的迅速发展，商业竞争越来越激烈，广告成了厂商提高销量、增加利润的一个重要工具。通常情况下，在不考虑市场环境突变及其他因素时，产品销量会随着广告费的增长而增长，但是并不是广告费越高，产品销量的增长情况就越理想。下面利用一元线性回归来探寻广告费与销量的关系，并根据广告费预测产品销量，为合理安排生产计划提供科学的依据。

右图为某公司在 24 次广告投入后记录下的广告费及产品销量数据。假设广告投入会立即对产品销量产生影响，那么当投入 80 万元广告费时，产品销量是多少呢？下面通过 Python 编程来解决这个问题。

	A	B	C	D
1	序号	广告费（万元）	销量（万盒）	
2	1	50	20	
3	2	69	30.41	
4	3	80	35.69	
5	4	70	31.24	
6	5	150	58	
7	6	36	10.26	
8	7	62	25.45	
9	8	15	2.3	
10	9	120	55	
11	10	138	55.45	
12	11	30	7.5	
13	12	45	15.36	
14	13	70	32.45	
15	14	85	38.64	
16	15	45	13.85	
17	16	62	23.86	
18	17	96	46.3	
19	18	94	47.26	
20	19	10	2.2	
21	20	22	4.24	
22	21	25	6.34	
23	22	24	4.6	
24	23	40	12.36	
25	24	58	26.36	

1. 确定因变量和自变量

首先从 Excel 工作簿中读取数据。演示代码如下：

```
1  import pandas as pd
2  data = pd.read_excel('广告费与销量统计表.xlsx', index_col='序号')
3  print(data.head())
```

代码运行结果如下：

```
1        广告费（万元）    销量（万盒）
2  序号
3  1          50      20.00
4  2          69      30.41
5  3          80      35.69
6  4          70      31.24
7  5         150      58.00
```

现在要根据已知的 80 万元广告费预测销量，因此，广告费为自变量，销量为因变量。

　　确定了自变量和因变量后，就要在读取的数据中分别选取自变量和因变量的数据。演示代码如下：

```
1   X = data[['广告费（万元）']]
2   Y = data['销量（万盒）']
```

　　第 1 行代码中选取自变量 X 的数据时必须写成二维结构形式，也就是大列表里包含小列表的形式，这一点其实是为了符合之后要学习的多元线性回归分析的逻辑，因为在多元线性回归分析中，一个因变量可能对应多个自变量。

　　第 2 行代码中选取因变量 Y 的数据时写成一维结构形式即可，如果写成二维结构形式 data[['销量（万盒）']] 也是可以的。

2.　确定线性回归分析的类型

　　确定了自变量和因变量并选取数据后，就可以通过绘制散点图来确定线性回归分析的类型。在一元线性回归分析中，我们只需要确定自变量与因变量的相关度为强相关性就可以建立一元线性回归方程。因此，在绘制散点图前，需要先计算出自变量与因变量之间的相关系数。演示代码如下：

```
1   corr = data.corr()
2   print(corr)
```

　　第 1 行代码中的 corr() 函数用于生成数据的相关系数矩阵，该矩阵包含任意两个变量之间的相关系数。代码运行结果如下：

```
1              广告费（万元）      销量（万盒）
2   广告费（万元）   1.000000      0.980986
3   销量（万盒）    0.980986      1.000000
```

　　从运行结果可以看出，广告费和销量之间的相关系数为 0.980986，很接近 1，说明自变量和因变量具有强相关性。

　　随后就可以利用前面提到过的 Matplotlib 模块绘制散点图。演示代码如下：

```
1   import matplotlib.pyplot as plt
2   plt.rcParams['font.sans-serif'] = ['SimHei']
3   plt.rcParams['axes.unicode_minus'] = False
4   plt.scatter(X, Y)
5   plt.xlabel('广告费（万元）')
6   plt.ylabel('销量（万盒）')
7   plt.show()
```

第 4 行代码中的 scatter() 是 Matplotlib 模块中专门用于绘制散点图的函数。代码运行结果如下图所示。

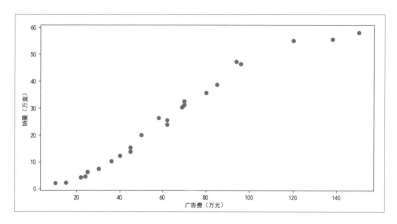

从散点图也可以看出，广告费和销量有明显的线性相关性，即广告费越多，销量也就越大。从而得出线性回归分析的类型为一元线性回归。

3. 建立线性回归分析模型

确定了回归分析的类型后，可使用 Scikit-Learn 模块中线性回归的相关函数 LinearRegression() 来建立线性回归分析模型。演示代码如下：

```
1  from sklearn.linear_model import LinearRegression
2  Model = LinearRegression()
3  Model.fit(X, Y)
```

第 1 行代码导入 Scikit-Learn 模块中的 LinearRegression() 函数，其中的 sklearn 是 Scikit-Learn 模块的简称。

第 2 行代码使用 LinearRegression() 函数构造了一个初始的线性回归分析模型，并命名为 Model。

第 3 行代码使用 fit() 函数基于前面选取的自变量和因变量数据完成模型的拟合。

4. 检验线性回归分析模型的拟合程度

建立好模型后，还需要评估模型的拟合程度。这里使用相关系数 R^2 来检验拟合程度，R^2 越接近 1，表示模型的拟合程度越高。

使用 score() 函数可以获得模型评分，即相关系数 R^2。演示代码如下：

```
1  score = Model.score(X, Y)
2  print(score)
```

代码运行结果如下：

```
1    0.9623340447351967
```

从运行结果可以看出，模型的评分约为 0.962，很接近 1，可见模型的拟合程度还是比较高的。

我们也可以根据历史数据绘制拟合回归线，并与之前绘制的散点图放在一起，以便直观地感受模型的拟合程度。演示代码如下：

```
1    plt.scatter(X, Y)
2    plt.plot(X, Model.predict(X))
3    plt.xlabel('广告费（万元）')
4    plt.ylabel('销量（万盒）')
5    plt.show()
```

第 2 行代码中的 Model.predict(X) 用于根据自变量 X 的历史数据预测因变量 Y 的值。代码运行结果如下图所示。图中的直线就代表一元线性回归分析模型，大多数散点还是比较靠近这条直线的，说明模型很好地捕捉到了数据特征，可以算是恰当拟合。

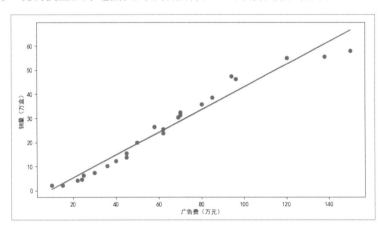

5. 利用线性回归分析模型进行预测

因为模型的拟合程度较高，所以可以使用该模型来进行预测，调用上面使用过的 predict() 函数即可。演示代码如下：

```
1    y = Model.predict([[80]])
2    print(y)
```

第 1 行代码中的 80 代表投入的广告费为 80 万元。代码运行结果如下：

```
1    [33.53026201]
```

运行结果表示当投入 80 万元广告费时，销量可能为 33 万多盒。

如果想要同时预测广告费分别为 80 万元、90 万元、100 万元时的销量，可以使用如下代码：

```
1    y = Model.predict([[80], [90], [100]])
2    print(y)
```

代码运行结果如下：

```
1    [33.53026201 38.23795749 42.94565297]
```

如果需要获取拟合出来的参数，也就是回归方程的回归系数 a 和截距 b，可以通过 coef_ 和 intercept_ 属性分别查看。演示代码如下：

```
1    a = Model.coef_[0]
2    b = Model.intercept_
3    print(a)
4    print(b)
```

通过 coef_ 属性获得的是一个列表，这里通过列表元素的索引值 0 来提取列表的第 1 个元素，也就是回归系数 a。代码运行结果如下：

```
1    0.4707695479189431
2    -4.131301820280786
```

根据上述运行结果，最终拟合得到的一元线性回归方程为 $y = 0.4708x - 4.1313$。当 $x = 80$ 时，$y = 33.5327$，和前面的预测结果基本一致。

6.5.4　不同渠道的广告费与销量的多元线性回归分析

代码文件：6.5.4 多元线性回归分析.py

做广告的渠道有很多，从电视、广播、报纸、杂志等传统大众媒体，到邮件、短信、电话等直销媒体，再到现在新兴的网站、手机 App 等网络媒体。大多数厂商通常不会只在一个渠道投放广告，那么应该如何分配各个渠道的广告费才能让收益最大化呢？本案例就来研究不同渠道的广告费对产品销量的影响。

下图为某公司在 24 次广告投入后记录下的各渠道的广告费及产品销量数据。假设广告投入会立即对产品销量产生影响，那么当投入的电视广告费、电梯广告费和手机 App 广告费分别为 50 万元、20 万元和 60 万元时，产品销量是多少呢？下面通过 Python 编程创建多元线性回归分析模型来解决这个问题。

序号	电视广告费（万元）	电梯广告费（万元）	手机App广告费（万元）	销量（万盒）
1	20	10	20	20
2	25	12	32	30.41
3	30	10	40	35.69
4	30	10	30	31.24
5	50	36	64	58
6	16	10	10	10.26
7	26	12	24	25.45
8	5	5	5	2.3
9	40	20	60	55
10	40	50	48	55.45
11	10	10	10	7.5
12	20	15	10	15.36
13	30	20	20	32.45
14	30	20	35	38.64
15	20	10	15	13.85
16	15	20	27	23.86
17	40	30	26	46.3
18	40	20	34	47.26
19	6	1	3	2.2
20	10	6	6	4.24
21	10	5	10	6.34
22	10	8	6	4.6
23	25	5	10	12.36
24	20	12	26	26.36

1. 确定因变量和自变量

首先从 Excel 工作簿中读取数据。演示代码如下：

```
import pandas as pd
data = pd.read_excel('不同广告方式与销量统计表.xlsx', index_col='序号')
print(data.head())
```

代码运行结果如下：

```
       电视广告费（万元）  电梯广告费（万元）  手机App广告费（万元）  销量（万盒）
序号
1           20          10            20        20.00
2           25          12            32        30.41
3           30          10            40        35.69
4           30          10            30        31.24
5           50          36            64        58.00
```

现在要根据已知的 3 种渠道的广告费预测销量，因此，电视广告费、电梯广告费、手机App 广告费为自变量，销量为因变量。

确定了自变量和因变量后，就要在读取的数据中分别选取自变量和因变量的数据。演示代码如下：

```
X = data[['电视广告费（万元）', '电梯广告费（万元）', '手机App广告费
（万元）']]
```

```
2    Y = data['销量（万盒）']
```

2. 确定线性回归分析的类型

随后通过绘制散点图来确定线性回归分析的类型。在绘制散点图前，需要先计算出自变量和因变量之间的相关系数。演示代码如下：

```
1    corr = data.corr()
2    print(corr)
```

代码运行结果如下：

	电视广告费（万元）	电梯广告费（万元）	手机App广告费（万元）	销量（万盒）
电视广告费（万元）	1.000000	0.764219	0.865704	0.955448
电梯广告费（万元）	0.764219	1.000000	0.719783	0.821615
手机App广告费（万元）	0.865704	0.719783	1.000000	0.935704
销量（万盒）	0.955448	0.821615	0.935704	1.000000

从运行结果可以看出，电视广告费、电梯广告费、手机 App 广告费和销量之间的相关系数分别为 0.955448、0.821615、0.935704，说明电视广告费、手机 App 广告费与销量的相关性较强，电梯广告费与销量的相关性则稍弱。

随后利用 Seaborn 模块和 Matplotlib 模块绘制各渠道广告费与销量的散点图。演示代码如下：

```
1    import seaborn as sns
2    import matplotlib.pyplot as plt
3    plt.rcParams['font.sans-serif'] = ['SimHei']
4    plt.rcParams['axes.unicode_minus'] = False
5    sns.pairplot(data, x_vars=['电视广告费（万元）', '电梯广告费（万元）',
     '手机App广告费（万元）'], y_vars='销量（万盒）')
6    plt.show()
```

第 5 行代码中的 pairplot() 是一个探索数据特征间的关系的可视化函数，主要展现的是变量两两之间的关系。其第 1 个参数为要分析的数据，第 2 个参数为自变量，第 3 个参数为因变量。代码运行结果如下图所示。

从图中可以看出，各渠道广告费均与销量成正比。也就是说，不管是哪种渠道，广告费越高，销量也就越大。因此，本案例适合用多元线性回归进行分析。

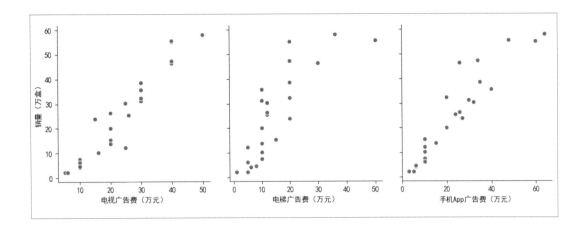

3. 建立线性回归分析模型

和一元线性回归分析的建模过程一样，多元线性回归分析模型的建立也是利用 Scikit-Learn 模块来实现的。演示代码如下：

```
1    from sklearn.linear_model import LinearRegression
2    Model = LinearRegression()
3    Model.fit(X, Y)
```

4. 检验线性回归分析模型的拟合程度

建立好模型后，同样可以使用 score() 函数计算相关系数 R^2 来检验模型的拟合程度，R^2 越接近 1，表示模型的拟合程度越高。演示代码如下：

```
1    score = Model.score(X, Y)
2    print(score)
```

代码运行结果如下：

```
1    0.9708226296616805
```

从运行结果可以看出，模型的评分很接近 1，说明模型的拟合程度还是比较高的。

为了进一步查看拟合效果，可以在 pairplot() 函数中添加参数 kind。演示代码如下：

```
1    sns.pairplot(data, x_vars=['电视广告费（万元）', '电梯广告费（万元）',
     '手机App广告费（万元）'], y_vars='销量（万盒）', kind='reg')
2    plt.show()
```

将参数 kind 设置为 'reg'，可为散点图添加一条最佳拟合直线和 95% 的置信带，从而直观地展示模型的拟合程度，也就是变量之间的关系。代码运行结果如下图所示。

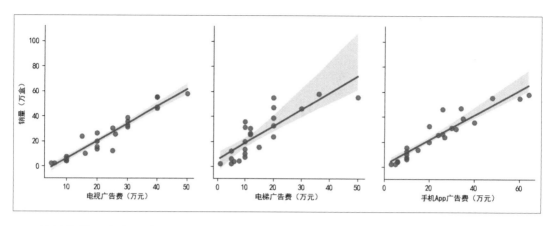

从置信带的宽度可以看出，电视广告费、手机 App 广告费与销量的线性关系较强，而电梯广告费与销量的线性关系较弱。

5. 利用线性回归分析模型进行预测

要进行预测，直接调用 predict() 函数即可。演示代码如下：

```
1   y = Model.predict([[50, 20, 60]])
2   print(y)
```

第 1 行代码中的 50、20、60 分别是投入的电视广告费、电梯广告费、手机 App 广告费。代码运行结果如下：

```
1   [60.43676013]
```

运行结果表示当投入电视广告费 50 万元、电梯广告费 20 万元和手机 App 广告费 60 万元时，销量可能为 60 多万盒。

随后使用 coef_ 和 intercept_ 属性分别获取回归方程的系数和截距。演示代码如下：

```
1   a = Model.coef_
2   b = Model.intercept_
3   print(a)
4   print(b)
```

代码运行结果如下：

```
1   [0.70880621 0.26749271 0.41944202]
2   -5.51992573130287
```

这里通过 coef_ 属性获得的是一个列表，其中的 3 个元素分别对应不同自变量前面的系数，即 k_1、k_2、k_3。通过 intercept_ 属性获得的是常数项 k_0。

也可以通过下面的代码获取回归方程的系数：

```
feature = ['电视广告费（万元）', '电梯广告费（万元）', '手机App广告费
（万元）']
a = zip(feature, Model.coef_)
for i in a:
    print(i)
```

代码运行结果如下：

```
('电视广告费（万元）', 0.7088062100128608)
('电梯广告费（万元）', 0.26749270872618697)
('手机App广告费（万元）', 0.41944201970002654)
```

根据计算出的系数，最终拟合得到的多元线性回归方程为 $y = -5.5199 + 0.7088x_1 + 0.2675x_2 + 0.4194x_3$。当 $x_1 = 50$、$x_2 = 20$、$x_3 = 60$ 时，$y = 60.4341$，和前面的预测结果基本一致。

[第7章]

Python 爬虫基础

要对数据进行处理和分析，首先就要拥有数据。在当今这个互联网时代，大量信息以网页作为载体，网页也就成了一个很重要的数据来源。但是，网页的数量非常之多，如果以人工的方式从网页上采集数据，工作量相当巨大。从本章开始就要为大家介绍一个自动采集网页数据的利器——爬虫。

爬虫是指按照一定的规则自动地从网页上抓取数据的代码或脚本，它能模拟浏览器对存储指定网页的服务器发起请求，从而获得网页的源代码，再从源代码中提取出需要的数据。使用爬虫获取数据，具有全天候、无人值守、效率高等优点。本章先讲解爬虫的基础知识和编写爬虫程序的基本思路。

7.1 认识网页结构

我们平时在浏览器中看到的网页其实是浏览器根据网页的源代码进行渲染后呈现在浏览器窗口中的效果。网页的源代码规定了网页中要显示的文字、图片等信息的内容和格式，我们想要提取的数据就隐藏在源代码中。为了准确地提取数据，需要分析网页的源代码，摸清网页的结构，找到数据的存储位置，从而制定出提取数据的规则，编写出爬虫的代码。因此，下面先来学习网页源代码和网页结构的基础知识。

7.1.1 查看网页的源代码

许多读者可能知道，右击网页的任意空白处，在弹出的快捷菜单中执行"查看页面源代码"命令，就能看到网页的源代码。但是这种查看网页源代码的方式不便于我们分析数据在源代码中所处的位置。这里要介绍的是谷歌浏览器自带的一个数据挖掘利器——开发者工具，它能直观地指示网页内容和源代码的对应关系，帮助我们更快捷地定位数据。

例如，在谷歌浏览器中使用百度搜索引擎搜索"当当"，然后按【F12】键或按快捷键【Shift+Ctrl+I】，即可打开开发者工具，界面如下图所示。此时窗口的上半部分显示的是网页，下半部分默认显示的是"Elements"选项卡，该选项卡中的内容就是网页源代码。源代码中被"<>"括起来的文本称为 Elements 对象或网页元素，我们需要提取的数据就存放在这些 Elements 对象中。

❶单击开发者工具左上角的元素选择工具，按钮图标颜色变成蓝色，再将鼠标指针移动到窗口上半部分的任意网页元素上，该元素会被突出显示，❷单击元素，❸则窗口下半部分中该元素对应的网页源代码会被选中，同时元素选择工具的按钮图标颜色恢复灰色。如下图所示为利用元素选择工具选中网页左上角的百度徽标的效果。

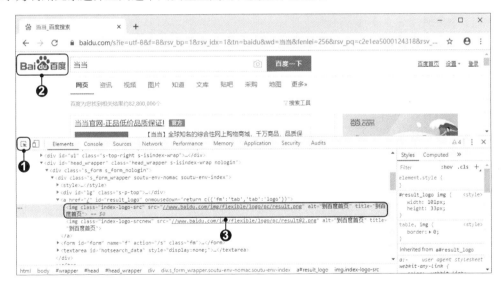

7.1.2　网页结构的组成

前面利用开发者工具查看了网页的源代码和存放数据的网页元素，大家对网页源代码应该有了初步的认识。本节将通过搭建一个简单的网页来帮助大家进一步认识网页结构的基本组成。

先使用 PyCharm 编辑器创建一个 HTML 文档。启动 PyCharm，执行 "File>New" 菜单命令，在弹出的界面中单击 "HTML File"，再在弹出的界面中输入文件名 "test"，按【Enter】键，PyCharm 会自动补全文件的扩展名，得到一个名为 "test.html" 的 HTML 文档。

该 HTML 文档的内容并不是空白的，PyCharm 会自动生成一些网页源代码，搭建出一个 HTML 文档的基本框架，如下图所示。

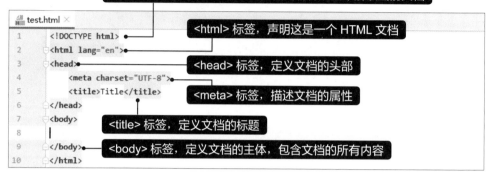

单击代码编辑区右上方的浏览器图标，如下图所示，就能用对应的浏览器打开该 HTML 文档。

```
1    <!DOCTYPE html>
2    <html lang="en">
3    <head>
4        <meta charset="UTF-8">
5        <title>Title</title>
6    </head>
```

从网页源代码可以看出，大部分网页元素是由格式类似"<×××>文本内容</×××>"的源代码来定义的，这些"<×××></×××>"称为 HTML 标签。在 PyCharm 自动生成的网页源代码的基础上，我们可以继续添加 HTML 标签来充实 HTML 文档的内容。下面就来介绍一些常用的 HTML 标签。

1．<div> 标签

<div> 标签定义了一个区块，表示在网页中划定一个区域来显示内容，区块的宽度和高度分别用参数 width 和 height 来定义，区块边框的格式（如粗细、线型、颜色等）用参数 border 来定义，这些参数都存放在 style 属性下。这里在 "test.html" 文件的 <body> 标签下方输入如下图所示的两行代码，添加两个 <div> 标签，即添加两个区块。

```
1    <!DOCTYPE html>
2    <html lang="en">
3    <head>
4        <meta charset="UTF-8">
5        <title>Title</title>
6    </head>
7    <body>
8    <div style="height:100px;width:100px;border:5px solid #500">第一个div</div>
9    <div style="height:100px;width:100px;border:5px solid #500">第二个div</div>
10   </body>
11   </html>
```

　　添加的 <div> 标签的代码定义了两个区块的宽度和高度均为 100 px，边框的格式也相同，只是区块中显示的文本内容不同。在谷歌浏览器中打开修改后的 "test.html" 文件，并按【F12】键打开开发者工具查看网页源代码，效果如下图所示。可以看到，网页源代码经过浏览器的渲染后得到的网页中显示了两个正方形，正方形里的文本就是源代码中被 <div> 标签括起来的文本。

2. <ul> 标签、<ol> 标签和 <li> 标签

　　<ul> 标签和 <ol> 标签分别用于定义无序列表和有序列表。<li> 标签位于 <ul> 标签或 <ol> 标签之下，一个 <li> 标签表示列表中的一项。无序列表中的 <li> 标签在网页中默认显示为小圆点格式的项目符号；有序列表中的 <li> 标签在网页中默认显示为数字序号。

　　在 <body> 标签下添加一个 <div> 标签，再在 <div> 标签下添加 <ul>、<ol> 和 <li> 标签，如下左图所示。使用谷歌浏览器打开修改后的网页，效果如下右图所示。

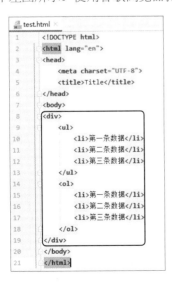

3. <h> 标签

<h> 标签用于定义标题，它细分为 <h1> 到 <h6> 共 6 个标签，<h1> 标签定义的标题的字号最大，<h6> 标签定义的标题的字号最小。

在 <body> 标签下添加 <h> 标签的代码，如下左图所示。使用谷歌浏览器打开修改后的网页，效果如下右图所示。

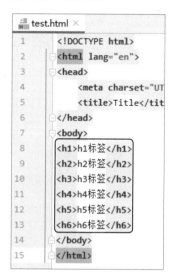

4. <a> 标签

<a> 标签用于定义链接，在网页中单击链接，可以跳转到 <a> 标签的 href 属性指定的页面地址。

在 <body> 标签下添加 <a> 标签的代码，如下左图所示。使用谷歌浏览器打开修改后的网页，效果如下右图所示，如果单击链接"百度 a 标签"，会跳转到百度首页。

5. <p> 标签

<p> 标签用于定义段落，不设置样式时，一个 <p> 标签的内容在网页中显示为一行。

在 <body> 标签下添加 <p> 标签的代码，如下左图所示。使用谷歌浏览器打开修改后的网页，效果如下右图所示。

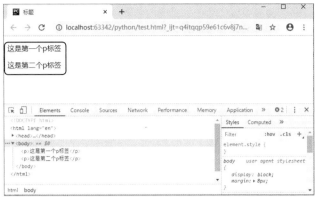

6. <span> 标签

<span> 标签可以将网页元素放在一行中显示。在 <body> 标签下添加 <span> 标签的代码，如下左图所示。使用谷歌浏览器打开修改后的网页，效果如下右图所示。

7. <img> 标签

<img> 标签主要用于显示图片，src 属性指定图片的地址，alt 属性指定图片无法正常加载时的替换文本。在 <body> 标签下添加 <img> 标签的代码，如下图所示。

```
1   <!DOCTYPE html>
2   <html lang="en">
3   <head>
4       <meta charset="UTF-8">
5       <title>Title</title>
6   </head>
7   <body>
8   <img src="https://www.baidu.com/img/flexible/logo/pc/result.png" alt="加载失败">
9   </body>
10  </html>
```

使用谷歌浏览器打开修改后的网页，可看到图片显示在网页中的效果，如下图所示。

7.1.3 百度新闻页面结构剖析

通过前面的学习，相信大家对网页的结构和源代码已经有了基本的认识。下面对百度新闻的页面结构进行剖析，帮助大家进一步理解各个 HTML 标签的作用。

在谷歌浏览器的地址栏中输入网址 https://news.baidu.com/sports，按【Enter】键，打开百度新闻的体育频道。然后按【F12】键打开开发者工具，在 "Elements" 选项卡下可以看到网页的源代码，如下图所示。其中的 <body> 标签下存放的就是该网页的主要内容，<body> 标签下又包含 4 个 <div> 标签和一些 <script> 标签，<script> 标签主要与 JavaScript 相关，这里不做具体介绍。

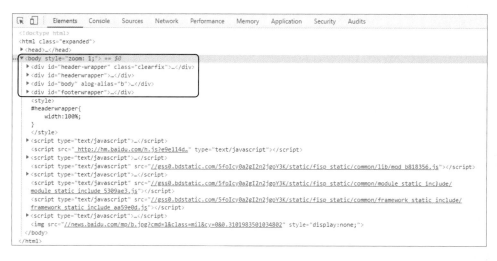

我们需要重点查看 4 个 <div> 标签。在网页源代码中分别单击前 3 个 <div> 标签，可以在窗口的上半部分看到分别在网页中选中了 3 块区域，如下图所示。

单击第 4 个 <div> 标签，可看到选中了网页底部的区域，如下图所示。

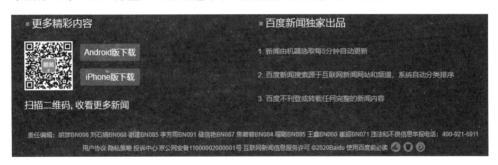

单击每个 <div> 标签前方的折叠 / 展开按钮，可以看到该 <div> 标签下包含的标签，可能是另一个 <div> 标签，也可能是 <ul> 标签、<li> 标签等，如下图所示，这些标签同样可以继续展开。这样一层层地剖析，就能大致了解网页的结构组成和源代码之间的对应关系。

前面介绍 <a> 标签时定义的是一个文字链接，而许多网页的源代码中的 <a> 标签下还包含 <img> 标签，这表示该链接是一个图片链接。如下图所示为百度新闻页面中的一个图片链接及其对应的源代码，在网页中单击该图片，就会跳转到 <a> 标签中指定的页面地址。

经过剖析可以发现，百度新闻页面中的新闻标题和链接基本是由大量 <li> 标签下嵌套的 <a> 标签定义的。取出 <a> 标签的文本和 href 属性值，就能得到每条新闻的标题和链接。

7.2 requests 模块

前面介绍的是如何在浏览器中获取和查看网页的源代码，那么如何在 Python 中获取网页的源代码呢？这里介绍 Python 的一个第三方模块 requests，它可以模拟浏览器发起 HTTP 或 HTTPS 协议的网络请求，从而获取网页源代码。

7.2.1 requests 模块获取数据的方式

发起网络请求主要使用的是 requests 模块中的 get() 函数和 post() 函数。get() 函数的功能是向服务器发起获取网页的请求，获取到的响应对象可以被缓存到浏览器中，该函数只获取资源，不会在服务器中执行修改操作。而 post() 函数的功能是向服务器传送数据，服务器会根据这些数据作出响应，所以 post() 函数常用来模拟用户登录。

用爬虫获取数据最常见的操作是发起获取网页的请求，因此这里先介绍利用 get() 函数获取数据的 3 种方式。

1. 获取静态网页的源代码

代码文件：7.2.1 获取静态网页的源代码.py

静态网页是指设计好后其内容就不再变动的网页，所有用户访问该网页时看到的页面效果都一样。对于这种页面可以直接请求源代码，然后对源代码进行数据解析，就能获取想要的数据。演示代码如下：

```
1   import requests
2   response = requests.get(url='https://www.baidu.com')
3   print(response.text)
```

第 1 行代码导入 requests 模块。

第 2 行代码使用 requests 模块中的 get() 函数对由参数 url 指定的网页地址发起请求，服务器会根据请求的地址返回一个响应对象。响应对象分为响应头和响应体两部分，响应头包含响应的状态码、日期、内容类型和编码格式等信息，响应体则包含字符串形式的网页源代码。这里将返回的响应对象存储在变量 response 中。

第 3 行代码使用响应对象的 text 属性提取响应对象中的网页源代码字符串，然后使用 print() 函数进行输出，以便确定网页源代码是否获取成功。

在 PyCharm 中运行代码的结果如下图所示。

2. 获取动态加载的数据

代码文件：7.2.1 获取动态加载的数据.py

动态网页是指服务器返回一个网页模板，其数据通过 Ajax 或其他方式填充到模板的指定位置，我们想要的数据一般都在服务器返回的 JSON 格式数据包中。

提示

> JSON（JavaScript Object Notation）是一种与开发语言无关的、轻量级的数据存储格式，起初来源于 JavaScript，后来使用范围越来越广。如今几乎每门编程语言都能处理 JSON 格式数据。

那么如何判断想要的数据是静态的还是动态加载的呢？一般来说，如果随着浏览器的滚动条的下拉，网页中会有更多的数据加载出来，这种数据就是动态加载的。我们还可以利用开发者工具定位目标数据所在的数据包，再根据数据包的类型判断数据是否是动态加载的。

下面通过一个实例来讲解具体的方法。

在谷歌浏览器中打开豆瓣电影排行榜，网址为 https://movie.douban.com/chart，在页面右侧的"分类排行榜"栏目中单击"动画"分类，打开"豆瓣电影分类排行榜 - 动画片"页面，❶按【F12】键打开开发者工具，切换到"Network"选项卡，❷然后单击"All"按钮，❸按【F5】键刷新页面，在下方左侧的"Name"窗格中找到主页面的数据包并单击（通常第一个数据包就是主页面的数据包），❹在"Name"窗格的右侧切换至"Response"选项卡，并在网页源代码的任意处单击，❺按快捷键【Ctrl+F】调出局部搜索框，输入要爬取的数据包含的关键词，如"千与千寻"，按【Enter】键后，如果该关键词存在于静态网页的源代码中，那么就能在源代码中定位到该关键词，❻这里可以看到搜索框的末端显示搜索结果为"0 of 0"，如下图所示，说明源代码中没有该关键词，数据是动态加载的。

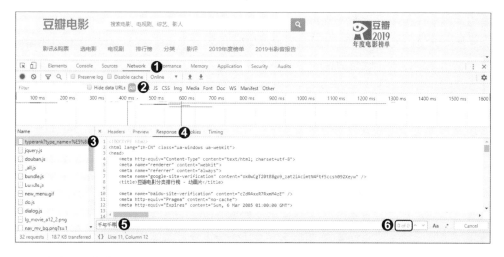

❶此时单击开发者工具界面上方的"Search"按钮（放大镜图标），会在左侧出现一个搜索框，❷在搜索框中输入关键词"千与千寻"后按【Enter】键，❸在搜索结果中单击数据包，❹即可在"Response"选项卡中定位到包含该关键词的数据包，如下图所示。

随后就可以编写代码来爬取动态加载的网页数据了。演示代码如下：

```
1    import requests
```

```
2    headers = {'User-Agent': 'Mozilla/5.0 (Windows NT 10.0; Win64;
     x64) AppleWebKit/537.36 (KHTML, like Gecko) Chrome/78.0.3904.108
     Safari/537.36'}
3    url = 'https://movie.douban.com/j/chart/top_list'
4    params = {'type': '25', 'interval_id': '100:90', 'action': '',
     'start': '0', 'limit': '1'}
5    response = requests.get(url=url, headers=headers, params=params)
6    print(response.json())
```

第 2 行代码中的 headers 是 get() 函数的一个参数，{} 里是浏览器的 User-Agent 信息，其获取方法在 7.2.2 节中具体介绍。

第 3 行代码中的 url 地址及第 4 行代码中的参数 params 的获取方式在 7.3 节具体介绍。

第 5 行代码使用 get() 函数对动态加载的数据包的 url 地址发起请求并获取响应对象，第 6 行代码用 json() 函数获取响应对象的 JSON 格式数据后进行输出。

在 PyCharm 中运行代码的结果如下图所示。

3. 获取图片

代码文件：7.2.1 获取图片.py

前面获取网页源代码时，先用 get() 函数获取响应对象，再用响应对象的 text 属性提取网页源代码。如果想要获取图片，也是先用 get() 函数获取响应对象，但随后不能使用 text 属性来提取，因为网页源代码是文本，而图片是二进制文件，如果用 text 属性来提取会得到乱码，此时应该使用 content 属性来提取图片的二进制字节码。演示代码如下：

```
1    import requests
2    url = 'https://timgsa.baidu.com/timg?image&quality=80&size=b9999_10000&
     sec=1587292481371&di=a47137f669670075ec1049a5738eb657&imgtype=0&src=
     http%3A%2F%2Fbbs.jooyoo.net%2Fattachment%2FMon_0905%2F24_65548_2835
     f8eaa933ff6.jpg'
3    response = requests.get(url=url)
4    content = response.content
5    with open('图片.jpg', 'wb') as fp:
6        fp.write(content)
```

第 2 行代码中的 url 为图片的地址。第 3 行代码使用 get() 函数获取响应对象。第 4 行代码使用 content 属性提取图片的二进制字节码。第 5 行和第 6 行代码将提取到的二进制字节码写入文件，如果文件打开后可以正常显示图片内容，则代表爬取成功。

第 5 行代码中，open() 函数用于指定图片的保存路径和文件名，这里使用相对路径将图片保存在当前代码文件所在的文件夹下，"图片.jpg"为图片的保存名称和保存格式。

运行代码后，在代码文件所在的文件夹下可看到爬取的图片，打开该图片，效果如右图所示，说明爬取成功。

7.2.2　get() 函数的参数介绍

经过上一节的学习，细心的读者可能已经发现在使用 get() 函数获取数据时，需要根据不同的需求设置其参数。下面就来详细介绍 get() 函数的一些常用参数。

1. headers

参数 headers 用于设置请求包中的请求头信息。很多网站服务器为了防止他人爬取数据，会对发起请求的一方进行身份验证，主要手段就是看请求包的请求头中的 User-Agent 信息，该信息描述了请求方的身份。

我们可以利用开发者工具查看请求头信息。❶打开开发者工具后切换至"Network"选项卡，❷然后单击"All"按钮，刷新页面后，在"Name"窗格中会显示加载的数据包，❸单击主页面的数据包，一般为第一个，❹切换至"Headers"选项卡，❺在"Request Headers"下有一个名为"User-Agent"的参数，如下图所示，服务器就是通过它判断请求方的身份的。

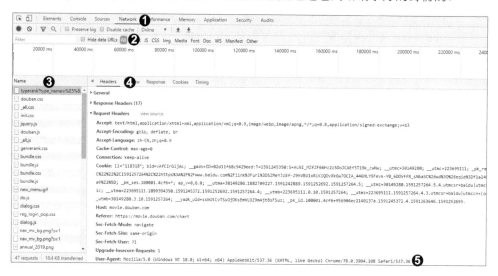

服务器对 User-Agent 信息进行识别后，如果认为请求不是由浏览器发起的，就不会返回正确的页面源代码。因此，爬虫为了将自己模拟成浏览器，就需要在 get() 函数发起请求时携带上参数 headers，并为该参数设置合适的 User-Agent 值。演示代码如下：

```
1  headers = {'User-Agent': 'Mozilla/5.0 (Windows NT 10.0; Win64;
   x64) AppleWebKit/537.36 (KHTML, like Gecko) Chrome/78.0.3904.108
   Safari/537.36'}    # 浏览器的身份验证信息
2  response = requests.get(url='https://www.sogou.com/web', headers=
   headers)
```

不同浏览器的 User-Agent 值不同，查看的方法也不同，有需要的读者可以利用搜索引擎查找具体的方法。

2. params

参数 params 用于在发送请求时携带动态参数，例如，搜索引擎会将用户在搜索框中输入的关键词作为参数发送给服务器，供服务器获取相关网页。以搜狗搜索引擎为例，在搜索框中输入"搜狗新闻"，打开开发者工具，选中数据包后，在"Headers"选项卡下可以看到在"Query String Parameters"下有多个参数，其中就有我们输入的关键词"搜狗新闻"，如下图所示。

为了模拟这种携带动态参数的请求，就需要为 get() 函数设置参数 params。演示代码如下：

```
1  params = {'query': '搜狗新闻'}
2  response = requests.get(url='https://www.sogou.com/web', params=
   params)
```

每一个动态参数都有其意义，服务器会根据动态参数返回不同的内容。第 1 行代码中不一定要指定所有动态参数，只需指定需要自定义的动态参数。如果运行代码后没有获取到正确的网页源代码，再尝试将"Query String Parameters"下所有的动态参数都携带上。

3. timeout

参数 timeout 用于设置请求超时的时间。由于网络原因或其他原因，并不是每次请求都会被服务器接收到，如果一段时间内服务器还未返回响应结果，requests 模块默认会重复发起同一个请求，爬虫程序可能会挂起很长时间来等待响应结果的返回。适当设置参数 timeout 的值（单位为秒），可以在请求超时时抛出异常，结束程序的运行。演示代码如下：

```
1  response = requests.get(url='https://www.sogou.com/web', timeout=1.0)
```

4. proxies

参数 proxies 用于设置代理服务器。网站服务器在收到请求的同时还能获得请求方的 IP 地址，当网站服务器检测到短时间内同一 IP 地址发起了大量请求，就会认为该 IP 地址的用户是爬虫程序，并对该 IP 地址进行访问限制。为了规避这种"反爬"手段，可以使用代理服务器代替实际的 IP 地址来发起请求。演示代码如下：

```
1  proxies = {'https': '101.123.102.12:7999'}    # {http或https协议:
   代理服务器IP地址和端口}
2  response = requests.get(url='https://www.sogou.com/web', proxies=
   proxies)
```

7.3 案例：爬取豆瓣电影动画排行榜

代码文件：7.3 案例：爬取豆瓣电影动画排行榜.py

通过前面的学习，相信大家对如何使用 requests 模块发起网络请求并获取网页源代码有了基本的了解，下面通过爬取豆瓣电影排行榜的动画分类的数据来巩固所学的知识。

首先需要判断数据是静态的还是动态加载的。在谷歌浏览器中打开豆瓣电影排行榜，网址为 https://movie.douban.com/chart，在页面右侧的"分类排行榜"栏目中单击"动画"分类，打开"豆瓣电影分类排行榜 - 动画片"页面，向下拖动滚动条，会看到页面中加载出更多的动画片数据，由此可以判断数据是动态加载的。爬虫程序需要携带动态参数发起请求，服务器才会返回我们需要的数据。

接着来获取参数。按【F12】键打开开发者工具，❶切换至"Network"选项卡，❷再单击"XHR"按钮，❸然后按【F5】键刷新页面，可在"Name"窗格中看到动态请求的多个数据包，❹将页面右侧的滚动条拉到底部，加载所有的动画片数据，❺在"Name"窗格中单击最后一个数据包，如下图所示。此时即可在"Headers"选项卡下的"General"和"Query String Parameters"中看到数据包中的参数设置。这些参数的名称和值可以直接复制下来，然后在爬虫代码中使用。

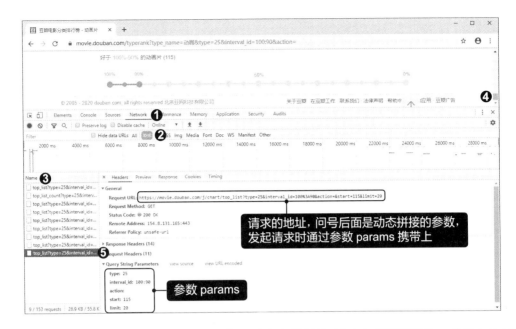

上图中的请求地址是浏览器将要携带的动态参数拼接到网址后面得到的，我们在编写爬虫代码时只需要用 get() 函数对问号前面的网址发起请求，问号后面的动态参数则通过 get() 函数的参数 params 来携带。还可以看到动态参数中的 start 为 115，limit 为 20，意思是从 115 条数据开始获取 20 条数据，可以得出排行榜数据总数为 135 条，因此，爬虫代码携带的动态参数中 start 应为 0，limit 应为 135。

完成网页的分析和相关参数的查看后，下面开始编写爬虫代码。

步骤 1：导入 requests 模块和 json 模块，定义请求的地址、需要携带的动态参数和身份验证信息。演示代码如下：

```
1  import requests
2  import json     # 用于处理JSON格式数据的模块
3  url = 'https://movie.douban.com/j/chart/top_list'     # 请求的地址
4  params = {'type': '25', 'interval_id': '100:90', 'action': '',
   'start': '0', 'limit': '135'}     # 需要携带的动态参数
5  headers = {'User-Agent': 'Mozilla/5.0 (Windows NT 10.0; Win64;
   x64) AppleWebKit/537.36 (KHTML, like Gecko) Chrome/78.0.3904.108
   Safari/537.36'}     # 模拟浏览器的身份验证信息
```

步骤 2：使用 get() 函数发起请求，获取响应对象；再使用 json() 函数提取响应对象中的 JSON 格式数据。演示代码如下：

```
1  response = requests.get(url=url, params=params, headers=headers)
2  content = response.json()     # 提取JSON格式数据
```

步骤 3：将 content 打印出来，可以得到一个含有大量字典的列表，要获取字典中的动画片的片名和评分，就需要将 JSON 格式数据打印出来，以便确定这两种数据在字典结构中的位置。演示代码如下：

```
1  for i in content:
2      print(json.dumps(i, indent=4, ensure_ascii=False, separators=
        (', ', ': ')))    # ensure_ascii设置将数据编码后显示文本内容，
        spearators设置键之间、键和值之间的分隔符，indent设置缩进量
3      break    # 只需打印第1条JSON格式数据用于查看，因此主动结束循环
```

代码运行结果如右图所示。从运行结果可以看出，要获取动画片的片名和评分，需要分别提取 title 和 score 这两个键（key）对应的值（value）。

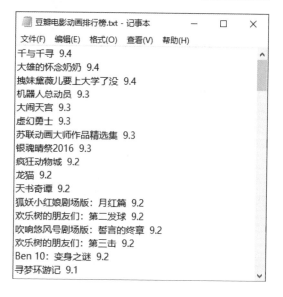

步骤 4：利用 for 语句遍历 JSON 格式数据，提取 title 和 score 这两个键对应的值并写入文本文件中。演示代码如下：

```
1  with open('豆瓣电影动画排行榜.txt', 'w', encoding='utf-8') as fp:    # 将
   JSON格式数据写入文本文件中，方便展示效果
2      for i in content:
3          title = i['title']    # 片名
4          score = i['score']    # 评分
5          fp.write(title + '  ' + score + '\n')    # '\n'表示换行
```

最后运行整个爬虫代码，在代码文件所在的文件夹下会生成一个名为"豆瓣电影动画排行榜.txt"的文件，打开该文件，可看到爬取的数据，如右图所示。

7.4　正则表达式

前面学习了如何使用 requests 模块发起请求来获取静态网页或动态网页的数据。对于动态加载的数据，我们可以直接提取出 JSON 格式数据；但是对于静态网页，爬取到的网页源代码中有很多内容是我们不需要的，还需要做进一步的筛选。我们可以使用正则表达式对网页源代码的字符串进行匹配，从而提取出需要的数据。

7.4.1　正则表达式基础

代码文件：7.4.1 正则表达式基础.py

正则表达式用于对字符串进行匹配操作，符合正则表达式逻辑的字符串能被匹配并提取出来。正则表达式由一些特定的字符组成，每个字符有不同的含义，编写正则表达式就是利用这些字符组合出用于匹配特定字符串的规则。将编写好的正则表达式与爬取到的网页源代码进行对比，就能筛选出符合要求的字符串。Python 内置的 re 模块可以处理正则表达式。

组成正则表达式的字符分为两种基本类型：普通字符和元字符。

普通字符包含所有大写和小写字母、所有数字、所有标点符号和一些其他符号。常用普通字符的含义见下表。

普通字符	含义
\W	匹配非数字、字母、下划线、汉字
\w	匹配数字、字母、下划线、汉字
\S	匹配任意非空白字符
\s	匹配任意空白字符
\D	匹配非数字
\d	匹配数字

元字符是指在正则表达式中具有特殊含义的专用字符，可以用来规定其前导字符（即位于元字符前面的字符）在目标对象中的出现模式，使正则表达式具有处理能力。常用元字符的含义见下表。

元字符	含义
.	匹配任意字符（除换行符 \r、\n）
^	匹配字符串的开始位置
$	匹配字符串的结束位置
*	匹配该元字符的前一个字符任意次数（包括 0 次）
?	匹配该元字符的前一个字符 0 次或 1 次
\	转义字符，其后的一个元字符失去特殊含义，匹配字符本身
( )	( ) 中的表达式称为一个组，组匹配到的字符能被取出

续表

元字符	含义
[]	字符集，范围内的所有字符都能被匹配
|	将匹配条件进行逻辑或运算

下面通过一些简单的实例，帮助大家理解普通字符和元字符的用法。

1. \w 和 \W 的用法

演示代码如下：

```
import re
str1 = '123Qwe!_@#你我他'
print(re.findall('\w', str1))    # 匹配所有字母、数字、下划线、汉字
print(re.findall('\W', str1))    # 匹配所有非字母、数字、下划线、汉字
```

代码运行结果如下：

```
['1', '2', '3', 'Q', 'w', 'e', '_', '你', '我', '他']
['!', '@', '#']
```

2. \s 和 \S 的用法

演示代码如下：

```
import re
str2 = "123Qwe!_@#你我他\t \n\r"
print(re.findall('\s', str2))    # 匹配所有空白字符，如空格、换行符\r
和\n、制表符\t
print(re.findall('\S', str2))    # 匹配所有非空白字符
```

代码运行结果如下：

```
['\t', ' ', '\n', '\r']
['1', '2', '3', 'Q', 'w', 'e', '!', '_', '@', '#', '你', '我', '他']
```

3. \d 和 \D 的用法

演示代码如下：

```
import re
```

```
2   str3 = "123Qwe!_@#你我他\t \n\r"
3   print(re.findall('\d', str3))     # 匹配所有数字
4   print(re.findall('\D', str3))     # 匹配所有非数字
```

代码运行结果如下：

```
1   ['1', '2', '3']
2   ['Q', 'w', 'e', '!', '_', '@', '#', '你', '我', '他', '\t', ' ', '\n',
    '\r']
```

4. ^ 和 $ 的用法

演示代码如下：

```
1   import re
2   str4 = '你好吗，我很好'
3   print(re.findall('^你好', str4))      # 匹配位于字符串开头的"你好"
4   str5 = '我很好，你好'
5   print(re.findall('你好$', str5))       # 匹配位于字符串末尾的"你好"
```

代码运行结果如下：

```
1   ['你好']
2   ['你好']
```

5. .、*、? 的用法

演示代码如下：

```
1   import re
2   str6 = 'abcaaabb'
3   print(re.findall('a.b', str6))       # 匹配任意一个字符
4   print(re.findall('a?b', str6))       # 匹配字符a 0次或1次
5   print(re.findall('a*b', str6))       # 匹配字符a任意次数（包括0次）
6   print(re.findall('a.*b', str6))      # 匹配任意字符任意次数（贪婪匹配）
7   print(re.findall('a.*?b', str6))     # 匹配任意字符任意次数（非贪婪匹配）
```

代码运行结果如下：

```
1   ['aab']
```

```
2    ['ab', 'ab', 'b']
3    ['ab', 'aaab', 'b']
4    ['abcaaabb']
5    ['ab', 'aaab']
```

注意：正则表达式 ".*" 表示匹配任意个数的任意字符，能匹配多长就匹配多长，称为贪婪匹配；正则表达式 ".*?" 也表示匹配任意个数的任意字符，但是能匹配多短就匹配多短，称为非贪婪匹配。

6. 转义字符 \ 的用法

演示代码如下：

```
1    import re
2    str7 = '\t123456'
3    print(re.findall('t', str7))      # 匹配不到字符t，因为\t有特殊含义，是
                                        一个整体
4    str8 = '\\t123456'
5    print(re.findall('t', str8))       # 使用转义字符\后，\t变为无特殊含义的
                                         普通字符，能匹配到字符t
6    str9 = r'\t123456'      # 在字符串前加r也可以对字符串进行转义
7    print(re.findall('t', str9))
```

代码运行结果如下：

```
1    []
2    ['t']
3    ['t']
```

7. 字符集 [ ] 的用法

演示代码如下：

```
1    import re
2    str10 = 'aab abb acb azb a1b'
3    print(re.findall('a[a-z]b', str10))      # 只要中间的字符在字母a~z之间
                                               就能被匹配到
4    print(re.findall('a[0-9]b', str10))      # 只要中间的字符在数字0~9之间
                                               就能被匹配到
```

```
5    print(re.findall('a[ac1]b', str10))     # 只要中间的字符是字符集[ac1]
     的成员就能被匹配到
```

代码运行结果如下：

```
1    ['aab', 'abb', 'acb', 'azb']
2    ['a1b']
3    ['aab', 'acb', 'a1b']
```

8. 分组（）与元字符的搭配使用

演示代码如下：

```
1    import re
2    str11 = '123qwer'
3    print(re.findall('(\w+)q(\w+)', str11))     # \w+代表匹配一个或多个数
     字、字母、下划线、汉字
```

代码运行结果如下：

```
1    [('123', 'wer')]
```

9. 逻辑或 | 的用法

演示代码如下：

```
1    import re
2    str12 = '你好，女士们先生们，大家好好学习呀'
3    print(re.findall('女士|先生', str12))     # 匹配"女士"或"先生"
```

代码运行结果如下：

```
1    ['女士', '先生']
```

7.4.2　用正则表达式提取数据

代码文件：7.4.2 用正则表达式提取数据.py

学会了正则表达式的编写方法，就可以利用 re 模块提供的一些函数，在网页源代码中根据正则表达式匹配和提取数据了。常用的几个函数介绍如下。

1. findall() 函数

findall() 函数能提取满足正则表达式的所有字符串。演示代码如下：

```
1  import requests
2  import re
3  url = 'https://www.cnblogs.com/'
4  headers = {'User-Agent': 'Mozilla/5.0 (Windows NT 10.0; Win64;
   x64) AppleWebKit/537.36 (KHTML, like Gecko) Chrome/73.0.3683.75
   Safari/537.36'}
5  response = requests.get(url=url, headers=headers).text
6  ex = '<div class="post_item_body">.*?target="_blank">(.*?)</a></
   h3>'    # 正则表达式
7  print(re.findall(ex, response, re.S))
```

上述代码爬取的是博客园首页的热门技术博客标题。第 6 行代码中的正则表达式含义为：先匹配出以 "<div class="post_item_body">×××target="_blank">" 开头、以 "</a></h3>" 结尾的所有字符串片段，再在片段中定位 "target="_blank">" 和 "</a></h3>" 之间的字符串，并将其提取出来。第 7 行代码使用 findall() 函数根据第 6 行代码定义的正则表达式在网页源代码中提取字符串，其中的参数 re.S 表示匹配换行符。

代码运行结果如下：

2. search() 函数

search() 函数只会匹配第一个满足正则表达式的字符串，匹配后用 group() 函数取值。演示代码如下：

```
1  import re
2  str1 = '123Qwe!_@#你我他'
3  ret = re.search('\w', str1)    # 匹配第一个字母、数字、下划线、汉字，
   如果匹配不到，会返回None，使用group()函数取值时会报错
4  print(ret.group())    # 使用group()函数取值
```

代码运行结果如下:

```
1    1
```

3. match() 函数

match() 函数和 search() 函数的功能差不多,区别是 match() 函数是从开头匹配,如果开头不满足正则表达式,后面满足正则表达式的字符串也不会被匹配到。

4. finditer() 函数

finditer() 函数和 findall() 函数的功能差不多,区别是 findall() 函数返回的是一个列表,finditer() 函数返回的则是一个迭代器,需要利用循环来取值。演示代码如下:

```
1    import re
2    str1 = '123Qwe!_@#你我他'
3    ret = re.finditer('\w', str1)      # 匹配所有字母、数字、下划线、汉字
4    for i in ret:
5        print(i.group(), end='')     # end=''表示输出时不换行
```

代码运行结果如下:

```
1    123Qwe_你我他
```

7.5　BeautifulSoup 模块

通过正则表达式从网页源代码中提取数据是从字符串处理的角度来进行的,这种方法需要分析网页源代码的特征和规律,并编写复杂的正则表达式,对于不熟悉 HTML 和正则表达式的人来说难度比较高。那么有没有更简单的方法呢?答案是肯定的。在开发者工具中可以看到,网页源代码是由结构化的 Elements 对象组成的,如果能解析这个结构,在结构中定位包含所需内容的标签,再将标签中的内容提取出来,就能得到想要的数据。

本节就来介绍一个能够解析网页源代码结构的第三方模块 BeautifulSoup。建议使用 "pip install beautifulsoup4" 命令安装该模块的最新版本。

BeautifulSoup 模块是一个 HTML / XML 解析器,主要用于解析和提取 HTML / XML 文档中的数据。该模块不仅支持 Python 标准库中的 HTML 解析器,而且支持许多功能强大的第三方解析器。本书推荐使用 lxml 解析器,该解析器能将网页源代码加载为 BeautifulSoup 对象,再使用对象的方法提取数据。

7.5.1 实例化 BeautifulSoup 对象

代码文件：7.5.1 实例化 BeautifulSoup 对象.py

简单来说，实例化 BeautifulSoup 对象就是使用解析器分析指定的网页源代码，得到该源代码的结构模型。

要解析的网页源代码可以是存储在本地硬盘上的 HTML 文档，也可以是爬虫程序从网站服务器获取到的源代码字符串。下面分别介绍具体方法。

将本地硬盘上存储的 HTML 文档实例化为 BeautifulSoup 对象的演示代码如下：

```
1  from bs4 import BeautifulSoup
2  fp = open('test1.html', encoding='utf-8')    # 读取本地HTML文档
3  soup = BeautifulSoup(fp, 'lxml')    # 用读取的HTML文档实例化一个Beau-
   tifulSoup对象，第2个参数'lxml'表示指定解析器为lxml
```

将获取到的网页源代码字符串实例化为 BeautifulSoup 对象的演示代码如下：

```
1  from bs4 import BeautifulSoup
2  import requests
3  headers = {'User-Agent': 'Mozilla/5.0 (Windows NT 10.0; Win64;
   x64) AppleWebKit/537.36 (KHTML, like Gecko) Chrome/78.0.3904.108
   Safari/537.36'}
4  response = requests.get(url='https://www.baidu.com', headers=headers).
   text    # 获取网页源代码
5  soup = BeautifulSoup(response, 'lxml')    # 用获取的网页源代码实例化
   BeautifulSoup对象
```

7.5.2 用 BeautifulSoup 对象定位标签

代码文件：7.5.2 用 BeautifulSoup 对象定位标签.py、test1.html

实例化一个 BeautifulSoup 对象后，就可以使用该对象来定位网页中的标签元素。本节将通过一个简单的网页"test1.html"讲解标签定位的方法。该文件中的网页源代码如下：

```
1  <html lang = 'en'>
2  <head>
3      <meta charset = 'UTF-8' />
4      <title>测试BeautifulSoup</title>
5  </head>
```

```
6    <body>
7        <div class = 'first ten'></div>
8        <div class = 'first'>第一个div
9            <p>first div下的p标签</p>
10           <a href = 'http://www.baidu.com/' title = '百度一下' target =
             '_self' class = 'first'>
11           <span>a标签下的span标签</span>
12           first div下的第一个a标签
13           </a>
14           <a href="" class="two"></a>
15           <img src="" alt="" />
16       </div>
17       <div class="two">
18           <ul>
19               <li class="first" id="first">第一个li标签</li>
20               <li class="two" id="two">第二个li标签</li>
21               <li class="three" id="three">第三个li标签</li>
22               <li class="four" id="four">第四个li标签</li>
23               <li class="five" id="five">第五个li标签</li>
24           </ul>
25       </div>
26   </body>
27   </html>
```

1. 通过标签名进行定位

网页源代码中可能会有多个同名标签，通过标签名进行定位只能返回其中的第一个标签。
演示代码如下：

```
1    from bs4 import BeautifulSoup
2    fp = open('test1.html', encoding='utf-8')     # 读取HTML文档
3    soup = BeautifulSoup(fp, 'lxml')     # 实例化BeautifulSoup对象
4    print(soup.p)     # 通过标签名定位第一个<p>标签
```

代码运行结果如下：

```
1    <p>first div下的p标签</p>
```

213

2. 通过标签属性进行定位

标签属性有 class、id 等，实践中主要使用 class 属性来定位标签。需要注意的是，因为 class 这个单词本身是 Python 的保留字，所以 BeautifulSoup 模块中的 class 属性在末尾添加了下划线来进行区分。其他标签属性，如 id 属性，则没有添加下划线。演示代码如下：

```
from bs4 import BeautifulSoup
fp = open('test1.html', encoding='utf-8')
soup = BeautifulSoup(fp, 'lxml')
print(soup.find(class_='first'))    # 返回class属性值为first的第一个标签
print(soup.find_all(class_='first'))    # 返回class属性值为first的所有
标签的列表
```

第 4 行代码中的 find() 函数可以返回符合属性条件的第一个标签。第 5 行代码中的 find_all() 函数则可以将符合属性条件的所有标签放在一个列表中返回。代码运行结果如下：

```
<div class="first ten"></div>
[<div class="first ten"></div>, <div class="first">第一个div
    <p>first div下的p标签</p>
<a class="first" href="http://www.baidu.com/" target="_self" title="百度一下">
<span>a标签下的span标签</span>
    first div下的第一个a标签
    </a>
<a class="two" href=""></a>
<img alt="" src=""/>
</div>, <a class="first" href="http://www.baidu.com/" target="_self" title="百度一下">
<span>a标签下的span标签</span>
    first div下的第一个a标签
    </a>, <li class="first" id="first">第一个li标签</li>]
```

一个标签的属性可以有多个值，例如，第一个 <div> 标签的 class 属性就有 first 和 ten 两个值。从运行结果可以看出，find() 和 find_all() 函数在执行时，只要标签的任意一个值满足条件，就会将标签返回。

3. 通过标签名 + 标签属性进行定位

将标签名和标签属性相结合也可以定位标签。演示代码如下：

```
1   from bs4 import BeautifulSoup
2   fp = open('test1.html', encoding='utf-8')
3   soup = BeautifulSoup(fp, 'lxml')
4   print(soup.find('div', class_='first'))
5   print(soup.find_all('div', class_='first'))
```

第 4 行和第 5 行代码中的 find() 和 find_all() 函数的功能在前面已经介绍过,这里为函数设置的第 1 个参数为标签名,第 2 个参数为标签属性值。代码运行结果如下:

```
1    <div class="first ten"></div>
2    [<div class="first ten"></div>, <div class="first">第一个div
3        <p>first div下的p标签</p>
4    <a class="first" href="http://www.baidu.com/" target="_self" title=
     "百度一下">
5    <span>a标签下的span标签</span>
6        first div下的第一个a标签
7        </a>
8    <a class="two" href=""></a>
9    <img alt="" src=""/>
10   </div>]
```

4. 通过选择器进行定位

使用 select() 函数可以根据指定的选择器返回所有符合条件的标签。常用的选择器有 id 选择器、class 选择器、标签选择器和层级选择器,下面一一介绍。

(1) id 选择器

id 选择器可以根据标签的 id 属性进行定位。演示代码如下:

```
1    from bs4 import BeautifulSoup
2    fp = open('test1.html', encoding='utf-8')
3    soup = BeautifulSoup(fp, 'lxml')
4    print(soup.select('#first'))
```

第 4 行代码中,select() 函数括号中的 '#first' 是 id 选择器的书写格式,"#" 代表 id 选择器,"#" 后的内容为 id 属性的值。代码运行结果如下:

```
1    [<li class="first" id="first">第一个li标签</li>]
```

从运行结果可以看出,尽管符合条件的标签只有一个,返回的仍然是一个列表。

（2）class 选择器

class 选择器可以根据标签的 class 属性进行定位。演示代码如下：

```
1    from bs4 import BeautifulSoup
2    fp = open('test1.html', encoding='utf-8')
3    soup = BeautifulSoup(fp, 'lxml')
4    print(soup.select('.first'))
```

第 4 行代码中，select() 函数括号中的 '.first' 是 class 选择器的书写格式，"." 代表 class 选择器，"." 后的内容为 class 属性的值。代码运行结果如下：

```
1    [<div class="first ten"></div>, <div class="first">第一个div
2        <p>first div下的p标签</p>
3    <a class="first" href="http://www.baidu.com/" target="_self" title=
     "百度一下">
4    <span>a标签下的span标签</span>
5        first div下的第一个a标签
6        </a>
7    <a class="two" href=""></a>
8    <img alt="" src=""/>
9    </div>, <a class="first" href="http://www.baidu.com/" target=
     "_self" title="百度一下">
10   <span>a标签下的span标签</span>
11       first div下的第一个a标签
12       </a>, <li class="first" id="first">第一个li标签</li>]
```

从运行结果可以看出，返回了 class 属性值为 first 的所有标签。

（3）标签选择器

用标签选择器进行定位与只用标签名进行定位的不同之处在于，该方法能返回所有该类型的标签。演示代码如下：

```
1    from bs4 import BeautifulSoup
2    fp = open('test1.html', encoding='utf-8')
3    soup = BeautifulSoup(fp, 'lxml')
4    print(soup.select('li'))      # 返回所有<li>标签
```

代码运行结果如下：

```
1    [<li class="first" id="first">第一个li标签</li>, <li  class="two"
```

id="two">第二个li标签</li>, <li class="three" id="three">第三个
li标签</li>, <li class="four" id="four">第四个li标签</li>, <li
class="five" id="five">第五个li标签</li>]

（4）层级选择器

一个标签可以包含另一个标签，这些标签位于不同的层级，形成层层嵌套的结构。利用层级选择器可以先定位外层的标签，再定位内层的标签，这样一层层地往里定位，就能找到需要的标签。演示代码如下：

```
1  from bs4 import BeautifulSoup
2  fp = open('test1.html', encoding='utf-8')
3  soup = BeautifulSoup(fp, 'lxml')
4  print(soup.select('div>ul>#first'))    # 选中所有<div>标签下<ul>标签中
   id属性值为first的所有标签
5  print(soup.select('div>ul>li'))     # 选中所有<div>标签下所有<ul>标签中
   的所有<li>标签
6  print(soup.select('div li'))      # 选中<div>标签包含的所有<li>标签
```

第 4 行和第 5 行代码中的"＞"在层级选择器中表示向下找一个层级，中间不能有其他层级。第 6 行代码中的空格表示中间可以有多个层级。代码运行结果如下：

```
1  [<li class="first" id="first">第一个li标签</li>]
2  [<li class="first" id="first">第一个li标签</li>, <li class="two"
   id="two">第二个li标签</li>, <li class="three" id="three">第三个
   li标签</li>, <li class="four" id="four">第四个li标签</li>, <li
   class="five" id="five">第五个li标签</li>]
3  [<li class="first" id="first">第一个li标签</li>, <li class="two"
   id="two">第二个li标签</li>, <li class="three" id="three">第三个
   li标签</li>, <li class="four" id="four">第四个li标签</li>, <li
   class="five" id="five">第五个li标签</li>]
```

7.5.3 从标签中提取文本内容和属性值

代码文件：7.5.3 从标签中提取文本内容和属性值.py

1. 从标签中提取文本内容

定位到标签后，还需要从标签中提取文本内容，才能获得需要的数据。从标签中提取文本内容可以利用标签的 string 属性或 text 属性。

string 属性返回的是指定标签的直系文本，即直接存在于该标签中的文本，而不是存在于该标签下的其他标签中的文本。text 属性返回的则是指定标签下的所有文本。演示代码如下：

```
1    from bs4 import BeautifulSoup
2    fp = open('test1.html', encoding='utf-8')
3    soup = BeautifulSoup(fp, 'lxml')
4    print(soup.select('.first')[1].string)
5    print(soup.select('.first')[1].text)
```

第 4 行和第 5 行代码中的 "select('.first')[1]" 表示使用 select() 函数根据 class 选择器定位 class 属性值为 first 的所有标签，再从返回的标签列表中指定第 2 个标签用于提取文本内容。第 4 行代码使用 string 属性提取直系文本，如果当前标签没有直系文本，或者由于当前标签包含子标签导致 string 属性无法确定要提取哪些文本，会返回 None。第 5 行代码使用 text 属性提取所有文本。代码运行结果如下：

```
1    None
2    第一个div
3        first div下的p标签
4
5    a标签下的span标签
6        first div下的第一个a标签
```

2. 从标签中提取属性

定位到标签后，还可以通过字典取值的方式取出标签的属性值。演示代码如下：

```
1    from bs4 import BeautifulSoup
2    fp = open('test1.html', encoding='utf-8')
3    soup = BeautifulSoup(fp, 'lxml')
4    print(soup.find(class_='first')['class'])
```

第 4 行代码表示定位 class 属性值为 first 的第一个标签，然后提取该标签的 class 属性值，返回一个列表。代码运行结果如下：

```
1    ['first', 'ten']
```

7.6　XPath 表达式

7.5 节中用 lxml 作为 BeautifulSoup 的解析器对网页源代码进行解析，其实 lxml 本身就是一个功能强大的第三方模块，该模块中的 etree 类可以将网页源代码实例化为一个 etree 对象，该对象支持使用 XPath 表达式进行标签的定位，从而获取想要的数据。

创建为 etree 对象后的网页源代码可以视为一个树形结构，每个标签是树的一个节点，节点之间为平级或上下级关系，通过上级能定位到下级，如下图所示。而 XPath 表达式则描述了从一个节点到另一个节点的路径，通过标签的属性或名称定位到上级标签，再通过路径定位到该上级标签的任意下级标签。

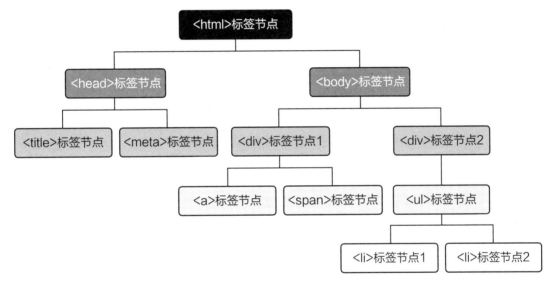

使用 lxml 模块前需要通过 pip 命令安装该模块。需要注意的是，由于 lxml 模块的部分版本没有集成 etree 类，建议在安装时要指定模块的版本。例如，"pip install lxml==4.5.2"就表示指定安装 4.5.2 版本的 lxml 模块，这个版本的模块集成了 etree 类。

7.6.1　实例化 etree 对象

要使用 XPath 表达式进行数据解析，首先需要实例化一个 etree 对象，具体方法有两种，分别介绍如下。

1. etree.parse('HTML 文档路径')

对于本地 HTML 文档，使用 parse() 函数进行 etree 对象的实例化。演示代码如下：

```
1  from lxml import etree
2  html = etree.parse('test1.html')    #将HTML文档加载到etree类中，实例
   化成一个名为html的etree对象
```

2. etree.HTML(网页源代码)

对于爬虫程序从网站服务器获取到的网页源代码字符串，使用 HTML() 函数进行 etree 对象的实例化。演示代码如下：

```
1  import requests
2  from lxml import etree
3  headers = {'User-Agent': 'Mozilla/5.0 (Windows NT 10.0; Win64;
   x64) AppleWebKit/537.36 (KHTML, like Gecko) Chrome/78.0.3904.108
   Safari/537.36'}
4  response = requests.get(url='https://www.baidu.com', headers=head-
   ers)    # 获取响应对象
5  result = response.text    # 获取响应对象中的网页源代码
6  html = etree.HTML(result)    # 将获取的网页源代码加载到etree类中，实例
   化成一个名为html的etree对象
```

7.6.2 用 XPath 表达式定位标签并提取数据

完成 etree 对象的实例化后，就可以使用 XPath 表达式定位标签并提取数据了。

1. 定位标签

XPath 表达式提供了多种定位标签的方法，下面以本节开头的树状图为例，分别进行介绍。

（1）标签名定位

假设要定位 <ul> 标签节点下的所有 <li> 标签节点，在图中从下往上逆向推导可知，路径是从上往下依次定位 <html> 标签节点→ <body> 标签节点→ <div> 标签节点 2 → <ul> 标签节点→ <li> 标签节点1、<li> 标签节点2。那么如何表达每个标签节点之间的层级关系呢？很简单，用 "/" 表示一个层级，用 "//" 表示多个层级，因此，上述路径的 XPath 表达式为 "/html/body/div[1]/ul/li"。如果需要不加区分地定位页面中的所有 <li> 标签，也可以用 "//" 表示 <li> 标签节点之上的每一级标签节点，对应的 XPath 表达式为 "//li"。

（2）索引定位

etree 对象的每一个层级都是一个包含所有标签节点的列表，如果同一层级中有多个同名的标签节点，使用列表切片就能定位到所需的标签节点，即通过索引定位。

（3）属性定位

在复杂的网页中，每个标签都有其属性，此时可以通过属性进行定位。演示代码如下：

```
1  import requests
2  from lxml import etree
```

```
3    headers = {'User-Agent': 'Mozilla/5.0 (Windows NT 10.0; Win64;
     x64) AppleWebKit/537.36 (KHTML, like Gecko) Chrome/78.0.3904.108
     Safari/537.36'}
4    response = requests.get(url='https://www.baidu.com', headers=headers)
5    result = response.text
6    html = etree.HTML(result)    # 实例化etree对象
7    print(html.xpath('//*[@class = 'title']'))    # 用class属性定位标签
```

第 7 行代码中的 "//" 表示多个层级，处于 XPath 表达式的开头代表从任意层级开始定位；"*" 代表任意标签；"[@class = 'title']" 代表定位 class 属性值为 title 的任意标签。使用这种方法能定位到指定属性的任意标签。

如果拥有同一个 class 属性值的标签不止一个，可考虑用 id 属性值来定位，因为在同一个网页中一个 id 属性值通常只能出现一次。如果还不能达到目的，可用其他属性来定位，也可将上述 XPath 表达式中的 "*" 替换为指定的标签名称，如 html.xpath('//p[@class = 'title']')。

（4）逻辑运算定位

如果使用上述方法仍然不能满足要求，可以配合逻辑运算来进行更精确的定位。演示代码如下：

```
1    html.xpath('//p[@class="title" and @name="color"]')
2    html.xpath('//p[@class="title" or @name="color"]')
```

第 1 行代码中的 "and" 表示定位同时满足两种属性条件的标签节点。第 2 行代码中的 "or" 表示定位满足两种属性条件中的任意一个条件的标签节点。

2. 提取文本内容和属性值

定位到标签节点后，可在 XPath 表达式后面添加 "/text()" 来提取该节点的直系文本内容，添加 "//text()" 来提取该节点下的所有文本内容，添加 "/@ 属性名" 来提取该节点的指定属性值。演示代码如下：

```
1    html.xpath('//*[@class="title"]/text()')
2    html.xpath('//*[@class="title"]//text()')
3    html.xpath('//*[@class="title"]/@id')
```

7.6.3　快速获取标签节点的 XPath 表达式

XPath 表达式虽然不复杂，但编写时还是需要费点心思，那么有没有更快捷的方法来获取 XPath 表达式呢？答案是肯定的。使用谷歌浏览器开发者工具的右键快捷菜单命令就能快速获取 XPath 表达式。

在谷歌浏览器中打开一个网页，然后打开开发者工具，❶在"Elements"选项卡下的网页源代码中右击要获取 XPath 表达式的标签，❷在弹出的快捷菜单中执行"Copy>Copy XPath"命令，如下图所示，即可复制该标签的 XPath 表达式。随后就可以将复制的 XPath 表达式粘贴到爬虫代码中使用了。

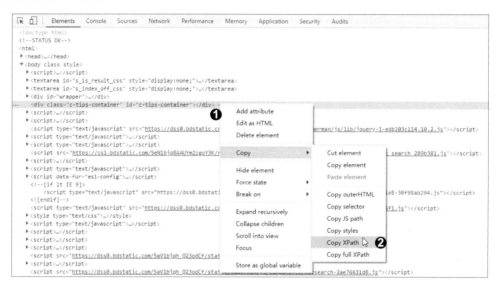

7.7 数据清洗

通过前面的学习，大家应该能够进行简单的数据爬取了，但是采集到的原始数据还可能含有缺失值、重复值、异常值或乱码，并不能直接用于分析。为了保证数据分析的准确性，需要先对缺失值、重复值、异常值或乱码进行处理，这项工作称为数据清洗。

5.2.3 和 5.2.4 节已经详细介绍了缺失值和重复值的处理方法，本节接着来学习异常值和乱码的处理方法。

1. 异常值的处理

代码文件：7.7 异常值的处理.py、test.csv

假设要处理的数据存储在"test.csv"文件中，先使用 pandas 模块将数据读取出来，并赋给变量 data。演示代码如下：

```
1    import pandas as pd
2    data = pd.read_csv('test.csv')
3    print(data)
```

代码运行结果如下图所示。

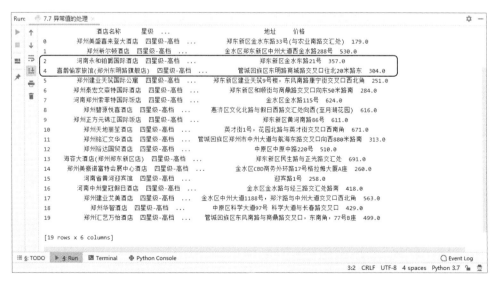

在同一列中，可能会有个别值与其他值的差距较大。例如，"价格"列中大部分的值位于
100～1000之间，而行标签为 3 的行的价格值却大于1000，这种值通常就需要标记为异常值
并做处理。异常值的常用处理方法有两种，下面分别介绍。

第一种方法是将异常值替换为空值，然后删除空值。演示代码如下：

```
1  data['价格'][data['价格'] > 1000] = None    # 将"价格"列中大于1000
   的值替换为空值
2  print(data.dropna())    # 删除空值所在的行
```

代码运行结果如下图所示。

可以看到，行标签为 3 的行被删除了。

第二种方法是将异常值替换为空值后进行数据插补，将异常值带来的影响降到最低。演示代码如下：

```
1   data['价格'][data['价格'] > 1000] = None
2   print(data.fillna(data.mean()))    # 插补空值
```

第 1 行代码将异常值替换为空值。第 2 行代码用 mean() 函数对各列数据计算平均值，然后将各列中的空值替换为该列的平均值。此外，还可以根据需要使用 max()、min()、median() 等函数来插补空值。代码运行结果如下图所示。

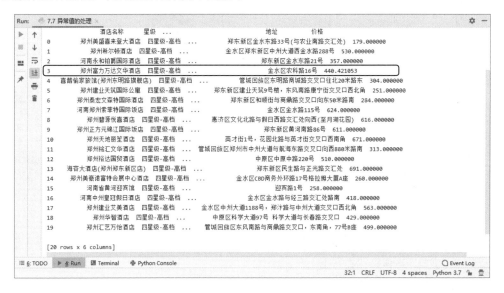

2. 乱码的处理

在网络数据传输中，发送方会将数据按照一定的编码格式转换成二进制码，再发送出去，接收方接收到二进制码后再按照对应的编码格式对数据进行解码。用爬虫从网页上采集到的数据如果包含乱码，通常的原因是网页使用的编码格式和我们对数据进行解码时使用的解码方式不一致。

网页编码格式的信息通常放在响应对象的响应头中，使用 requests 模块的 text 属性从响应对象中提取网页源代码时，会从响应头中获取 content-type 字段的值，该值就包含编码格式的信息。例如，获取到 content-type 字段的值为 "text/html; charset=utf-8"，其中的 "charset=utf-8" 表示此网页的编码格式为 UTF-8，text 属性就会对响应对象进行 UTF-8 格式的解码操作，我们看到的数据就不会出现乱码。

但是，有的网页返回的 content-type 字段的值为 "text/html"，没有包含编码格式的信息，此时 text 属性会默认使用 ISO-8859-1 格式进行解码操作。如果网页的编码格式并不是 ISO-8859-1，解码后就会出现乱码。为了避免这种情况，我们可以使用下面的方法手动获取网页的编码格式。

在谷歌浏览器中使用开发者工具查看某个网页的源代码，编码格式信息一般写在 <meta>
标签中，如下图所示。

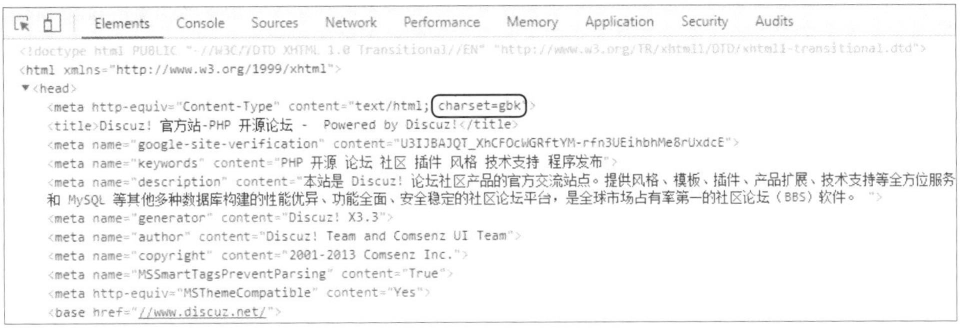

由上图可知，该网页的编码格式为 GBK，使用 get() 函数获取到响应对象后，就可以通过
对响应对象的 encoding 属性赋值，为响应对象指定这种编码格式。演示代码如下：

```
1   response.encoding = 'gbk'
```

这样无论响应头中是否包含编码格式信息，响应对象的 text 属性都能正确地解码。

还有一种方法是通过响应对象的 apparent_encoding 属性获取网页源代码中书写的编码格
式信息，这样就不需要通过开发者工具查看 <meta> 标签中的编码格式信息。演示代码如下：

```
1   response.encoding = response.apparent_encoding
```

此外，还有一种常见乱码是以 "\u" 开头的十六进制字符串，需要通过编码转换的方式来
解码。演示代码如下：

```
1   str_16_1= "b'\\u4f60\\u597d'"
2   str_16_2 = str_16_1.encode('utf-8').decode('unicode_escape')     # 进
    行编码转换
3   print(str_16_2)     # 转换结果是 "b'你好'"
```

7.8　案例：爬取当当网的图书销售排行榜

代码文件：7.8 案例：爬取当当网的图书销售排行榜.py

图书销售排行榜对于出版社编辑制定选题开发方向、图书销售商制定进货计划具有很高
的参考价值。实体书店的图书销售排行数据采集难度较大，而电子商务网站的图书销售排行
数据则具有真实性高、更新及时、容易获取等优点，是一个相当好的数据来源。本节将通过
爬取当当网的图书销售排行榜数据对本章所学的知识点进行综合应用。

步骤 1： 先确定需要爬取数据的网址。在谷歌浏览器中打开当当网，进入"图书畅销榜"，网址为 http://bang.dangdang.com/books/bestsellers/01.00.00.00.00.00-24hours-0-0-1-1。为了增强数据的时效性，选择查看近 30 日的排行榜数据，发现网址随之变为 http://bang.dangdang.com/books/bestsellers/01.00.00.00.00.00-recent30-0-0-1-1，该网址显示的是排行榜的第 1 页内容。通过观察页面底部的翻页链接可以发现，排行榜共有 25 页，单击第 2 页的链接，可以发现网址的最后一个数字变为 2，依此类推。根据这一规律，如果要爬取所有页码，只需使用 for 语句构造循环，按页码依次进行网址的拼接并发起请求即可。演示代码如下：

```
1  import requests
2  import pandas as pd
3  from bs4 import BeautifulSoup
4  headers = {'User-Agent':' Mozilla/5.0 (Windows NT 10.0; Win64;
   x64) AppleWebKit/537.36 (KHTML, like Gecko) Chrome/78.0.3904.108
   Safari/537.36'}    # 模拟浏览器的身份验证信息
5  for i in range(1, 26):
6      url = f'http://bang.dangdang.com/books/bestsellers/01.00.00.00.
       00.00-recent30-0-0-1-{i}'    # 循环生成每一页的网址
```

步骤 2： 确定数据是否是动态加载的。打开开发者工具，切换到"Network"选项卡，然后单击"All"按钮，按【F5】键刷新页面，在"Name"窗格中找到主页面的数据包并单击（通常为第一个数据包）。在"Name"窗格的右侧切换至"Response"选项卡，并在网页源代码的任意处单击，按快捷键【Ctrl+F】调出局部搜索框，输入排行第一的图书名称，如"你当像鸟飞往你的山"，搜索后发现在"Response"选项卡下的网页源代码中有该关键词。这说明数据不是动态加载的，可以用响应对象的 text 属性获取网页源代码，再从源代码中提取数据。在步骤 1 的 for 语句构造的循环内部继续添加如下代码：

```
1  response = requests.get(url=url, headers=headers, timeout=10)    # 对
   25页的不同网址循环发起请求，设置超时等待为10秒
2  html_content = response.text    # 获取网页源代码
3  soup = BeautifulSoup(html_content, 'lxml')    # 将网页源代码实例化
   为BeautifulSoup对象
4  parse_html(soup)    # 调用自定义函数提取BeautifulSoup对象中的数据，
   该函数的具体代码后面再来编写
5  print(f'第{i}页爬取完毕')
```

如果用局部搜索找不到关键词，则说明数据是动态加载的，需要携带动态参数发送请求，再使用 json() 函数提取数据，具体方法见 7.2.1 节。

步骤 3：分析要提取的数据位于哪些标签中。利用开发者工具可看到要提取的排行榜数据位于 class 属性值为 bang_list 的 <ul> 标签下的多个 <li> 标签中，如下图所示。

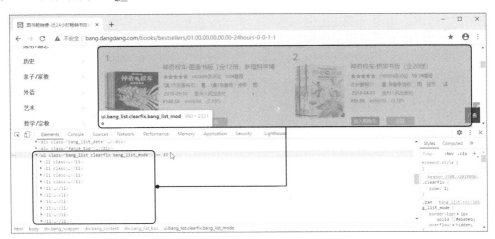

每个 <li> 标签中存储着一本图书的详细数据，包括排名、书名、作者、出版时间、出版社、价格等。还需要继续利用开发者工具更细致地剖析源代码，定位这些数据所在的标签。具体方法和前面类似，这里就不展开讲解了，留给读者自己练习。

步骤 4：编写提取数据的代码。先创建一个字典 data_info，然后根据上一步的分析结果编写自定义函数 parse_html()，从 BeautifulSoup 对象中提取数据并添加到字典中。演示代码如下：

```
 1  data_info = {'图书排名': [], '图书名称': [], '图书作者': [], '图书出
    版时间': [], '图书出版社': [], '图书价格': []}    # 新建一个空字典
 2  def parse_html(soup):     # 解析每一个BeautifulSoup对象
 3      li_list = soup.select('.bang_list li')    # 通过层级选择器定位
        class属性值为bang_list的标签下的所有<li>标签
 4      for li in li_list:    # 将从每一个<li>标签中解析到的数据添加到字典
        data_info相应键的对应列表中
 5          data_info['图书排名'].append(li.select('.list_num ')[0].
            text.replace('.', ''))
 6          data_info['图书名称'].append(li.select('.name a')[0].text)
 7          data_info['图书作者'].append(li.select('.publisher_info ')
            [0].select('a')[0].text)
 8          data_info['图书出版时间'].append(li.select('.publisher_info
            span')[0].text)
 9          data_info['图书出版社'].append(li.select('.publisher_info
            ')[1].select('a')[0].text)
10          data_info['图书价格'].append(float(li.select('.price
            .price_n')[0].text.replace('¥', '')))
```

第 7、8、9 行代码使用层级选择器通过 class 属性值 publisher_info 进行标签定位，因为有两个 <div> 标签的 class 属性都是这个值，所以先做列表切片再使用 select() 函数进行定位，才能获得准确的数据。总体来说，如果多个标签的属性值一样，可以多次使用 select() 函数进行定位，这样获得的数据更准确。

第 10 行代码是为后面的数据清洗做准备，将 "￥" 替换为空值（即删除），再用 float() 函数将字符串转换为浮点型数字，以方便比较数据大小。

需要注意的是，在最终的代码文件中，定义 parse_html() 函数的代码需位于调用该函数的代码之前。

步骤 5：缺失值和重复值的处理。获取了每一页的数据并存储到字典 data_info 中后，还需要进行数据清洗。先用 pandas 模块将字典转换为 DataFrame 对象格式，再判断缺失值和重复值。演示代码如下：

```
1   book_info = pd.DataFrame(data_info)
2   print(book_info.isnull())      # 缺失值判断
3   print(book_info.duplicated())    # 重复值判断
```

第 3 行代码中的 duplicated() 函数用于判断是否有重复行，如果有，则返回 True。运行后，结果全为 False，说明代码没有问题，获取到的数据也没有重复值和缺失值，接着进行异常值的处理。

步骤 6：异常值的处理。假定本案例只研究价格在 100 元以下的图书，所以需要将价格高于 100 元的图书删除。演示代码如下：

```
1   book_info['图书价格'][book_info['图书价格'] > 100] = None    # 将大
    于100的图书价格替换为空值
2   book_info = book_info.dropna()    # 删除有空值的一行数据
```

步骤 7：保存爬取的数据。最后，将处理好的数据保存起来，这里存储为 csv 文件。演示代码如下：

```
1   book_info.to_csv('当当网图书销售排行.csv', encoding='utf-8', index=
    False)
```

第 8 章

Python 爬虫进阶

本章将对爬虫技术进行更深入的学习，包括如何使用 Selenium 模块模拟用户操作浏览器，如何应对网站的反爬虫策略，以及如何使用多线程、多进程、多任务异步协程来提高爬虫程序的运行效率。

8.1　Selenium 模块基础

Selenium 模块是一个 Web 应用程序测试工具。在爬虫的应用中，上一章学习的 requests 模块能模拟浏览器发送请求，而 Selenium 模块则能控制浏览器发送请求，并和获取到的网页中的元素进行交互，因此，只要是浏览器发送请求能得到的数据，Selenium 模块也能直接得到。用 requests 模块爬取网页上动态加载的数据需要携带各种复杂的参数，编写程序时比较麻烦，而用 Selenium 模块爬取动态加载的数据则要相对简单一些。本节先来讲解 Selenium 模块的基础知识和基本操作。

8.1.1　Selenium 模块的安装与基本用法

代码文件：8.1.1 Selenium 模块的基本用法.py

使用 Selenium 模块需要先下载和安装浏览器驱动程序，然后在编程时通过 Selenium 模块实例化一个浏览器对象，再通过浏览器对象访问网页和操作网页元素。下面介绍具体步骤。

1. 查看浏览器的版本号

Selenium 模块实际上是通过调用浏览器的驱动程序来访问网页的。因此，在使用 "pip install selenium" 命令安装 Selenium 模块之后，还需要下载和安装浏览器的驱动程序。

不同的浏览器有不同的驱动程序，例如，谷歌浏览器的驱动程序叫 ChromeDriver，火狐浏览器的驱动程序叫 GeckoDriver，等等。并且对于同一种浏览器，还需要安装与其版本号匹配的驱动程序，才能顺利爬取数据。因此，在下载浏览器驱动程序之前，需要先查看浏览器的版本号。

以本书使用的谷歌浏览器为例，单击其窗口右上角的 ⋮ 按钮，在弹出的菜单中执行 "帮助 > 关于 Google Chrome" 命令，在打开的界面中就可以看到浏览器的版本号，这里显示的主版本号是 83。

2. 下载和安装浏览器驱动程序

在谷歌浏览器中打开 ChromeDriver 的官方下载网址 https://chromedriver.storage.googleapis.com/index.html，可看到多个版本号的文件夹链接。单击对应版本号的文件夹链接，如单击"83.0.4103.39"，如下图所示。开头的"83"对应前面查到的浏览器的主版本号。

Name	Last modified	Size	ETag
icons	-	-	
84.0.4147.30	-	-	
83.0.4103.39	-	-	
83.0.4103.14	-	-	
81.0.4044.69	-	-	
81.0.4044.20	-	-	
81.0.4044.138	-	-	

然后根据当前操作系统选择下载文件。例如，Windows 操作系统就单击"chromedriver_win32.zip"，如下图所示。这是一个压缩文件，下载后需要解压，得到一个名为"chromedriver.exe"的可执行文件，它就是浏览器驱动程序。

Index of /83.0.4103.39/

Name	Last modified	Size	ETag
Parent Directory		-	
chromedriver_linux64.zip	2020-05-05 20:53:36	4.98MB	4e9d74f71a97470e59c1c0d311be49f6
chromedriver_mac64.zip	2020-05-05 20:53:38	6.87MB	640d3c63b3e8e7899f4a3aa6eebd22f4
chromedriver_win32.zip	2020-05-05 20:53:39	4.54MB	437630bbad9193f71af596bda21155ae
notes.txt	2020-05-05 20:53:43	0.00MB	6af5124d67e594649991106abd058e5b

随后需要将解压后的浏览器驱动程序安装到 Python 的安装路径中，让 Python 能够更方便地调用它。按快捷键【Win+R】，调出"运行"对话框，输入"cmd"，按【Enter】键，然后在弹出的命令行窗口中输入"where python"，按【Enter】键，可看到 Python 的安装路径。在Windows 资源管理器中打开这个安装路径，找到并打开"Scripts"文件夹，将前面解压得到的"chromedriver.exe"文件复制到"Scripts"文件夹中，如下图所示。这样就完成了浏览器驱动程序的下载和安装操作。

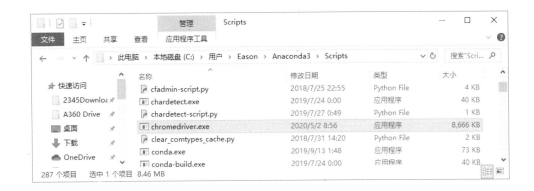

3. 使用 Selenium 模块访问网页

安装好 Selenium 模块及对应的浏览器驱动程序后，就可以使用 Selenium 模块访问网页了。演示代码如下：

```
1  from selenium import webdriver
2  browser = webdriver.Chrome(executable_path='chromedriver.exe')    # 实
   例化谷歌浏览器对象
3  browser.get('https://www.taobao.com')
```

第 1 行代码导入 Selenium 模块中的 WebDriver 功能。第 2 行代码通过 WebDriver 的 Chrome 类实例化一个谷歌浏览器对象（其他浏览器的实例化方法可查阅 Selenium 模块的官方文档）并命名为 browser，通过该对象可以控制浏览器进行各种操作。第 3 行代码使用 browser 对象的 get() 函数控制浏览器发起请求，访问淘宝网首页的网址 https://www.taobao.com。

运行代码后，谷歌浏览器会自动打开，并访问淘宝网首页，如下图所示。而且窗口中会显示提示信息，说明谷歌浏览器正受到自动测试软件的控制。

除了访问网页，Selenium 模块还可以进行其他操作。该模块中常用的函数和属性的功能如下表所示。

函数或属性	功能
browser.maximize_window()	最大化浏览器窗口

续表

函数或属性	功能
browser.current_url	获取当前网页的 url
browser.get_cookies()	获取当前网页用到的 cookie
browser.name	获取当前浏览器驱动程序的名称
browser.title	获取当前网页的标题
browser.page_source	获取当前网页的源代码
browser.current_window_handle	获取当前网页的窗口
browser.window_handles	获取当前浏览器驱动程序打开的所有网页的窗口
browser.refresh()	刷新当前网页
browser.quit()	关闭当前浏览器驱动程序打开的所有网页并退出驱动程序
browser.close()	关闭当前网页
browser.back()	返回上一页

8.1.2　Selenium 模块的标签定位

代码文件：8.1.2 Selenium 模块的标签定位.py

完成了网页的访问后，如果需要模拟用户操作网页元素，则需要先通过标签来定位网页元素。Selenium 模块提供了 8 种标签定位方式，分别对应 8 个函数，具体见下表。

定位方式	函数
id属性	find_element_by_id(标签的 id 属性值)
name属性	find_element_by_name(标签的 name 属性值)
class属性	find_element_by_class_name(标签的 class 属性值)
标签名称	find_element_by_tag_name(标签名称)
链接文本精确定位	find_element_by_link_text(用于精确定位链接文本的关键词)
链接文本模糊定位	find_element_by_partial_link_text(用于模糊定位链接文本的关键词)
CSS选择器	find_element_by_css_selector(CSS 选择器)
XPath表达式	find_element_by_xpath(XPath 表达式)

需要注意的是，上表中的函数定位的是满足条件的第一个标签，如果要定位满足条件的多个标签，则要将函数名中的"element"改为"elements"。

8.1.1 节中实例化了一个 browser 对象，并访问了淘宝网首页，下面就以淘宝网首页为例介绍上述函数的使用方法。

1. find_element_by_id() 函数

该函数通过 id 属性值定位标签，这里以定位淘宝网首页顶部的搜索框为例进行讲解。在淘宝网首页中打开开发者工具，用元素选择工具选中首页顶部的搜索框，可以看到搜索框对应的网页源代码是一个 <input> 标签，其 id 属性值为 "q"，如下图所示。

随后就可以通过这个 id 属性值来定位搜索框了。演示代码如下：

```
1    search_input1 = browser.find_element_by_id('q')
```

2. find_element_by_name() 函数

该函数通过 name 属性值定位标签，这里以定位淘宝网首页的"登录"按钮为例进行讲解。在开发者工具中找到"登录"按钮的 name 属性值为"登录"，如下图所示。

随后就可以通过这个 name 属性值来定位"登录"按钮了。演示代码如下：

```
1    login_btn = browser.find_element_by_name('登录')
```

3. find_element_by_class_name() 函数

该函数通过 class 属性值定位标签，这里以定位淘宝网首页的"搜索"按钮为例进行讲解。在开发者工具中找到"搜索"按钮的网页源代码是一个 <button> 标签，其 class 属性值有两个，分别为 "btn-search" 和 "tb-bg"，如下图所示。

在 class 属性的两个值中选择专属于"搜索"按钮的属性值"btn-search"用于定位。演示代码如下：

```
1    search_btn = browser.find_element_by_class_name('btn-search')
```

4. find_element_by_tag_name() 函数

该函数通过标签名称定位标签。这里以定位 \<input\> 标签为例进行讲解。演示代码如下：

```
1    search_input2 = browser.find_element_by_tag_name('input')
```

5. find_element_by_link_text() 函数

该函数会精确查找与指定关键词完全相同的链接文本，然后返回该链接文本所在的 \<a\> 标签。这里以定位淘宝网首页中链接文本等于"女装"的 \<a\> 标签为例进行讲解。演示代码如下：

```
1    girl_lnk = browser.find_element_by_link_text('女装')
```

6. find_element_by_partial_link_text() 函数

该函数会模糊查找包含指定关键词的链接文本，然后返回该链接文本所在的 \<a\> 标签。这里以定位淘宝网首页中链接文本包含"保健"的 \<a\> 标签为例进行讲解。演示代码如下：

```
1    baojian_lnk = browser.find_element_by_partial_link_text('保健')
```

7. find_element_by_css_selector() 函数

该函数通过 CSS 选择器定位标签，定位方式有很多，例如，通过 id 属性值定位写成 '# 属性值'，通过 class 属性值定位写成 '. 属性值'。这里以 id 属性为例进行讲解。演示代码如下：

```
1    search_input3 = browser.find_element_by_css_selector('#q')
```

8. find_element_by_xpath() 函数

该函数通过标签的 XPath 表达式定位标签。这里以顶部搜索框的 \<input\> 标签的 XPath 表达式为例进行讲解。演示代码如下：

```
1    search_input4 = browser.find_element_by_xpath('//*[@id="q"]')
```

Selenium 模块还在一个名为 By 的类中封装了上述 8 种定位方法，使用起来更加清晰明了。演示代码如下：

```
1    from selenium import webdriver
2    from selenium.webdriver.common.by import By
3    browser= webdriver.Chrome(executable_path='chromedriver.exe')    # 实
     例化一个谷歌浏览器对象
4    browser.get('https://www.taobao.com')    # 访问淘宝网首页
5    search_input1 = browser.find_element(By.ID, 'q')    # 通过id属性值定
     位标签
6    search_input2 = browser.find_element(By.NAME, 'q')    # 通过name属
     性值定位标签
7    search_btn = browser.find_element(By.CLASS_NAME, 'btn-search')    # 通
     过class属性值定位标签
8    search_input3 = browser.find_element(By.TAG_NAME, 'input')    # 通
     过标签名称定位标签
9    girl_lnk = browser.find_element(By.LINK_TEXT, '女装')    # 通过精确
     查找链接文本来定位标签
10   baojian_lnk = browser.find_element(By.PARTIAL_LINK_TEXT, '保健')    # 通
     过模糊查找链接文本来定位标签
11   search_input4 = browser.find_element(By.CSS_SELECTOR, '#q')    # 通
     过CSS选择器定位标签
12   search_input5 = browser.find_element(By.XPATH, '//*[@id = "q"]')    # 通
     过XPath表达式定位标签
```

8.1.3　Selenium 模块的标签操作

代码文件：8.1.3 Selenium 模块的标签操作.py

定位到标签后，就可以从标签中获取数据或对标签进行操作，常用的函数或属性如下表所示。

函数或属性	功能	函数或属性	功能
get_attribute()	获取标签的属性值	send_keys()	对标签进行赋值
is_selected()	判断标签是否被选中	tag_name()	获取标签的名称
is_displayed()	判断标签是否显示	size	获取标签的大小
is_enabled()	判断标签是否可用	location	获取标签的位置坐标
text	获取标签的文本内容	click()	单击选中的标签

上表中函数或属性的使用方法的演示代码如下：

```
1    from selenium import webdriver
```

```
2    browser= webdriver.Chrome(executable_path='chromedriver.exe')    # 实
     例化一个谷歌浏览器对象
3    browser.get('https://www.taobao.com')    # 访问淘宝网首页
4    a_href = browser.find_element_by_xpath('/html/body/div[4]/div[1]/
     div/div[1]/div/ul/li[1]/a[1]')    # 通过XPath表达式定位左侧商品分类栏
     中的"女装"链接
5    print(a_href.get_attribute('href'))    # 获取"女装"链接的href属性值
6    print(a_href.is_selected())    # 查看"女装"链接是否被选中
7    print(a_href.is_displayed())    # 查看"女装"链接是否显示
8    print(a_href.is_enabled())    #查看"女装"链接是否可用
9    print(a_href.text)    # 获取"女装"链接的文本
10   print(a_href.tag_name)    # 获取"女装"链接的标签名称
11   print(a_href.size)    # 获取"女装"链接的大小
12   print(a_href.location)    # 获取"女装"链接的位置坐标
13   input_search = browser.find_element_by_xpath('//*[@id = "q"]')    # 通
     过XPath表达式定位搜索框
14   input_search.send_keys('鞋子')    # 在搜索框中输入文本"鞋子"
15   search_button = browser.find_element_by_xpath('//*[@id = "J_
     TSearchForm"]/div[1]/button')    # 通过XPath表达式定位搜索框右侧的
     "搜索"按钮
16   search_button.click()    # 单击"搜索"按钮
```

代码运行结果如下:

```
1    https://www.taobao.com/markets/nvzhuang/taobaonvzhuang
2    False
3    True
4    True
5    女装
6    a
7    {'height': 17, 'width': 28}
8    {'x': 40, 'y': 269}
```

随后会自动打开一个谷歌浏览器窗口，并进入淘宝网首页，在页面顶部的搜索框中自动输入搜索关键词"鞋子"，然后自动执行搜索操作。但是因为淘宝网在未登录时无法使用搜索功能，所以会停留在淘宝账号的登录界面。

8.2 Selenium 模块进阶

学习完 Selenium 模块的基础知识和基本操作，本节来讲解 Selenium 模块的一些进阶操作，以帮助我们处理更复杂的网页。

8.2.1 模拟鼠标操作

常用的鼠标操作有单击、双击、右击、长按、拖动、移动等，模拟这些操作需要用到 Selenium 模块中的 ActionChains 类。该类的基本使用方法是将实例化好的 WebDriver 对象作为参数传到该类中，实例化成一个 ActionChains 对象，然后调用 ActionChains 对象的函数针对 WebDriver 对象中的网页元素模拟需要的鼠标操作。调用模拟鼠标操作的函数后，不会立即执行操作，而是将操作存储到一个队列中，当调用 perform() 函数时，再从队列中依次取出各个操作来执行。下面分别讲解常用鼠标操作的模拟方法。

1. 模拟鼠标的单击、双击、右击

ActionChains 类中的 click() 函数用于模拟鼠标单击操作。演示代码如下：

```
1   from selenium import webdriver
2   from selenium.webdriver import ActionChains
3   browser= webdriver.Chrome(executable_path='chromedriver.exe')     # 实
    例化一个谷歌浏览器对象
4   browser.get('https://www.taobao.com')
5   search_button = browser.find_element_by_xpath('//*[@id = "J_
    TSearchForm"]/div[1]/button')     # 定位到搜索框右侧的"搜索"按钮
6   actions = ActionChains(browser)     # 利用WebDriver对象browser实例化
    一个ActionChains对象，命名为actions
7   actions.click(search_button).perform()     # 调用click()函数模拟针对
    "搜索"按钮的单击操作，再调用perform()函数执行该操作
```

此外，类中的 double_click() 函数用于模拟鼠标双击操作，context_click() 函数则用于模拟鼠标右击操作，这两个函数的使用方法和 click() 函数一致。

2. 模拟鼠标的长按和松开长按

click_and_hold() 函数用于模拟鼠标的长按操作（按下鼠标且不松开），release() 函数则用于模拟松开长按的鼠标的操作。演示代码如下：

```
1   actions.click_and_hold(search_button).perform()     # 长按"搜索"按钮
```

```
2   time.sleep(5)     # 等待5秒
3   actions.release(search_button).perform()     # 松开长按的鼠标，触发单
    击事件，页面跳转
```

3. 模拟鼠标的拖动

drag_and_drop() 函数用于模拟拖动鼠标的操作，drag_and_drop_by_offset() 函数则用于模拟用鼠标将目标拖动一定距离的操作（需给出水平方向和垂直方向上的位移值）。在登录界面模拟拖动滑块验证时常用到这两个函数。

4. 模拟鼠标的移动

move_by_offset() 函数用于模拟将鼠标移动一定距离的操作（需给出水平方向和垂直方向上的位移值）。move_to_element() 函数用于模拟将鼠标移动到指定元素所在位置的操作。

8.2.2 <iframe> 标签处理

<iframe> 标签用于在一个网页中嵌套另一个网页。嵌套的网页可以作为一个独立的部分实现局部刷新，常用于表单的提交和第三方广告的异步加载等。

以淘宝网为例，在未登录状态下打开一个商品详情页，单击"立即购买"按钮，就会弹出登录表单。打开开发者工具，使用元素选择工具定位登录表单，可以看到登录表单存储在 <iframe> 标签中，并且有自己的 <head> 标签、<body> 标签和其他标签，相当于一个嵌套在主页面中的子页面，如下图所示。

对于嵌套在 <iframe> 标签中的子页面，不能直接使用普通的标签定位方法来定位标签，而要将这个子页面视为一个新页面，先使用 Selenium 模块中的 switch_to_frame() 函数跳转到这个新页面，再进行标签的定位。演示代码如下：

```
1   from selenium import webdriver
2   from selenium.webdriver import ActionChains    # 导入动作链的类
3   browser = webdriver.Chrome(executable_path='chromedriver.exe')    # 实
    例化一个谷歌浏览器对象
4   browser.implicitly_wait(10)    # 设置隐式等待
5   browser.get('https://www.taobao.com')    # 访问淘宝网首页
6   shop_a = browser.find_element_by_xpath('/html/body/div[5]/div/div[1]/
    div/ul/a[1]/div[1]/img')    # 定位到"有好货"栏目的商品链接
7   actions = ActionChains(browser)
8   actions.click(shop_a).perform()    # 单击定位到的商品链接，打开新页面
9   browser.switch_to_window(browser.window_handles[-1])    # 切换到打开的
    新页面
10  shop_one = browser.find_element_by_xpath('/html/body/div[2]/div[3]/
    ul/li[1]/a/img')    # 定位第一款商品
11  actions1 = ActionChains(browser)    # browser对象中的页面跳转后，需要重
    新实例化ActionChains对象
12  actions1.click(shop_one).perform()    # 单击第一款商品
13  browser.switch_to_window(browser.window_handles[-1])    # 跳转到商品详
    情页，会弹出登录表单
14  iframe_login = browser.find_element_by_id('sufei-dialog-content')    # 定
    位登录表单所在的<iframe>标签
15  browser.switch_to_frame(iframe_login)    # 切换到<iframe>标签中的子页
    面，即登录表单
16  user_input = browser.find_element_by_xpath('//*[@id = "fm-login-
    id"]')    # 定位登录表单中的用户名输入框
17  user_input.send_keys('12344')    # 在输入框中输入"12344"
18  browser.quit()    # 关闭所有页面，退出浏览器驱动程序
```

第 9 行和第 13 行代码中的 switch_to_window() 函数用于切换到指定窗口中的页面，其参数
browser.window_handles[-1] 表示获取所有窗口的列表，然后使用列表切片的方式获取最后一个
窗口，也就是最新打开的页面。第 15 行代码中的 switch_to_frame() 函数用于切换到 <iframe>
标签中的子页面，需要将定位到的 <iframe> 标签作为参数传入。

8.2.3　显式等待和隐式等待

在使用 Selenium 模块模拟用户操作浏览器时，浏览器会对要加载的网页用到的所有资源
发送请求，然而网络阻塞或服务器繁忙等原因会导致各个资源的加载进度不一致，如果在网
页尚未完全加载时就进行定位标签等操作，就有可能因为标签不存在而出错。为了解决这一

问题，我们需要为程序设置延时。Python 内置的 time 模块可以实现让程序等待指定的时间，但是这种方法需要在网页可能未加载完毕的地方都设置等待。为了简化代码，本书建议使用 Selenium 模块中定义的两种等待方式：显式等待和隐式等待。下面分别进行讲解。

1. 显式等待

显式等待是指当指定条件成立时再进行下一步操作，如果条件一直不成立就一直等待，直到等待时间达到了设定的超时时间才会报错。

使用显式等待需要使用 WebDriverWait 类，传入 WebDriver 对象和超时时间作为参数，配合 until() 或 until_not() 函数进行条件设定（可以利用 expected_conditions 类设定各种条件），根据返回值判断是否报错。演示代码如下：

```
from selenium import webdriver
from selenium.webdriver.common.by import By
from selenium.webdriver.support import expected_conditions as EC
from selenium.webdriver.support.ui import WebDriverWait
browser = webdriver.Chrome(executable_path='chromedriver.exe')
browser.get('https://www.taobao.com')    # 访问淘宝网首页
element = WebDriverWait(driver=browser, timeout=10).until(EC.presence_of_element_located((By.ID,'q')))    # until()函数在等待期间会每隔一段时间就判断元素是否存在，直到返回值不是False，如果超时，则报错
element = WebDriverWait(driver=browser, timeout=10).until_not(EC.presence_of_element_located((By.ID,'w')))    # until_not()函数在等待期间会每隔一段时间就判断元素是否存在，直到返回值是False，如果超时，则报错
```

2. 隐式等待

隐式等待是指在实例化浏览器的 WebDriver 对象时，为该对象设置一个超时时间，在操作该对象时，代码遇到元素未加载完毕或者不存在时，会在规定的超时时间内不断地刷新页面来寻找该元素，直到找到该元素，如果超过超时时间还是找不到该元素，则会报错。这种方法仅适用于元素缺少的情况。演示代码如下：

```
from selenium import webdriver
from selenium.webdriver.support.ui import WebDriverWait
browser = webdriver.Chrome(executable_path='chromedriver.exe')
browser.get('https://www.taobao.com')    # 访问淘宝网首页
browser.implicitly_wait(10)    # 设置隐式等待，超时时间为10秒
```

8.3　案例：模拟登录 12306

代码文件：8.3 案例：模拟登录 12306.py

学习完 Selenium 模块的基础和进阶操作，本节通过模拟登录售卖车票的专业网站 12306 来综合应用所学的知识。

在谷歌浏览器中打开 12306 网站的登录页面，网址为 https://kyfw.12306.cn/otn/resources/login.html。登录表单中默认显示的登录方式是"扫码登录"，由于 Selenium 模块无法模拟手机扫描二维码登录的操作，我们需要单击"账号登录"按钮，切换为账号登录方式，接着输入账号和密码，然后完成图片验证，最后单击"立即登录"按钮，如下图所示。

上述一系列操作中，单击按钮及在输入框中输入文字的操作都可以用前面学习的 Selenium 模块的知识来模拟，难点在于图片验证操作的模拟：我们需要根据图片验证码中的说明文字，在系统随机给出的 8 张图像中单击正确的图像才能通过验证，然而正确图像的数量和位置也是随机的。

本案例采用的处理思路是：将整个登录页面以屏幕截图的方式保存成图片，再将图片验证码的部分裁剪出来，交由第三方平台进行识别，返回正确图像的坐标，然后由 Selenium 模块根据坐标模拟单击图像的操作，完成验证。

图片的裁剪等编辑操作使用第三方模块 Pillow 来完成，其安装命令为"pip install pillow"。图片验证码内容的识别要用到图像识别技术，这里使用第三方平台"超级鹰"来完成。

步骤 1：通过 Selenium 模块访问 12306 的登录页面，定位并单击"账号登录"按钮，然后分别定位账号和密码输入框，并输入账号和密码。演示代码如下：

```
1   from selenium import webdriver
2   from selenium.webdriver import ActionChains
3   from selenium.webdriver.common.by import By
4   from PIL import Image    # 导入Pillow模块的图像处理子模块
5   import time    # 导入time模块，用于时间处理
6   browser = webdriver.Chrome(executable_path='chromedriver.exe')    # 实
    例化一个谷歌浏览器对象
7   browser.get('https://kyfw.12306.cn/otn/resources/login.html')    # 访
    问12306的登录页面
```

```
8    browser.maximize_window()      # 将窗口最大化，以便截取未变形和未缩放的
     登录页面
9    login_user_page = browser.find_element(By.XPATH, '/html/body/
     div[2]/div[2]/ul/li[2]/a')      # 通过XPath表达式定位"账号登录"按钮
10   login_user_page.click()      # 单击"账号登录"按钮
11   username_input = browser.find_element(By.ID, 'J-userName')      # 通
     过标签的id属性值定位账号输入框
12   password_input = browser.find_element(By.ID, 'J-password')      # 通
     过标签的id属性值定位密码输入框
13   username_input.send_keys('123456789')      # 在账号输入框中输入账号，读
     者需要将字符串修改为实际使用的账号
14   time.sleep(2)      # 为了让模拟操作更像真实的人类用户，在两次输入之间插入
     时间间隔
15   password_input.send_keys('123456')      # 在密码输入框中输入密码，读者
     需要将字符串修改为实际使用的密码
```

步骤 2： 截取网页图片并裁剪出图片验证码。如果是静态图片，只需要对静态图片的网址发起请求就能获取图片。但是图片验证码是动态变化的，所以需要先将整个页面截取并保存成图片，再通过标签的 location 属性（坐标）和 size 属性（大小）定位图片验证码，最后将图片验证码裁剪出来并保存成图片。这里创建一个自定义函数 get_image() 来完成上述操作，演示代码如下：

```
1    def get_image(browser):      # 获取验证码图片
2        browser.save_screenshot('12306.png')      # 截取当前页面并保存为图片
3        img_page = Image.open('12306.png')      # 打开当前页面的截图
4        img_element = browser.find_element(By.ID, 'J-loginImg')      # 通
         过标签的id属性值定位验证码图片
5        location = img_element.location      # 获取验证码图片的坐标
6        size = img_element.size      # 获取验证码图片的大小
7        left = location['x']      # 获取验证码图片左上角的x坐标
8        top = location['y']      # 获取验证码图片左上角的y坐标
9        right = left + size['width']      # 获取验证码图片右下角的x坐标
10       bottom = top + size['height']      # 获取验证码图片右下角的y坐标
11       img_code = img_page.crop((left, top, right, bottom))      # 使用
         crop()函数根据坐标参数裁剪当前页面的截图，得到验证码图片
12       img_code.save('code.png')      # 保存验证码图片
13       return
```

步骤 3：获取超级鹰的软件 ID 并购买题分。在浏览器中打开超级鹰官网（https://www.chaojiying.com/），注册并登录账号后，❶进入"用户中心"，❷然后切换至"软件 ID"界面，❸单击"生成一个软件 ID"链接，❹生成一个软件 ID，如下图所示。此外，还需要在"用户中心"购买题分，才能使用超级鹰提供的各项服务。

步骤 4：下载超级鹰的 Python 示例代码。返回超级鹰首页，❶切换至"开发文档"界面，❷在"常用开发语言示例下载"中单击"Python"，如下图所示。

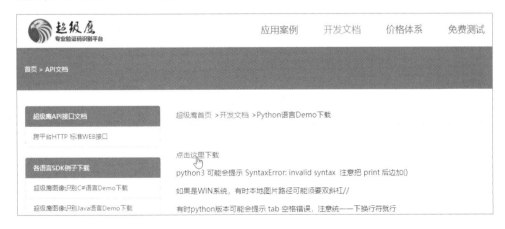

然后在新的页面中单击"点击这里下载"链接，如下图所示，即可下载示例代码。

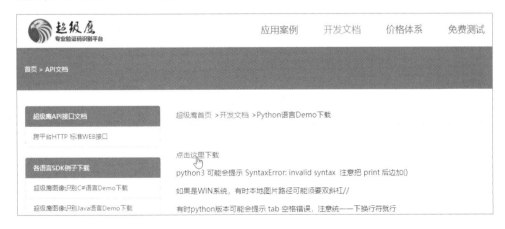

步骤 5：下载好的示例代码是一个压缩文件，将解压后得到的"chaojiying_Python"文件夹移动到本案例的代码文件所在的文件夹。然后在本案例的代码中导入超级鹰示例代码中定

义的 Chaojiying_Client 类，就能调用类中的函数识别验证码了。演示代码如下：

```
1   from chaojiying_Python.chaojiying import Chaojiying_Client
```

步骤 6： 打开 "chaojiying_Python" 文件夹下的代码文件 "chaojiying.py"，将其中调用 Chaojiying_Client 类中函数的代码复制、粘贴到本案例的代码文件中，并修改这段代码，自定义一个函数 chaojinying()。注意修改函数中的超级鹰账号、密码和软件 ID（步骤 3 中生成的）。演示代码如下：

```
1   def chaojinying(ImgPath, ImgType):
2       chaojiying = Chaojiying_Client('12345', '12345', '905781')    # 替
        换为实际的超级鹰账号、密码和软件ID
3       im = open(ImgPath, 'rb').read()    # 打开要识别的验证码图片
4       return chaojiying.PostPic(im, ImgType)    # 根据设置的验证码类型
        识别验证码图片并返回结果
```

如果运行过程中提示代码文件 "chaojiying.py" 中存在错误，请检查该代码文件中的缩进是否有混用空格键和【Tab】键的情况，以及 print() 函数后是否缺少括号。

步骤 7： 确定验证码类型。超级鹰支持识别多种图片验证码，为了让超级鹰能够正确完成识别，我们需要确定 12306 的图片验证码是哪种类型。进入超级鹰官网的 "价格体系" 页面（https://www.chaojiying.com/price.html），页面中列出了各种验证码的类型代码。前面说过，我们要利用超级鹰返回正确图像的坐标，因此，找到坐标类返回值的类型代码表格，如下图所示。12306 的图片验证码中正确图像的数量不是固定的，符合表格中 9004、9005 或 9008 的验证码类型。通过刷新登录页面中的验证码可以发现，正确图像的数量在 1 ～ 5 个之间变化，为了保险起见，本案例使用代码为 9005 的验证码类型。

价格体系		坐标类返回值 x,y 更多坐标以分隔,原点左上角0,0 以像率px为单位,x是横轴,y是纵轴	
英文数字	9101	坐标选一,返回格式x,y	15
中文汉字	9102	点击两个相同的字,返回:x1,y1|x2,y2	22
纯英文	9202	点击两个相同的动物或物品,返回:x1,y1|x2,y2	40
纯数字	9103	坐标多选,返回3个坐标,如:x1,y1|x2,y2|x3,y3	20
任意特殊字符	9004	坐标多选,返回1~4个坐标,如:x1,y1|x2,y2|x3,y3	25
	9104	坐标选四,返回格式:x1,y1|x2,y2|x3,y3|x4,y4	30
	9005	坐标多选,返回3~5个坐标,如:x1,y1|x2,y2|x3,y3	30
坐标选择计算等其他类型	9008	坐标多选,返回5~8个坐标,如:x1,y1|x2,y2|x3,y3|x4,y4|x5,y5	40

步骤 8： 获得正确图像的坐标。在本案例的代码中调用截取验证码和调用超级鹰平台识别验证码的函数，也就是步骤 2 中自定义的 get_image() 函数和步骤 6 中自定义的 chaojinying() 函数，从而获得正确图像的坐标。演示代码如下：

```
1   get_image(browser)    # 截取验证码图片
```

```
2   result = chaojinying('code.png', 9005)    # 将验证码图片上传至超级鹰
    平台并指定验证码类型，获得识别结果
3   print(result)
4   location_code = result['pic_str']    # 从识别结果中提取需要的坐标信息
5   print(location_code)
6   img_element = browser.find_element(By.ID, 'J-loginImg')    # 通过标
    签的id属性值定位验证码图片标签
```

步骤 9：对坐标信息进行字符串拆分处理，获取每组坐标的 *x* 值和 *y* 值，并通过模拟鼠标操作单击每组坐标，完成验证。演示代码如下：

```
1   for i in location_code.split('|'):
2       x = i.split(',')[0]    # 获取坐标的x值
3       y = i.split(',')[1]    # 获取坐标的y值
4       ActionChains(browser).move_to_element_with_offset(img_element,
        x, y).click().perform()
```

步骤 10：最后定位并单击"立即登录"按钮，完成模拟登录。演示代码如下：

```
1   login_button = browser.find_element(By.ID, 'J-login')
2   login_button.click()
```

8.4　IP 反爬的应对

通过前面的学习，可能有人会认为用爬虫程序获取数据很简单，但是在实战中并非如此。爬虫会给网站服务器带来很大的负担，影响网站的正常运营，因此，网站的拥有者或运营者会采取一些技术手段来限制爬取的信息内容或数据的量，这些技术手段称为"反爬"，当然相应地也有许多"反反爬"策略。本节主要讲解如何应对 IP 反爬。

8.4.1　IP 反爬的应对思路

IP 地址是标识一台计算机的网络地址。在网络上，计算机对服务器发起请求，服务器会得到各种信息，其中就包括计算机的 IP 地址。为了保证网站的正常运营，很多网站会采取 IP 反爬措施，即限制同一 IP 地址的请求频率。当服务器发现同一 IP 地址在短时间内对服务器发起了大量请求，就会判定这些请求都是爬虫程序发起的，并将该 IP 地址加入黑名单。在该 IP 地址再次向服务器发起请求时，服务器会先判断该 IP 地址是否在黑名单中，如果在黑名单中就拒绝请求，这样爬虫程序就爬取不到数据了。

IP 反爬是针对 IP 地址进行判定的，如果多次发起请求时不使用同一个 IP 地址，就能在一定程度上规避 IP 反爬，那么怎么实现呢？很简单，只需要使用代理服务器帮我们向网站服务器发起请求，这样网站服务器检测到的 IP 地址就是代理 IP 的地址。我们可以将多个代理 IP 地址集中在一起，创建一个代理 IP 池，每次发起请求时在代理 IP 池中随机取出一个代理 IP 地址来使用，就能降低请求被拒绝的概率。

8.4.2　搭建代理 IP 池

代码文件：8.4.2 搭建代理 IP 池.py

国内有很多的代理服务器提供商，在其官网注册账号后购买服务，就可获得其提供的代理服务器的 IP 地址、端口和代理请求类型。下面以流冠代理为例来讲解如何获取代理 IP 地址并搭建代理 IP 池。

步骤 1：在浏览器中打开流冠代理官网，网址为 https://www.hailiangip.com/，注册账号并完成实名认证。❶切换至"购买 IP 代理"页面并充值，❷然后单击"选择提取 API"按钮，❸在该页面中选择产品类型、订单号、省份城市、提取数量等参数，如下图所示。

步骤 2：❶单击"生成 API 链接"按钮，系统会根据选择的参数生成不同的链接，❷随后可看到生成的 API 链接，❸单击"复制 API 链接"按钮，如右图所示。

步骤 3：对生成的 API 链接发起请求，获取 JSON 格式的代理 IP 地址数据。演示代码如下：

```
1   import requests
2   import random    # 导入random模块，用于随机选取代理IP地址
3   url = 'http://api.hailiangip.com:8422/api/getIp?type=1&num=10&pid=
    -1&unbindTime=300&cid=-1&orderId=O2006101334270257700 6&time
    =1591769203&sign=ec0457b4f936f89794e6c8fbe804129a&noDuplicate=0&
    dataType=0&lineSeparator=0&singleIp=0'    # 前面生成的API链接
4   headers = {'User-Agent': 'Mozilla/5.0 (Windows NT 10.0; Win64;
    x64) AppleWebKit/537.36 (KHTML, like Gecko) Chrome/73.0.3683.75
    Safari/ 537.36'}
5   response = requests.get(url=url, headers=headers).json()    # 对API
    链接发起请求并获取JSON格式数据
```

步骤 4：提取 JSON 格式数据中的 IP 地址和端口。流冠代理的代理请求类型都是 https 的，将 JSON 格式数据中的 IP 地址、端口和 https 类型以拼接字符串的方式处理成 {'https': 'IP 地址：端口'} 的字典格式，以满足 requests 模块中 get() 函数的参数 proxies 的格式要求（该参数的含义见 7.2.2 节）。演示代码如下：

```
1   proxies_list = []    # 定义一个空列表作为代理IP池，用于存放代理IP地址
2   for i in response['data']:
3       ip = i['ip']    # 提取每一个IP地址
4       port = i['port']    # 提取每一个IP地址对应的端口
5       ip_dict = {'https': f'{ip}:{port}'}    # 通过拼接字符串完成参数的
        格式化
6       proxies_list.append(ip_dict)    # 将格式化的参数添加到代理IP池
```

步骤 5：在代码中使用代理 IP 池。使用 random 模块从代理 IP 池中随机取出一个代理 IP 地址，可以在 get() 函数中作为参数 proxies 的值使用。演示代码如下：

```
1   proxies = random.choice(proxies_list)
```

步骤 6：为方便使用代理 IP 池，将上面的代码封装成一个自定义函数。为该函数传入 API 链接作为参数，函数就能返回一个代理 IP 地址。演示代码如下：

```
1   def ip_pond(url):
2       headers = {'User-Agent': 'Mozilla/5.0 (Windows NT 10.0; Win64;
        x64) AppleWebKit/537.36 (KHTML, like Gecko) Chrome/73.0.3683.75
        Safari/537.36'}
```

```
3    response = requests.get(url=url, headers=headers).json()
4    proxies_list = []
5    for i in response['data']:
6        ip = i['ip']
7        port = i['port']
8        ip_dict = {'https': f'{ip}:{port}'}
9        proxies_list.append(ip_dict)
10   proxies = random.choice(proxies_list)
11   return proxies
```

8.4.3 实战案例

代码文件：8.4.3 实战案例.py

下面用一个案例来巩固前面所学的代理 IP 池知识。快代理是一个提供免费代理 IP 地址的网站，网址为 https://www.kuaidaili.com/free/。这个网站为了正常运营，采用了 IP 反爬措施。本案例要利用从流冠代理获取的代理 IP 地址访问快代理，爬取网站上的数据。

先不使用代理 IP 地址，向快代理的页面循环发起请求。演示代码如下：

```
1    import requests
2    headers = {'User-Agent': 'Mozilla/5.0 (Windows NT 10.0; Win64;
     x64) AppleWebKit/537.36 (KHTML, like Gecko) Chrome/73.0.3683.75
     Safari/537.36'}
3    for i in range(1, 100):    # 对快代理的前100页发起请求
4        url = f'https://www.kuaidaili.com/free/inha/{i}/'
5        response = requests.get(url=url, headers=headers)    # 对拼接的
         网址发起请求，不使用代理IP地址
6        print(response)    # 查看响应对象
```

代码运行结果如右图所示，可发现一段时间后出现了状态码为 503 的响应对象。以 5 开头的状态码代表服务器错误，而 503 大多是没有正确请求到资源或者服务器拒绝请求时返回的状态码，说明我们的 IP 地址被网站限制访问了。

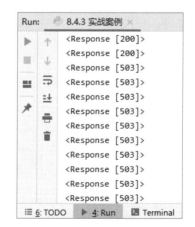

这时在浏览器中访问快代理的网址 https://www.kuaidaili.com/free/，会显示如右图所示的错误页面。

下面使用从流冠代理获取的代理 IP 地址发起请求，演示代码如下：

```
1  import requests
2  import random
3  api = 'http://api.hailiangip.com:8422/api/getIp?type=1&num=10&pid=
   -1&unbindTime=300&cid=-1&orderId=O20061013342702577006&time
   =1591769203&sign=ec0457b4f936f89794e6c8fbe804129a&noDuplicate=0&
   dataType=0&lineSeparator=0&singleIp=0'
4  def ip_pond(url):    # 从代理IP池中获取IP
5      headers = {'User-Agent': 'Mozilla/5.0 (Windows NT 10.0; Win64;
       x64) AppleWebKit/537.36 (KHTML, like Gecko) Chrome/73.0.3683.75
       Safari/537.36'}
6      response = requests.get(url=url, headers=headers).json()
7      proxies_list = []
8      for i in response['data']:
9          ip = i['ip']
10         port = i['port']
11         ip_dict = {'https': f'{ip}:{port}'}
12         proxies_list.append(ip_dict)
13     proxies = random.choice(proxies_list)
14     return proxies
15 headers = {'User-Agent': 'Mozilla/5.0 (Windows NT 10.0; Win64;
   x64) AppleWebKit/537.36 (KHTML, like Gecko) Chrome/73.0.3683.75
   Safari/537.36'}
16 for i in range(1, 100):
17     url = f'https://www.kuaidaili.com/free/inha/{i}/'
18     proxies = ip_pond(api)
19     response = requests.get(url=url, headers=headers, proxies=
       proxies)     # 使用代理IP地址发起请求
```

```
20    print(response)    # 查看响应对象
```

运行代码后，返回的响应对象变为 <Response [200]>，表示请求已成功。

需要注意的是，由于网络原因或者代理 IP 服务到期，可能会遇到连接代理 IP 失败且超过最大重试次数的问题，此时解决方法有两个：一是使用 try 语句提升程序的健壮性；二是购买更好的代理 IP 服务。

8.5 用 cookie 池模拟登录

在网络请求交互中，为了维持用户的登录状态，引入了 cookie 的概念。当用户第一次登录某个网站时，网站服务器会返回维持登录状态需要用到的信息，这些信息就称为 cookie。浏览器会将 cookie 信息保存在本地计算机中，再次对同一网站发起请求时就会携带上 cookie 信息，服务器从中可以分析判断出用户的登录状态。

服务器中的资源有些不需要登录就能获取，有些则需要登录才能获取，如果在爬虫程序中携带正确的 cookie 信息，就可以爬取那些需要登录才能获取的数据了。

8.5.1 用浏览器获取 cookie 信息

代码文件：8.5.1 用浏览器获取 cookie 信息.py

第一次登录一个网页后，浏览器会从响应头的 set-cookie 字段中读取 cookie 值并保存起来。下次访问该网页时，浏览器就会携带 cookie 值发起请求，服务器从 cookie 值中得到用户登录信息，就会直接返回用户登录之后的页面。下面以人人网为例讲解如何获取 cookie 值。

在谷歌浏览器中打开人人网（http://www.renren.com/），输入账号和密码，登录成功后通过开发者工具对数据进行抓包，即在开发者工具的"Network"选项卡下刷新当前页面后选中第一个数据包，在"Headers"选项卡下的"Request Headers"中查看 Cookie 字段，该字段的值就是发起请求时携带的 cookie 值，如下图所示。

在爬虫程序中使用 requests 模块的 get() 函数发起请求时，携带 cookie 值的方式有两种，

下面分别介绍。

第一种方式是在 get() 函数的参数 headers 中直接携带 cookie 值的字符串。演示代码如下：

```
1  import requests
2  url = 'http://www.renren.com/974388972/newsfeed/photo'
3  cookie = 'anonymid=kbbumh2lxrmpf1; depovince=GW; _r01_=1; JSESSIONID
   =abcGWVhbBr19FhENjsNkx; ick_login=989861b2-b103-4dec-acae-a997d02b-
   baa6; taihe_bi_sdk_uid=f5185c56d440f6d9816cbd80ee1c01e3; taihe_bi_
   sdk_session=b57a76d842fee2d91ce5701999cb1dbe; XNESSESSIONID=ab-
   coL9H_VgmAddSCksNkx; ick=c1409cb0-0813-44ec-8834-729af8f535cd;
   t=d06e12b9149594f6fba8cc62f9e8f3e32; societyguester=d06e12b-
   9149594f6fba8cc62f9e8f3e32; id=974598592; xnsid=58ab78d8; WebOn-
   LineNotice_974598592=1; jebecookies=3b9d3b87-1f8b-4867-a20b-b183c-
   c3b36c4|||||; ver=7.0; loginfrom=null; wp_fold=0'
4  headers = {'Cookie': cookie, 'User-Agent':'Mozilla/5.0 (Windows
   NT 10.0; Win64; x64) AppleWebKit/537.36 (KHTML, like Gecko)
   Chrome/73.0.3683.75 Safari/537.36'}    # 在headers中携带cookie值
5  response = requests.get(url=url, headers=headers).text    # 获取页
   面源代码
6  print(response)
```

第二种方式是将获取到的 cookie 值的字符串处理成字典，作为 get() 函数的参数 cookies 携带上。演示代码如下：

```
1  import requests
2  url = 'http://www.renren.com/974388972/newsfeed/photo'
3  cookie = 'anonymid=kbbumh2lxrmpf1; depovince=GW; _r01_=1; JSESSIONID
   =abcGWVhbBr19FhENjsNkx; ick_login=989861b2-b103-4dec-acae-a997d02b-
   baa6; taihe_bi_sdk_uid=f5185c56d440f6d9816cbd80ee1c01e3; taihe_
   bi_sdk_session=b57a76d842fee2d91ce5701999cb1dbe; XNESSESSIONID
   =abcoL9H_VgmAddSCksNkx; ick=c1409cb0-0813-44ec-8834-729af8f535cd;
   t=d06e12b9149594f6fba8cc62f9e8f3e32; societyguester=d06e12b-
   9149594f6fba8cc62f9e8f3e32; id=974598592; xnsid=58ab78d8; WebOn-
   LineNotice_974598592=1; jebecookies=3b9d3b87-1f8b-4867-a20b-b183c-
   c3b36c4|||||; ver=7.0; loginfrom=null; wp_fold=0'
4  headers = {'Cookie': cookie, 'User-Agent': 'Mozilla/5.0 (Windows
   NT 10.0; Win64; x64) AppleWebKit/537.36 (KHTML, like Gecko)
   Chrome/73.0.3683.75 Safari/537.36'}
5  cookie_dict = {}
```

```
6    for i in cookie.split(';'):      # 将cookie值的字符串格式化为字典
7        cookie_keys = i.split('=')[0]
8        cookie_value = i.split('=')[1]
9        cookie_dict[cookie_keys] = cookie_value
10   response = requests.get(url=url, headers=headers, cookies=cookie_
     dict).text      # 将cookie字典作为参数cookies的值, 获取页面源代码
11   print(response)
```

8.5.2 自动记录 cookie 信息

代码文件：8.5.2 自动记录 cookie 信息.py

上一节介绍的用浏览器获取 cookie 信息的方式需要我们自己在数据包中定位 cookie 信息并提取出来，相对比较烦琐。本节要介绍一种自动记录登录数据的方法：先使用 requests 模块中的 Session 对象对一个网站发起登录请求，该对象会记录此次登录用到的 cookie 信息；再次使用该对象对同一网站的其他页面发起请求时，就会直接使用记录下的 cookie 信息，不再需要额外携带 cookie 信息参数了。演示代码如下：

```
1    import requests
2    s = requests.Session()      # 实例化一个Session对象
3    headers = {'User-Agent': 'Mozilla/5.0 (Windows NT 10.0; Win64;
     x64) AppleWebKit/537.36 (KHTML, like Gecko) Chrome/73.0.3683.75
     Safari/537.36'}      # 验证浏览器身份的信息
4    data = {'email': '15729560000', 'password': '123456'}      # 用于登录
     网站的账号/密码信息
5    response=s.post(url='http://www.renren.com/ajaxLogin/login?1=1&
     uniqueTimestamp=2020451418538', data=data, headers=headers)      # 使
     用Session对象携带前面设置好的浏览器身份信息和账号/密码信息, 对人人网中需
     要登录的一个页面发起请求
6    print(response.cookies)      # 查看cookie值
7    response1 = s.get(url='http://www.renren.com/974388972/profile?
     v=info_timeline', headers=headers).text      # 再次使用Session对象对
     人人网中另一个需要登录的页面发起请求, Session对象会自动使用上次记录的
     cookie值, 所以这次不需要携带账号/密码信息也能登录成功
8    print(response1)      # 获取到需要登录后才能查看的页面的源代码
```

使用这种方式需要设置登录表单中账号和密码的字段名，也就是第 4 行代码中的 'email' 和 'password'。使用谷歌浏览器的开发者工具可以提取登录表单中的字段名。在谷歌浏览器中打开人人网首页，❶输入账号和密码，❷打开开发者工具，在 "Network" 选项卡下勾选 "Preserve log"复选框,这样就能在登录跳转时保存登录表单的数据包,❸单击"登录"按钮,如下图所示。

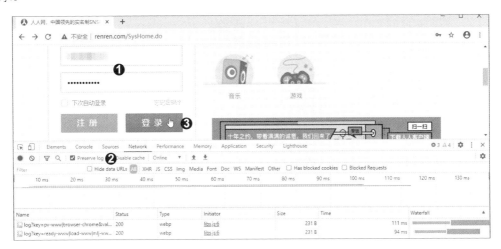

登录成功后,在"Network"选项卡下的"Name"窗格中产生了很多新的数据包,其中就有登录表单的数据包,包名中一般有"login"字样,❶可在"Filter"筛选器中输入关键词"login"来筛选数据包,❷筛选后可在"Name"窗格中看到含有"login"字样的数据包,单击这个包,❸在"Headers"选项卡下的"Form Data"中可以看到登录时携带的表单信息,一般只需要账号和密码的字段名(这里为"email"和"password"),在发起 post 请求时携带即可,如下图所示。

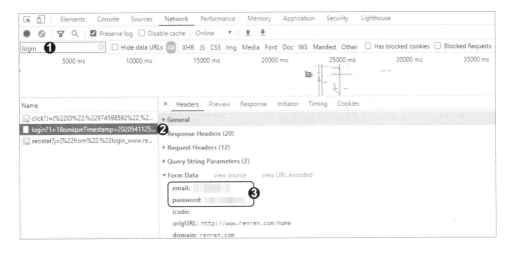

8.5.3　cookie 池的搭建和使用

代码文件:8.5.3 cookie 池的搭建和使用.py

在爬虫程序中使用 cookie 模拟登录是为了爬取那些需要登录才能获取的数据。如果使用同一个账号登录网站频繁爬取数据,有可能被服务器察觉,服务器就会封禁这个账号。对于这种反爬措施,也可以采用和 IP 反爬措施相同的应对思路:不同账号的 cookie 值是不同的,使用多个账号登录网站并记录 cookie 值，将这些 cookie 值保存在一个 cookie 池中，在爬取数据时从 cookie 池中随机选取一个 cookie 值用于登录，就能降低账号被封禁的概率。

搭建 cookie 池需要准备多个账号，也就是俗称的"小号"。小号的获取方式这里不做讲解，读者可以自行搜索。然后模拟登录每一个账号并获取 cookie 值，搭建出 cookie 池。这里通过编写一个自定义函数来完成 cookie 池的搭建，演示代码如下：

```python
import requests
import random
import copy
cookie_list = []     # 创建一个空列表作为cookie池
s = requests.Session()     # 实例化一个Session对象
user_list = [{'email': '1571234556', 'password': '123456'}, {'email': '1471234567', 'password': '123456'}]     # 创建账号池，列出各个小号的账号和密码，字段名需要根据不同网站的登录表单做修改，这里给出的是人人网的登录表单字段名
headers = {'User-Agent': 'Mozilla/5.0 (Windows NT 10.0; Win64; x64) AppleWebKit/537.36 (KHTML, like Gecko) Chrome/73.0.3683.75 Safari/537.36'}     # 验证浏览器身份的信息
def get_cookies(user_list):     # 模拟登录每一个账号并获取cookie值
    for data in user_list:
        s.post(url='http://www.renren.com/ajaxLogin/login', data=data, headers=headers)     # 使用Session对象发起登录请求
        cookie_list.append(copy.deepcopy(s))     # 使用深拷贝让cookie池中存储的Session对象不会被后一个Session独享覆盖
get_cookies(user_list)     # 调用自定义函数生成cookie池
```

cookie 值具有时效性，在指定时间之后 cookie 值就过期了，因此，在每一次使用 cookie 池之前，最好都调用一下 get_cookies() 函数来获取最新的 cookie 值。

搭建好 cookie 池后，使用 random 模块从 cookie 池中随机取出一个 Session 对象用于登录。演示代码如下：

```python
url = 'http://www.renren.com/'     # 人人网主页
for i in range(1, 10):     # 循环发起请求，看看每一次请求使用的账号是否一样
    response = random.choice(cookie_list).get(url=url, headers=headers)     # 获取响应对象
    print(response.url)     # 查看返回请求的网址
```

运行代码后，会根据随机选取的 cookie 值登录不同账号的主页，每次登录后返回的网址并不固定，如下图所示，说明达到了我们想要的效果。

获取 cookie 信息的方法有很多，除了前面介绍的方法，还可以使用 Selenium 模块进行模拟登录，将每次产生的 cookie 值保存下来，再使用 requests 模块携带 cookie 值发起请求。

cookie 池的搭建也可以更加完善。在学习了数据库的知识之后，可以将账号 / 密码信息以键值对的形式存储在 Redis 等非关系型数据库中，方便查询和修改；同样也可以将 cookie 值存储在数据库中，在需要时调用。还可以编写一个检测模块，用于重新获取失效的 cookie 值。

此外，前面介绍的方法适用于小型的爬虫项目，对于大型的爬虫项目，可能还需要定时刷新 cookie 值才能满足需求。代理 IP 池也是一样的道理，越是大型的爬虫项目越需要稳定的代理 IP 服务，才能保证数据爬取的效率。

8.6 提高爬虫程序的数据爬取效率

前面编写的爬虫程序是运行在一个 CPU 开启的单个进程中的，每个爬虫任务依次执行，这种代码执行方式称为串行，其执行效率很低。要提高爬虫程序的执行效率，可以使用两种代码执行方式：第一种方式称为并行，它使用多个 CPU 来执行爬虫程序中的每个爬虫任务，相对于串行方式而言效率更高；第二种方式称为并发，在执行爬虫任务中遇到 I/O（输入 / 输出）操作时，由于 I/O 设备的速度远远低于 CPU 的运行速度，CPU 就会出现空闲，并发方式会利用空闲让 CPU 去执行其他爬虫任务，以充分利用单个 CPU 资源，让 CPU 时刻处于执行任务的状态。下面就来讲解并行和并发的编程方法。

8.6.1 多进程实现并行

1. 进程的创建

代码文件：8.6.1 进程的创建.py

在学习多进程并行之前，先来学习创建单个进程的两种方法。

第一种方法是新建一个继承自 Process（进程）类的类，在类中定义 run() 函数，然后使用 start() 函数开启主进程，再由主进程调用类的 run() 函数来开启子进程。演示代码如下：

```
1   from multiprocessing import Process
2   import time
3   class MyProcess(Process):   # 新建一个类，继承自Process类
4       def __init__(self, name):
5           super().__init__()    # 执行父类的构造函数
6           self.name = name
7       def run(self):   # 必须定义一个run()函数
8           print(f'{self.name} 正在爬取')
9           time.sleep(5)    # 模拟数据爬取需要的时间
10          print(f'{self.name} 爬取完毕')
11  if __name__ == '__main__':    # Windows环境下，开启多进程的代码一定要
    写在这一行代码的下方
12      p = MyProcess('www.1.com')
13      p.start()    # 开启主进程
14      print('主进程开始运行')
```

第二种方法是直接使用 Process 类，将执行爬虫任务的函数的名称作为参数 target 的值，其他参数以元组或字典的格式传入。演示代码如下：

```
1   from multiprocessing import Process
2   import time
3   def task(url1):    # 执行爬虫任务的函数
4       print(f'{url1} 正在爬取')
5       time.sleep(5)
6       print(f'{url1} 爬取完毕')
7   if __name__ == '__main__':    # Windows环境下，开启多进程的代码一定要
    写在这一行代码的下方
8       p = Process(target=task, kwargs={'url1': 'www.1.com'})    # 用
        参数target传入执行爬虫任务的函数task()，其参数url1的值用参数kwargs
        以字典格式传入
9       p.start()    # 开启主进程，通知操作系统在内存中开辟一个空间，将p进
        程放进去由CPU执行
10      print('主进程开始运行')
```

两种方法的代码运行结果是一样的，如下图所示。

2. 多进程的通信和基本用法

代码文件：8.6.1 多进程的通信和基本用法.py

不同进程之间是有数据隔离的，即一个进程更改了全局变量后，其他进程不知道该全局变量被更改，还是会取得未更改时的全局变量。因此，在实现多进程之前需要解决进程之间的数据隔离问题，实现不同进程之间的通信，这样才能实现多进程之间的任务分配。常用的方法是使用队列，例如，将需要爬取的不同网址放在同一队列中，不同进程从同一队列中取出不同的网址进行爬取。如果不使用队列，那么每个进程都会对所有网址进行爬取，费时且低效。

下面将多个网址放入一个队列中，在每个进程中取出队列中的一个网址进行爬取，实现网址爬取任务的分配，演示代码如下：

```python
import os
from multiprocessing import Queue
from multiprocessing import Process
import time
def task(q):
    try:
        print(os.getpid(), q.get())
        time.sleep(2)     # 模拟数据请求的耗时
    except Exception:
        return
if __name__ == '__main__':
    process_list = []     # 创建一个空列表用于存放进程对象
    q = Queue(10)     # 创建一个队列，容量为10
    for i in range(10):     # 模拟10个网址放入队列中
        url = f'www.{i}.com'
        q.put(url)
    start_time = time.time()
    for i in range(10):     # 创建10个子进程
        p = Process(target=task, args=(q,))     # 将task()作为任务函数、队列q作为参数传入子进程
        process_list.append(p)
        p.start()     # 由主进程开启子进程
    for p in process_list:
        p.join()     # 待每一个子进程都结束后再结束主进程
    print('程序耗时', time.time() - start_time)
    print('数据爬取完成')
```

代码运行结果如右图所示。可发现每个进程都分配到了不同的网址，即实现了不同进程之间的任务分配。每个进程中使用 time 模块延时了 2 秒，如果不使用多进程至少要耗时 20 秒，使用多进程来执行只耗时约 3 秒。

8.6.2 进程池的创建

代码文件：8.6.2 进程池的创建.py

上一节实现了多进程通信，通过循环创建多个进程来操作一个队列，但是这种方式会为每个任务创建一个进程，如果任务太多就会创建出大量进程，给计算机带来很大的负担。下面要介绍的进程池可以解决这个问题。

进程池也能创建进程来执行任务，它的特点在于：如果进程池中的进程数量没有达到规定的上限，对于新任务会创建新进程来执行；如果进程池满了，还未执行的任务会进入等待状态，直到一个进程处理完当前任务，继续接手下一个任务。这样做的好处就是不用频繁地开启进程和杀死进程，还能限定开启进程的个数，对计算机资源进行合理调配。其实在编程中很多地方都有池的概念，例如，为了减少连接和断开数据库时的计算机资源消耗，可以使用数据库连接池来优化程序。

在 Python 中使用 Pool 类创建进程池。向进程池提交任务建议采用异步提交的方式，这样才能让多个进程同时处理多个任务；如果采用同步提交的方式，则会执行完上一个进程后提交任务，再创建进程执行任务，这样和单进程没什么区别，失去了多进程的意义。演示代码如下：

```python
import os
import time
from multiprocessing import Process
from multiprocessing.pool import Pool    # 导入Pool类创建进程池
def task(i):    # 定义任务函数
    print(f'{os.getpid()}处理第{i}个任务')
    time.sleep(2)
if __name__ == '__main__':
    poll = Pool(4)    # 创建容量为4的进程池，最多创建4个进程
    for i in range(1, 11):
        poll.apply_async(task, (i, ))    # 异步提交任务
```

```
12    poll.close()    # 关闭进程池
13    poll.join()    # 使用异步方式提交任务，必须使用close()和join()函
      数，目的是等待进程池的子进程结束后才结束主进程，并关闭进程池
```

第 11 行代码是实现异步提交任务必须要编写的。因为使用同步方式提交任务时，主进程会等待子进程的任务完成后再提交下一个任务；而使用异步方式提交任务时，主进程会直接执行下一行代码，不会等待子进程的任务完成后再提交下一个任务，这样可以快速提交多个任务。

此外，如果主进程结束，进程池也就关闭了，任务就不能被处理，所以在第 12 行代码使用 close() 函数手动关闭进程池，并在第 13 行代码使用 join() 函数让主进程等待进程池中的任务处理完毕后再执行主进程的下一步代码，这样就不会提前关闭进程池了。

代码运行结果如下图所示。可以看到只有 4 个进程，当进程池满了后，一个进程执行完当前任务就去执行下一个任务，而不会开启新进程，这就是进程池的优点。

8.6.3　多线程实现并发

代码文件：8.6.3 多线程实现并发.py

一个进程中能存在多个线程，一个线程遇到 I/O 阻塞时会处于挂起状态，此时其他线程会来争抢 CPU 资源，CPU 就会去执行其他线程。线程的切换速度很快，快到能使人发现不了两个任务的执行其实是有先后顺序的，感觉所有线程是在同时运行一样，这就是并发的效果。而且线程占用系统资源小，执行速度更快，所以使用多线程可以提高程序的运行效率。Python 的 threading 模块提供了创建线程的方法。

1. 单线程的创建

线程的创建方式和进程的创建方式差不多，只是使用的函数不同。演示代码如下：

```
1  from threading import Thread
2  def task(url1):    # 模拟爬虫任务
3      print(f'{url1}正在爬取')
4  if __name__ == '__main__':
5      t = Thread(target=task, args=('www.1.com', ))    # 创建线程
6      t.start()    # 开启主线程
7      print('主线程开始')
```

代码运行结果如下图所示。可以看到和进程不同的是，主线程开始时输出的提示信息在子线程开始时输出的提示信息之后，原因是线程的执行速度太快了，主线程的代码还没有运行完毕，子线程的代码就运行完毕了。如果在子线程中模拟 I/O 操作，运行结果中提示信息的输出顺序会相反。和进程一样，也可以用 join() 函数让主线程等待子线程结束再结束。

2. 多线程的基本用法

线程之间本身是可以通信的，所以无须借助队列，使用普通的列表就能实现任务的分配。演示代码如下：

```
1   from threading import Thread
2   import time
3   import random
4   def task(url_list):
5       try:
6           print(random.choice(url_list))
7           time.sleep(2)    # 模拟数据请求的耗时
8       except Exception:
9           return
10  if __name__ == '__main__':
11      thread_list = []    # 创建一个空列表用于存放线程对象
12      url_list = []    # 创建一个空列表用于存放所有网址
13      for i in range(10):    # 模拟10个网址放入列表中
14          url = f'www.{i}.com'
15          url_list.append(url)
16      start_time = time.time()
```

```
17    for i in range(10):    # 创建10个子线程
18        t = Thread(target=task, args=(url_list,))    # 将task()作为
          任务函数，队列q作为参数传入子线程
19        thread_list.append(t)
20        t.start()    # 由主线程开启子线程
21    for t in thread_list:
22        t.join()    # 待每一个子线程都结束后再结束主进程
23    print('程序耗时', time.time() - start_time)
24    print('数据爬取完成')
```

代码运行结果如右图所示。一个任务耗时 2 秒，多线程执行 10 个任务耗时约 2 秒，可见多线程对提高代码执行效率有很大作用。

8.6.4　线程池的创建

代码文件：8.6.4 线程池的创建.py

线程池和进程池的作用很相似，也是通过创建指定数量的线程来执行任务，一个线程执行完一个任务会接着执行下一个任务，减少了开启新线程的系统开销，可以更合理地调配系统资源。线程池的创建需要用到 concurrent.futures 模块中的 ThreadPoolExecutor 类。演示代码如下：

```
1    from concurrent.futures import ThreadPoolExecutor
2    from threading import current_thread
3    import os
4    import time
5    a = 1
6    def task(url1):
7        global a
8        time.sleep(1)    # 模拟I/O阻塞
```

```
9       print(f'线程{current_thread().ident}开始第{a}个任务')    # 使用
        current_thread().ident查看线程ID
10      a += 1
11  executor = ThreadPoolExecutor(max_workers=3)    # 创建线程池
12  for i in range(1, 11):
13      future = executor.submit(task, i)    # 创建子线程并获取返回值
14  executor.shutdown()    # 关闭线程池
```

代码运行结果如下图所示。

细心的读者可能会发现相同的线程处理了不同的任务，其实本质上并非如此，只是在同一时刻有多个线程在运行，线程之间可以直接通信，所以它们能同时读取全局变量 a，就会得到相同的值。这是线程共享全局变量带来的数据安全隐患，可以通过加锁来解决：使用 Lock 类实例化一个锁，在调用共享全局变量的前后分别进行加锁和解锁的操作。演示代码如下：

```
1   from threading import Lock
2   import os
3   import time
4   a = 1
5   lock = Lock()    # 实例化一个锁
6   def task(i):
7       lock.acquire()    # 加锁
8       time.sleep(1)    # 模拟I/O阻塞
9       global a
10      print(f'线程{current_thread().ident}开始第{a}个任务')    # 使用
        current_thread().ident查看线程ID
11      a += 1
12      lock.release()    # 解锁
```

第 5、7、12 行代码就是对线程池代码的任务函数做了加锁和解锁操作，主要是确保同一时间只有一个线程在使用共享资源。加锁会让代码执行效率变低，但是不用担心，因为在实际的爬虫程序中应用线程池时一般会使用队列，而队列会自己做加锁和解锁的操作，以保证队列中的一个任务只会被一个线程执行，并且有多个任务等待被执行，不会造成多个线程等待一个任务的情况。如果为了保证数据安全不得不使用全局变量，则必须加锁，造成的执行效率变低是不可避免的。虽然效率变低了，但是相较于使用同一个线程来处理爬虫任务，速度还是快了很多。

8.6.5　多任务异步协程实现并发

代码文件：8.6.5 多任务异步协程实现并发.py

协程其实是由代码调度的线程，可以让 CPU 在指定的不同线程中来回执行线程中的任务，其他线程不会争抢到 CPU 的执行权限，从而减少 CPU 切换的系统开销。协程也是实现并发的一种途径，能大大提高代码的执行效率。asyncio 是用于实现并发协程的 Python 内置模块，它能将多个协程对象封装成任务对象，再将多个任务对象注册到事件循环对象，从而实现多个任务的并发执行。下面就来学习如何用多任务异步协程提高爬虫任务的执行效率。

首先使用 asyncio 模块创建协程对象，这个模块会使用 async 关键词修饰一个函数，被修饰的函数在被调用时不会立即执行，而是返回一个协程对象。演示代码如下：

```
1   import asyncio
2   import time
3   async def get_page(url):    # 使用async关键词修饰函数，使函数在被调用
    时返回一个协程对象
4       print(f'正在爬取{url}')
5       time.sleep(1)
6       print(f'{url}爬取完毕')
7       return '页面源代码'
8   def parse_page(task):    # 回调函数
9       print('数据解析结果为xxxxxx', task.result())    # task.result()
        为绑定回调函数的get_page()函数的返回值
10  coroutine = get_page('www.1.com')    # 实例化一个协程对象
```

然后将协程对象进一步封装为任务对象。任务对象可以使用回调函数，在爬虫应用中很重要，因为回调函数会在任务函数之后执行。假设在爬虫应用中任务函数是对网址发起请求，回调函数是对请求的网页源代码进行数据解析，网址请求完毕后再调用数据解析的回调函数，数据解析完毕，一个网址的爬虫任务才算完成。如果不使用回调函数，对网址发起请求的函数不知道数据解析何时完毕，当前协程何时结束，需要对数据解析函数进行轮询，这样效率就比较低。因此，在事件驱动型程序中，回调函数是比较常用的。创建任务对象的演示代码如下：

```
1  task = asyncio.ensure_future(coroutine)    # 将协程对象封装为任务对象
2  task.add_done_callback(parse_page)    # 给任务对象绑定回调函数
```

接着创建事件循环对象。事件循环是 asyncio 模块的核心，它可以执行异步任务、事件回调、网络 I/O 操作及运行子进程。使用事件循环能以异步的方式高效地执行事件循环对象中的任务对象，提高爬虫代码的执行效率。演示代码如下：

```
1  loop = asyncio.get_event_loop()    # 创建一个事件循环对象
2  loop.run_until_complete(task)    # 将任务对象注册到事件循环对象，并开
   启事件循环对象，处理任务对象
```

第 2 行代码一运行就会执行注册到事件循环对象的任务对象，任务对象的执行结果就是被修饰的函数真正执行的结果。也就是说，第 2 行代码运行时才会真正执行 get_page() 函数。

最后使用 for 语句构造循环，创建多个协程对象，然后封装成多个任务对象，注册到事件循环对象中，就能实现多任务的异步协程。演示代码如下：

```
1   import asyncio
2   import time
3   async def get_page(url):    # 使用async关键词修饰函数，使函数在被调用
    时返回一个协程对象
4       print(f'正在爬取{url}')
5       await asyncio.sleep(1)
6       print(f'{url}爬取完毕')
7   url_list = ['www.1.com', 'www.2.com', 'www.3.com', 'www.4.com',
    'www.5.com']    # 网址列表
8   task_list = []    # 任务对象列表
9   for url in url_list:
10      coroutine = get_page(url)    # 实例化一个协程对象
11      task = asyncio.ensure_future(coroutine)    # 将协程对象封装为任
        务对象
12      task_list.append(task)    # 将任务对象存放到列表中
13  loop = asyncio.get_event_loop()    # 创建一个事件循环对象
14  time1 = time.time()
15  loop.run_until_complete(asyncio.wait(task_list))    # 将任务对象列表
    中的任务对象逐个注册到事件循环对象中
16  time2 = time.time() - time1
17  print(time2)    # 查看任务运行耗时
```

第 5 行代码中不能使用 time 模块来模拟 I/O 阻塞，因为 time 模块不支持异步，如果使用

time 模块，执行时间就会延长。这里使用的是 asyncio 模块的 sleep() 函数，但是注意需要加上 await 关键词进行修饰，让代码等待 I/O 操作完成再进行下一步。如果不使用 await 关键词修饰 I/O 操作，执行时间就会接近 0 秒，其中的任务未完成就结束了，这样无意义。第 15 行代码也需要使用 asyncio 模块的 wait() 函数将任务列表逐个注册到事件循环对象中，不能直接使用用列表注册，否则会报错。

代码运行结果如右图所示。可以看到运行耗时约 1 秒，与逐个执行任务函数相比快了几倍，说明利用多任务异步协程可以大大提高爬虫代码的执行效率。

8.6.6　多进程、多线程和多任务异步协程在爬虫中的应用

代码文件：8.6.6 多进程、多线程和多任务异步协程在爬虫中的应用.py

本节将通过爬取视频链接来直观地对比普通执行方式与多进程、多线程和多任务异步协程在耗时上的区别。

在浏览器中打开网址 http://699pic.com/，依次单击"视频 > 实拍视频"链接，找到不同页码页面的网址模板，如 http://699pic.com/video-sousuo-0-1-{页码}-all-popular-0-0-0-0-0-0.html。

1. 使用普通执行方式爬取视频链接

使用普通执行方式爬取数据时，可以使用循环创建一个网址列表，对列表中的每个网址发起请求并解析页面中的视频链接，同时计算耗时。演示代码如下：

```
1   import requests
2   import time
3   from lxml import etree
4   headers = {'User-Agent': 'Mozilla/5.0 (Windows NT 10.0; Win64;
    x64) AppleWebKit/537.36 (KHTML, like Gecko) Chrome/73.0.3683.75
    Safari/537.36'}
5   url_list = []    # 网址列表
6   for i in range(1, 100):    # 在网址列表中添加网址
```

```
7        url = f'http://699pic.com/video-sousuo-0-1-{i}-all-popular-0-
         0-0-0-0-0.html'
8        url_list.append(url)
9    def get_response(url):        # 发起请求的函数
10       response = requests.get(url=url, headers=headers).text
11       html = etree.HTML(response)
12       video_parse(html)       # 调用解析视频链接的函数
13   def video_parse(html):        # 解析视频链接的函数
14       video_url = html.xpath('/html/body/div[2]/div[4]/ul/li/a[1]/
         div/video/@data-original')
15       print(video_url)      # 打印视频链接
16   start_time = time.time()     # 记录开始时间
17   for url in url_list:
18       get_response(url)
19   finish_time = time.time()     # 记录结束时间
20   pay_time = finish_time-start_time       # 计算耗时
21   print(pay_time)
```

代码运行结果如下图所示，可看到总耗时约 25 秒。

2. 使用进程池爬取视频链接

这里使用 concurrent.futures 模块中的 ProcessPoolExecutor 类创建进程池，使用方法和 8.6.4 节中用于创建线程池的 ThreadPoolExecutor 类一致。演示代码如下：

```
1    import requests
2    import time
3    from lxml import etree
4    from concurrent.futures import ProcessPoolExecutor
5    headers = {'User-Agent': 'Mozilla/5.0 (Windows NT 10.0; Win64;
     x64) AppleWebKit/537.36 (KHTML, like Gecko) Chrome/73.0.3683.75
```

```
    Safari/537.36'}
6   def get_response(url):     # 发起请求的函数
7       response = requests.get(url=url, headers=headers)
8       result = response.text
9       html = etree.HTML(result)
10      video_parse(html)      # 调用解析视频链接的函数
11  def video_parse(html):     # 解析视频链接的函数
12      video_url = html.xpath('/html/body/div[2]/div[4]/ul/li/a[1]/
        div/video/@data-original')
13      print(video_url)       # 打印视频链接
14  if __name__ == '__main__':
15      poll = ProcessPoolExecutor(4)     # 创建容量为4的进程池
16      start_time = time.time()    # 记录开始时间
17      for i in range(1, 100):     # 创建网址队列
18          url = f'http://699pic.com/video-sousuo-0-1-{i}-all-popular-
            0-0-0-0-0-0.html'
19          poll.submit(get_response, url)     # 提交任务
20      poll.shutdown(wait=True)
21      finish_time = time.time()     # 记录结束时间
22      pay_time = finish_time - start_time     # 计算耗时
23      print(pay_time)
```

代码运行结果如下图所示，可看到总耗时约 8 秒，只有之前的 1/3。如果将进程池容量设置得更大，执行速度会更快。不过建议进程池容量不要太大，因为开启太多进程会给计算机带来很大的负担。

3. 使用线程池爬取视频链接

使用线程池爬取视频链接的代码与使用进程池爬取视频链接的代码基本相同，只需将第 4 行代码导入的 ProcessPoolExecutor 类改为 ThreadPoolExecutor 类，并将第 15 行代码改为 poll = ThreadPoolExecutor(4)。

代码运行结果如下图所示，可看到其耗时比使用进程池的耗时稍微短了一些，但是改善并不算明显。

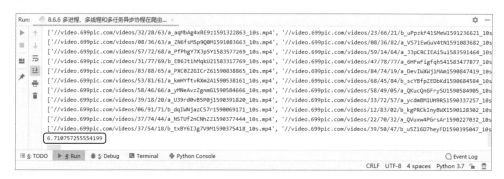

4. 使用多任务异步协程爬取视频链接

在 asyncio 模块中不能使用不支持异步的模块，这样会让异步的效果消失。因为 requests 模块不支持异步，所以这里使用 aiohttp 模块代替 requests 模块发起请求。演示代码如下：

```python
import aiohttp
import asyncio
import time
from lxml import etree
headers = {'User-Agent': 'Mozilla/5.0 (Windows NT 10.0; Win64;
x64) AppleWebKit/537.36 (KHTML, like Gecko) Chrome/73.0.3683.75
Safari/537.36'}
async def get_response(url):    # 发起请求的函数
    async with aiohttp.ClientSession() as s:
        async with await s.get(url=url, headers=headers) as response:
            result = await response.text()
            html = etree.HTML(result)
            return html
def video_parse(task):    # 解析视频链接的函数
    html = task.result()    # 取出任务函数的返回值，即获取到的网页源代码
    video_url = html.xpath('/html/body/div[2]/div[4]/ul/li/a[1]/
div/video/@data-original')
    print(video_url)    # 打印视频链接
task_list = []
start_time = time.time()    # 记录开始时间
for i in range(1, 100):    # 创建网址队列
    url = f'http://699pic.com/video-sousuo-0-1-{i}-all-popular-
0-0-0-0-0-0.html'
```

```
20      coroutine = get_response(url)    # 实例化协程对象
21      task = asyncio.ensure_future(coroutine)    # 封装任务对象
22      task.add_done_callback(video_parse)    # 绑定回调函数
23      task_list.append(task)    # 将任务对象添加到任务列表
24  loop = asyncio.get_event_loop()    # 创建事件循环对象
25  loop.run_until_complete(asyncio.wait(task_list))    # 开启事件循环对象
26  finish_time = time.time()    # 记录结束时间
27  pay_time = finish_time - start_time    # 计算耗时
28  print(pay_time)
```

使用多任务异步协程时，在 I/O 阻塞操作的任务函数前需要添加 await 关键词，例如，第 8 行和第 9 行代码的函数前就添加了 await；同时还需要在第 7 行和第 8 代码中的每个 with 前添加 async 关键词，否则运行时会报错。

代码运行结果如下图所示，可看到耗时不到 3 秒。

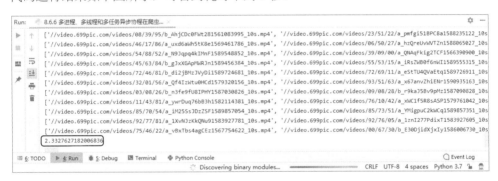

比较上述代码和运行结果，从代码的复杂程度来说，使用进程池和线程池很简单，只需将创建的进程提交给进程池或线程池；而使用多任务异步协程就麻烦了许多，需要额外添加 async、await 等关键词。尽管如此，多任务异步协程对代码执行效率的改善最为明显，是非常重要的爬虫程序优化手段。

第 9 章

表格数据获取
与数据库详解

第 7 章和第 8 章介绍的是网页数据爬取的通用思路和方法。如果网页中的数据以标准的二维表格形式存在，则爬取方法会更简单。本章就来介绍使用 pandas 模块从网页中读取表格类数据的方法。此外，爬取到的数据通常需要存储起来，方便以后调用，因此，本章还将讲解如何通过数据库存取数据。

9.1　表格类数据的获取

前面介绍过使用 pandas 模块中的 read_csv() 函数和 read_execl() 函数分别读取 csv 文件和 Excel 工作簿中的表格类数据，这里要介绍一个从网页上读取表格类数据的函数 read_html()。

9.1.1　用于构建表格的标签

read_html() 函数是通过定位网页源代码中所有用于构建表格的标签来读取数据的，因此，下面先来简单了解一下用于构建表格的标签。

<table> 标签用于定义一个表格，<thead> 标签用于定义表头，<tbody> 标签用于定义表格的主体。在 <thead> 标签内部使用 <tr> 标签定义一行，使用 <th> 标签定义一行中的一个单元格。在 <tbody> 标签内部使用 <tr> 标签定义一行，使用 <td> 标签定义一行中的一个单元格。

使用 7.1.2 节中介绍的方法在 PyCharm 编辑器中创建一个"test.html"文件，以该文件为基础进行网页源代码的修改和添加，得到如下所示的网页源代码：

```
1    <!DOCTYPE html>
2    <html lang="en">
3    <head>
4        <meta charset="UTF-8">
5        <title>Title</title>
6    </head>
7    <body>
```

```
8    <table border="1px">    <!-- 定义一个表格 -->
9        <thead>    <!-- 定义表头 -->
10       <tr>    <!-- 定义一行 -->
11           <th>姓名</th>    <!-- 定义一行中的一个单元格 -->
12           <th>性别</th>
13           <th>年龄</th>
14       </tr>
15       </thead>
16       <tbody>    <!-- 定义表格主体 -->
17       <tr>    <!-- 定义一行 -->
18           <td>张三</td>    <!-- 定义一行中的一个单元格 -->
19           <td>男</td>
20           <td>18</td>
21       </tr>
22       <tr>
23           <td>李四</td>
24           <td>女</td>
25           <td>17</td>
26       </tr>
27       </tbody>
28   </table>
29   </body>
30   </html>
```

使用谷歌浏览器打开"test.html"文件，可看到如右图所示的表格。

9.1.2　read_html() 函数的基本用法

代码文件：9.1.2 read_html() 函数的基本用法.py

认识了用于构建表格的标签，下面从 read_html() 函数的常用参数入手，讲解该函数的基本用法。

1. 参数 io

参数 io 的值可以是网址或本地 HTML 文档的路径，也可以是 requests 模块获取到的响应

271

对象的文本内容。该参数是位置参数，在函数的括号中书写时不用给出参数名，但必须为第一个参数。演示代码如下：

```
1   import pandas as pd
2   print(pd.read_html('http://www.kuaidaili.com/free/')[0])
```

read_html() 函数的返回值是 DataFrame 对象的列表，每个 DataFrame 对象代表页面中的一个表格，第 2 行代码通过列表切片的方式指定提取第 1 个表格。代码运行结果如下图所示。

	IP	PORT	匿名度	类型	位置	响应速度	最后验证时间
0	175.42.129.111	9999	高匿名	HTTP	福建省南平市 联通	2秒	2020-06-22 15:31:01
1	125.110.75.15	9000	高匿名	HTTP	中国 浙江省 温州市 电信	3秒	2020-06-22 14:31:01
2	220.249.149.191	9999	高匿名	HTTP	福建省南平市 联通	1秒	2020-06-22 13:31:01
3	121.13.252.61	41564	高匿名	HTTP	广东省东莞市 电信	1秒	2020-06-22 12:31:01
4	27.43.185.200	9999	高匿名	HTTP	广东省揭阳市 联通	1秒	2020-06-22 11:31:01
5	182.32.234.227	9999	高匿名	HTTP	山东省济宁市 电信	1秒	2020-06-22 10:31:01
6	182.34.103.124	9999	高匿名	HTTP	山东省烟台市 电信	3秒	2020-06-22 09:31:01
7	110.243.3.207	9999	高匿名	HTTP	河北省唐山市 联通	2秒	2020-06-22 08:31:01
8	118.113.247.188	9999	高匿名	HTTP	四川省成都市 电信	0.6秒	2020-06-22 07:31:01
9	110.243.31.78	9999	高匿名	HTTP	河北省唐山市 联通	3秒	2020-06-22 06:31:01
10	27.154.34.146	39320	高匿名	HTTP	福建省厦门市 电信	3秒	2020-06-22 05:31:02
11	182.138.238.239	9999	高匿名	HTTP	四川省成都市 电信	2秒	2020-06-22 04:31:01
12	115.218.4.118	9000	高匿名	HTTP	浙江省济州市 电信	2秒	2020-06-22 03:31:01
13	1.199.31.61	9999	高匿名	HTTP	河南省济源市 电信	1秒	2020-06-22 02:31:01
14	182.32.251.193	9999	高匿名	HTTP	山东省济宁市 电信	2秒	2020-06-22 01:31:01

2. 参数 match

参数 match 的值是一个正则表达式，只有含有符合该正则表达式的字符串的表格才会被返回，如果匹配不到则会报错。演示代码如下：

```
1   import pandas as pd
2   print(pd.read_html('http://www.air-level.com/rank', match='优')[0])
```

第 2 行代码中的 match='优' 表示读取包含字符串 '优' 的表格。代码运行结果如下图所示。

	排名	城市	AQI	空气质量等级
0	1	楚雄州	6	优
1	2	安顺	9	优
2	3	昌都	11	优
3	4	山南	12	优
4	5	六盘水	14	优
5	6	甘孜州	14	优
6	7	毕节	15	优
7	8	阿勒泰地区	15	优
8	9	黔东南州	16	优
9	10	黔南州	16	优
10	11	黔西南州	16	优
11	12	西双版纳州	17	优

3. 参数 flavor

该参数用于指定网页源代码的解析器，默认为 lxml 解析器。演示代码如下：

```
1   import pandas as pd
2   print(pd.read_html('http://www.kuaidaili.com/free/', flavor='lxml')
    [0])    # 指定使用lxml解析器
```

4. 参数 header

参数 header 用于指定以表格中的一行或几行数据作为表格的列标签，默认值是 None。参数值可以是单个整型数字，表示将一行数据作为列标签；也可以是由整型数字组成的列表，表示将几行数据共同作为列标签。演示代码如下：

```
1   import pandas as pd
2   print(pd.read_html('http://www.kuaidaili.com/free/', header=[0, 1, 2])
    [0])
```

代码运行结果如下图所示。

5. 参数 index_col

参数 index_col 用于指定表格中的一列数据作为行标签，默认值为 None。演示代码如下：

```
1   import pandas as pd
2   print(pd.read_html('http://www.kuaidaili.com/free/', index_col=0)
    [0])
```

代码运行结果如下图所示。

6. 参数 encoding

参数 encoding 用于指定表格数据的解码方式，默认使用网页源代码提供的解码方式，一般不需要指定。

学习了 read_html() 函数的基本用法，下面以爬取财富中文网的 2019 年财富世界 500 强排行榜（http://www.fortunechina.com/fortune500/c/2019-07/22/content_339535.htm）为例进行实践。

在编写代码前，需要先利用开发者工具确定网页中的数据是静态加载还是动态加载。如果是静态加载，只需要将网页的网址作为 read_html() 函数的参数 io 的值；如果是动态加载，则要先用 requests 模块携带动态参数获取网页源代码，再将其作为 read_html() 函数的参数 io 的值。这里确定网页中的数据是静态加载的，所以演示代码如下：

```
1  import pandas as pd
2  Wealth_Ranking = pd.read_html('http://www.fortunechina.com/fortune500/
   c/2019-07/22/content_339535.htm', match='沃尔玛')[0]   # 匹配含有
   "沃尔玛"的表格
3  Wealth_Ranking.to_csv('财富世界500强.csv', index=False)   # 将爬取
   结果存储为csv文件
```

用记事本打开保存的 csv 文件，结果如下图所示。

9.2 用数据库存取数据

通过前面的学习我们知道，爬取的数据可以存储为 csv 文件或 Excel 工作簿，这种存储方式很直观，但是不方便读取和管理数据。而且当数据量非常大时，在海量文件中查找数据会很麻烦，所以我们需要一个工具来帮助管理数据，那就是数据库。

9.2.1 数据库概述

数据库可以视为一个存放数据的仓库，一个数据库中能存放多张数据表。根据数据表的

类型可以将数据库分为关系型数据库和非关系型数据库两类。

关系型数据库中存放的数据表和我们常见的二维表格很相似。二维表格的行在数据表中称为记录，二维表格的列在数据表中称为字段，列名则称为字段名。与二维表格不同的是，数据表的字段有着严格的约束，只能存储指定格式和长度的数据，因此，关系型数据库更适合用于存取结构化的数据。关系型数据库意味着数据库中存放的数据表之间可以产生联系，通过一定的方式用一张表的数据找到另一张表中的数据。例如，学生表中存放了学生的姓名、联系方式等数据，成绩表中存放了学生的姓名、分数等数据，因为两张表中都存在学生的姓名数据，所以可以通过同一个姓名值让两张表产生联系。

非关系型数据库意味着每个数据之间是独立的，常见的类型是键值对关系，只能通过键取到对应数据的值。

数据库管理系统是专门为创建和管理数据库而设计的软件。在爬虫中常用的关系型数据库管理系统有 Oracle、SQL Server、MySQL，非关系型数据库管理系统有 Redis、memcached、MongoDB。本书主要介绍 MySQL。

9.2.2　MySQL 的安装和配置

MySQL 能在 Windows 环境下运行，性能卓越，服务稳定，并且体积小、速度快、成本低，支持多种开发语言。国内很多中小型网站为了降低成本都使用 MySQL 存储数据。下面就来讲解 MySQL 的安装与配置。

步骤 1： 在浏览器中打开 MySQL 的下载页面 https://downloads.mysql.com/archives/installer/，❶选择下载运行于 Windows 操作系统的 5.6.45 版本，可看到有两个安装包，第一个是网络安装版，第二个是离线安装版，❷这里单击离线安装版的 "下载" 按钮，如下图所示。

安装包下载完毕后，用搜索引擎搜索详细的安装教程，按照安装教程完成安装。

安装完毕后，为便于在命令行窗口中操控 MySQL，还要将"mysql.exe"所在的文件夹路径添加到系统的环境变量 Path 中。具体方法为：按快捷键【Win+R】打开"运行"对话框，输入"sysdm.cpl"后按【Enter】键，打开"系统属性"对话框；切换到"高级"选项卡，单击"环境变量"按钮，打开"环境变量"对话框；在"系统变量"列表框中双击"Path"选项，打开"编辑环境变量"对话框。❶单击"新建"按钮，❷在文本框中粘贴"mysql.exe"所在的文件夹路径，❸单击"确定"按钮，如右图所示。

完成设置后，按快捷键【Win+R】打开"运行"对话框，输入"cmd"后按【Enter】键，在弹出的命令行窗口中输入命令"mysql"，按【Enter】键，即可启动 MySQL 服务。随后在命令行窗口中输入命令"mysql --version"，按【Enter】键，如果显示系统版本号，则说明安装成功。

步骤 2：使用安装时配置的管理员账户和密码登录 MySQL 系统。打开命令行窗口，输入命令"mysql -uroot -p123456"（其中 -u 代表 user，后面跟用户名；-p 代表 password，后面跟密码），按【Enter】键，即可登录本地 MySQL 系统，并显示命令提示符"mysql>"，如下图所示。

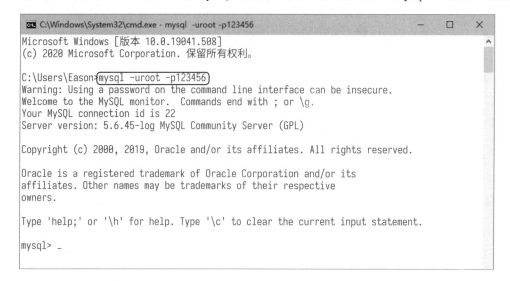

如果要通过网络登录运行在其他计算机上的 MySQL 系统，则要输入命令"mysql -uroot -p123456 -h192.168.31.1 -P3306"，其中，-h 后为 MySQL 系统所在计算机的 IP 地址，-P 后为 MySQL 服务的端口号。

步骤 3：登录系统后就可以创建数据库了。在命令提示符"mysql>"后输入并执行命令"CREATE DATABASE test CHARSET=utf8;"（注意不要遗漏末尾的分号），即可创建一个名为test、数据编码格式为 UTF-8 的数据库。这里指定数据编码格式为 UTF-8 是为了避免中文数据出现乱码。如果要显示所有数据库的列表，可使用命令"SHOW DATABASES;"，如下图所示。

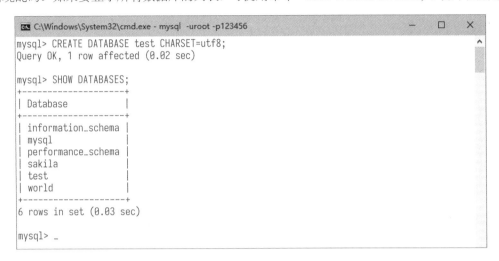

步骤 4：创建数据库后还需要在数据库中创建数据表。先使用命令"USE test;"进入前面创建的数据库 test，再使用命令"CREATE TABLE demo(id INT(10) NOT NULL PRIMARY KEY, name VARCHAR(10) NOT NULL);"创建一个名为 demo 的数据表（命令的具体含义在后面会详细讲解）。此时使用命令"SHOW TABLES;"可以列出当前数据库中的所有数据表，如下图所示。

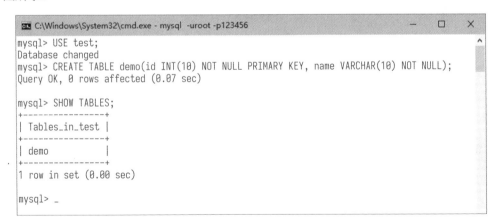

步骤 5：MySQL 支持多个用户同时使用，但是管理员账户只能有一个。通过管理员账户可以新建用户并管理用户权限。对于不同级别的用户需要分配不同的权限，常见的权限是数据的"增""删""改""查"四种，其中需要慎重考虑的是数据的删除权限，因为数据一旦被删除就不容易恢复。下面来新建一个用户 mrwang，并为其分配权限。

用步骤 2 中的方法以管理员账户登录系统，输入并执行命令"CREATE USER 'mrwang'@'192.168.31.1' IDENTIFIED BY '123456';"，其中 mrwang 是用户名，192.168.31.1 是该用户登

录时可使用的 IP 地址（通常为本机的 IP 地址），123456 是密码。随后可使用命令 "SELECT host, user FROM mysql.user;" 查看所有用户的 IP 地址和用户名信息，如下图所示。

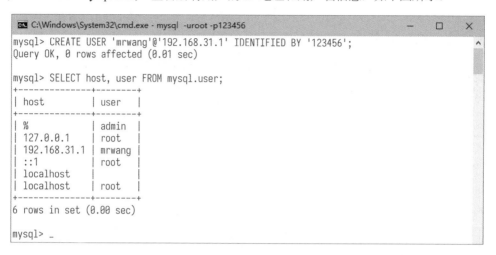

设置用户登录的 IP 地址时可以使用通配符 "%"。例如，'192.168.31.%' 表示允许用户从所有以 "192.168.31." 开头的 IP 地址登录，'%' 则表示允许用户从任意 IP 地址登录。

刚创建的用户是没有权限操作数据库的，还需要对其进行授权。继续输入并执行命令 "GRANT SELECT, INSERT, UPDATE, DELETE ON test.demo TO 'mrwang'@'192.168.31.1';"，如下图所示。其中 SELECT 表示查询的权限，INSERT 表示增加的权限，UPDATE 表示修改的权限，DELETE 表示删除的权限，test 是数据库的名称，demo 是数据表的名称。这条命令就表示授权用户 mrwang 对数据库 test 中的数据表 demo 进行 "增" "删" "改" "查" 操作。

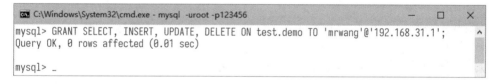

授予的权限要刷新才能生效，对应的命令为 "FLUSH PRIVILEGES;"。再使用命令 "SHOW GRANTS FOR 'mrwang'@'192.168.31.1';" 查看用户 mrwang 的权限，如下图所示。

```
mysql> FLUSH PRIVILEGES;
Query OK, 0 rows affected (0.03 sec)

mysql> SHOW GRANTS FOR 'mrwang'@'192.168.31.1';
+-------------------------------------------------------------------------------
-------------------------+
| Grants for mrwang@192.168.31.1
|
+-------------------------------------------------------------------------------
-------------------------+
| GRANT USAGE ON *.* TO 'mrwang'@'192.168.31.1' IDENTIFIED BY PASSWORD '*6BB4837EB74329105
EE4568DDA7DC67ED2CA2AD9' |
| GRANT SELECT, INSERT, UPDATE, DELETE ON `test`.`demo` TO 'mrwang'@'192.168.31.1'
|
+-------------------------------------------------------------------------------
-------------------------+
2 rows in set (0.00 sec)
```

设置用户有权操作的数据库和数据表时可使用通配符"*"。例如，test.* 表示数据库 test 中的所有数据表，*.* 表示所有数据库中的所有数据表。设置权限时可用 ALL PRIVILEGES 代表所有权限。例如，命令"GRANT ALL PRIVILEGES ON *.* TO 'mrwang'@'192.168.31.1';"就表示授权用户 mrwang 对所有数据库中的所有数据表进行任何操作。

9.2.3　数据表的基本操作

上一节中，登录 MySQL 系统后输入的命令称为 SQL。SQL 是 Structured Query Language（结构化查询语言）的缩写，它是专门为管理关系型数据库系统而设计的编程语言。学会了在命令行窗口中使用 SQL 命令操作数据库，我们就能通过在 Python 代码中嵌入 SQL 命令来更方便地在数据库中存取数据。本节先从数据表的基本操作开始讲解。

1. 数据表结构基础知识

每张数据表有着自己的结构，这些结构需要在创建数据表时进行定义。前面说过，数据表的行称为记录，列称为字段。定义数据表的结构主要是定义字段的属性，主要包括字段名、字段类型、字段长度、字段约束。

（1）字段名
字段名可以看成每一列的列名。为字段命名时建议遵守以下规则：
- 使用英文字母（建议小写）、数字和下划线的组合，建议以英文字母开头；
- 不使用 SQL 关键词，如 time、datetime、password 等；
- 命名简洁而明确，能让人直观看出字段中存储的是什么内容的数据，如 price、user_id、book_name。

（2）字段类型和字段长度
字段类型规定了一个字段能存储的数据的类型，常用的有数值类型、字符串类型、时间类型 3 种，各个类型又按照大小和格式分为多种子类型。

常用的数值类型如下表所示。

类型	大小 / 字节	范围（有符号）	范围（无符号，用关键词 UNSIGNED 约束）
INT	4	-2147483648 ～ 2147483647	0 ～ 4294967295
FLOAT	4	约$-3.403×10^{38}$～$-1.175×10^{-38}$，0，约$1.175×10^{-38}$～$3.403×10^{38}$（总长最多 255 位，小数最多 30 位）	0，约 1.175E-38 ～ 3.403E+38
DOUBLE	8	约$-1.798×10^{308}$～$-2.225×10^{-308}$，0，约$2.225×10^{-308}$～$1.798×10^{308}$（总长最多 255 位，小数最多 30 位）	0，约 $2.225×10^{-308}$ ～ $1.798×10^{308}$

常用的字符串类型如下表所示。

类型	用途
CHAR	存储定长字符串，设定时需要指定长度，范围为 0 ~ 255。存储的值过长时会报错，长度不足时则右边用空格补齐，查询时自动删除空格。长度是指字符个数，而不是字节数，不论英文还是中文，一个字符就占用一个个数
VARCHAR	存储变长字符串，设定时同样需要指定长度，即最多可存储的字符个数，范围为 0 ~ 65535
TEXT	存储长文本数据，最多可达 65535 字节

常用的时间类型如下表所示。

类型	大小 / 字节	范围	格式
DATE	3	1000-01-01 ~ 9999-12-31	YYYY-MM-DD
TIME	3	-838:59:59 ~ 838:59:59	HH:MM:SS
YEAR	1	1901 ~ 2155	YYYY
DATETIME	8	1000-01-01 00:00:00 ~ 9999-12-31 23:59:59	YYYY-MM-DD HH:MM:SS
TIMESTAMP	4	1970-01-01 00:00:01 ~ 2038-01-19 03:14:07（UTC）	YYYY-MM-DD HH:MM:SS

还有两种特殊的字段类型——ENUM 和 SET。ENUM 是单选类型，在创建字段时指定若干选项，存储的值只能是这些选项中的一个；SET 是多选类型，存储的值可以是这些选项中的多个。

从上述 3 个表可知每种字段类型能存储的最大长度，不过在实际创建数据表时，除了时间类型外的数据类型的字段还要人为指定最大长度，否则数据库系统在存储数据时会预留字段能存储的最大长度的存储空间，这样会极大地浪费存储空间，并降低数据库的性能。

（3）字段约束

字段约束规定了存储的数据必须符合的条件，这主要是为了保证数据的完整性。常见的约束类型如下表所示。

类型	名称	说明
PRIMARY KEY	主键约束	为了快速查询表中的某行数据，需要为一行数据设定一个主键，将这个主键作为这行数据的唯一标识。主键不可重复且会自增，通过主键就可以快速定位一行数据
FOREIGN KEY	外键约束	如果一张表的主键是另一张表的字段，那么这个字段就是外键，通过外键对应主键可以将两张表联系起来
NOT NULL	非空约束	约束存储的数据不能为空值
UNIQUE	唯一性约束	约束存储的数据不能重复
DEFAULT	默认值约束	当存储的数据为空值时，则存储预先设定的默认值
AUTO_INCREMENT	自增约束	常用于为插入的一行数据生成唯一标识，其值自动增加 1

2. 数据表的"增""删""改""查"

了解完数据表结构的基础知识，接着学习使用 SQL 完成数据表的"增""删""改""查"等基本操作。

（1）新建数据表

在新建一张数据表之前需要先设计好表的结构，确定有哪些字段，以及每个字段的类型、长度和约束条件。下表为一张用于存储员工信息的数据表的结构。

字段	类型和长度	约束条件	字段	类型和长度	约束条件
员工编号	整型数字，10	非空，主键	职位	变长字符串，10	非空
姓名	变长字符串，10	非空，不可重复	工资	浮点型数字，10	非空
年龄	整型数字，3	无	性别	定长字符串，1	非空

设计好表的结构，就可以使用 CREATE TABLE 语句创建数据表了。根据上表编写如下所示的 SQL 命令。

```
1    CREATE TABLE staff(
2        id INT(10) NOT NULL PRIMARY KEY,      # 字段id存储员工编号数据
3        name VARCHAR(10) NOT NULL UNIQUE,     # 字段name存储姓名数据
4        age INT(3),     # 字段age存储年龄数据
5        job VARCHAR(10) NOT NULL,      # 字段job存储职位数据
6        wage FLOAT(10) NOT NULL,      # 字段wage存储工资数据
7        gender CHAR(1) NOT NULL);      # 字段gender存储性别数据
```

登录数据库系统，先用命令"USE test;"进入前面创建的数据库 test，然后输入上述命令（每一行末尾以"#"开头的内容为注释，不用输入），可以像下图这样分行输入，也可以输入在一行中，最后按【Enter】键执行，这样就完成了一个数据表的创建。

```
C:\Windows\System32\cmd.exe - mysql  -uroot -p123456                  □    ×
mysql> USE test;
Database changed
mysql> CREATE TABLE staff(
    -> id INT(10) NOT NULL PRIMARY KEY,
    -> name VARCHAR(10) NOT NULL UNIQUE,
    -> age INT(3),
    -> job VARCHAR(10) NOT NULL,
    -> wage FLOAT(10) NOT NULL,
    -> gender CHAR(1) NOT NULL);
Query OK, 0 rows affected (0.07 sec)

mysql> _
```

（2）查看数据表信息

进入数据库后，使用命令"SHOW TABLES;"可列出当前数据库中的数据表，使用命令"DESC 表名 ;"可查看指定数据表的结构，如下图所示。

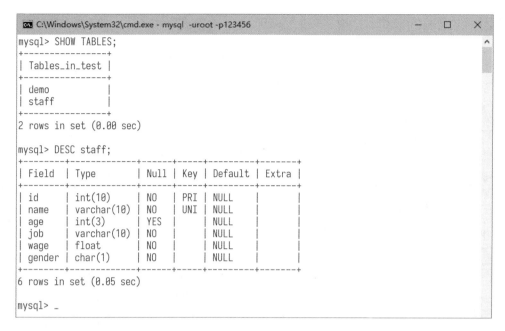

（3）修改数据表结构

使用 ALTER TABLE 语句可以修改数据表的结构。常用的命令如下表所示。

命令格式	作用
ALTER TABLE 表名 RENAME 新表名；	重命名表
ALTER TABLE 表名 ADD 字段名 类型 (长度) 约束 AFTER 已存在的字段名；	在指定的字段后插入新字段，如果不加 AFTER 则在表的最后添加新字段
ALTER TABLE 表名 DROP 字段名；	删除字段
ALTER TABLE 表名 CHANGE 旧字段名 新字段名 类型 (长度) 约束；	修改指定字段的字段名和字段类型、长度、约束条件
ALTER TABLE 表名 MODIFY 字段名 类型 (长度) 约束；	修改指定字段的字段类型、长度、约束条件
ALTER TABLE 表名 ADD CONSTRAINT 外键约束名 FOREIGN KEY(外键字段) REFERENCES 表名 (主键) ON DELETE CASCADE ON UPDATE CASCADE;	添加外键约束
ALTER TABLE 表名 DROP FOREIGN KEY 外键约束名；	删除外键约束
ALTER TABLE 表名 DROP PRIMARY KEY;	删除主键
ALTER TABLE 表名 ADD PRIMARY KEY(字段名);	将指定字段设置为主键，操作前需要确定该字段非空且值不可重复

例如，将字段 gender 修改为字段 entrytime，用于存储入职时间。SQL 命令如下：

```
1    ALTER TABLE staff CHANGE gender entrytime DATE NOT NULL;
```

然后用命令 "DESC staff;" 查看数据表结构，可看到修改结果，如下图所示。

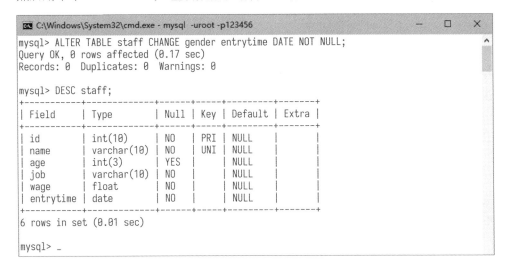

```
C:\Windows\System32\cmd.exe - mysql  -uroot -p123456                    —    □    ×

mysql> ALTER TABLE staff CHANGE gender entrytime DATE NOT NULL;
Query OK, 0 rows affected (0.17 sec)
Records: 0  Duplicates: 0  Warnings: 0

mysql> DESC staff;
+-----------+-------------+------+-----+---------+-------+
| Field     | Type        | Null | Key | Default | Extra |
+-----------+-------------+------+-----+---------+-------+
| id        | int(10)     | NO   | PRI | NULL    |       |
| name      | varchar(10) | NO   | UNI | NULL    |       |
| age       | int(3)      | YES  |     | NULL    |       |
| job       | varchar(10) | NO   |     | NULL    |       |
| wage      | float       | NO   |     | NULL    |       |
| entrytime | date        | NO   |     | NULL    |       |
+-----------+-------------+------+-----+---------+-------+
6 rows in set (0.01 sec)

mysql> _
```

(4) 删除数据表

使用 DROP 语句能删除数据表，格式为 "DROP TABLE 表名"。例如，删除数据表 staff 的命令如下：

```
1    DROP TABLE staff;
```

另外，使用 DROP 语句还能删除数据库，格式为 "DROP DATABASE 库名"。例如，删除数据库 test 的命令如下：

```
1    DROP DATABASE test;
```

需要注意的是，数据库或数据表被删除后就难以恢复，因此要慎重使用 DROP 语句，并做好用户权限管理和定期数据备份，以免造成不可挽回的损失。

9.2.4　数据表中数据的基本操作

学习了数据表的基本操作，接着来学习数据表中数据的基本操作。

1. 插入数据记录

使用 INSERT 语句可以在数据表中插入数据记录。演示命令如下：

```
1    INSERT INTO staff
2    VALUES
3        (1, '张三', 18, '秘书', 2222.78, 20120526),
4        (2, '李四', 28, '销售', 3333.78, 20130526),
5        (3, '王五', 38, '经理', 4444.78, 20140526);
```

2. 查询数据记录

查询语句的基本格式为 "SELECT 字段名 FROM 表名 WHERE 查询条件"，其中字段名可以使用通配符 "*"。在基本的查询操作的基础上，还可以衍生出模糊查询、分组汇总、结果排序等操作。由于篇幅有限，这里不做展开。

查询所有数据记录，演示命令如下：

```
1  SELECT * FROM staff;
```

查询结果如下图所示。

```
C:\Windows\System32\cmd.exe - mysql  -uroot -p123456          —    □    ×
mysql> SELECT * FROM staff;
+----+------+------+------+---------+------------+
| id | name | age  | job  | wage    | entrytime  |
+----+------+------+------+---------+------------+
|  1 | 张三 |   18 | 秘书 | 2222.78 | 2012-05-26 |
|  2 | 李四 |   28 | 销售 | 3333.78 | 2013-05-26 |
|  3 | 王五 |   38 | 经理 | 4444.78 | 2014-05-26 |
+----+------+------+------+---------+------------+
3 rows in set (0.00 sec)
```

查询员工编号为 2 的数据记录，演示命令如下：

```
1  SELECT * FROM staff WHERE id=2;
```

查询结果如下图所示。

```
C:\Windows\System32\cmd.exe - mysql  -uroot -p123456          —    □    ×
mysql> SELECT * FROM staff WHERE id=2;
+----+------+------+------+---------+------------+
| id | name | age  | job  | wage    | entrytime  |
+----+------+------+------+---------+------------+
|  2 | 李四 |   28 | 销售 | 3333.78 | 2013-05-26 |
+----+------+------+------+---------+------------+
1 row in set (0.02 sec)
```

查询工资大于 3000 的员工的姓名和职位，演示命令如下：

```
1  SELECT name, job FROM staff WHERE wage>3000;
```

查询结果如下图所示。

```
C:\Windows\System32\cmd.exe - mysql  -uroot -p123456          —    □    ×
mysql> SELECT name, job FROM staff WHERE wage>3000;
+------+------+
| name | job  |
+------+------+
| 李四 | 销售 |
| 王五 | 经理 |
+------+------+
2 rows in set (0.00 sec)
```

查询所有员工工资的最大值、最小值、平均值，演示命令如下：

```
1    SELECT MAX(wage) AS '最大值', MIN(wage) AS '最小值', AVG(wage) AS '平
     均值' FROM staff;
```

查询结果如下图所示。

```
C:\Windows\System32\cmd.exe - mysql -uroot -p123456                    —    □    ×
mysql> SELECT MAX(wage) AS '最大值', MIN(wage) AS '最小值', AVG(wage) AS '平均值' FROM
staff;
+------------------+---------------------+---------------------+
| 最大值           | 最小值              | 平均值              |
+------------------+---------------------+---------------------+
| 4444.77978515625 | 2222.780029296875   | 3333.7799479166665  |
+------------------+---------------------+---------------------+
1 row in set (0.01 sec)
```

3．删除数据记录

使用 DELETE 语句能删除满足指定条件的数据记录。

删除员工编号为 1 的数据记录，演示命令如下：

```
1    DELETE FROM staff WHERE id=1;
```

然后使用命令"SELECT * FROM staff;"查询所有数据记录，可看到 id 为 1 的数据记录被删除了，如下图所示。

```
C:\Windows\System32\cmd.exe - mysql -uroot -p123456                    —    □    ×
mysql> DELETE FROM staff WHERE id=1;
Query OK, 1 row affected (0.02 sec)

mysql> SELECT * FROM staff;
+----+------+------+------+---------+------------+
| id | name | age  | job  | wage    | entrytime  |
+----+------+------+------+---------+------------+
|  2 | 李四 |  28  | 销售 | 3333.78 | 2013-05-26 |
|  3 | 王五 |  38  | 经理 | 4444.78 | 2014-05-26 |
+----+------+------+------+---------+------------+
2 rows in set (0.00 sec)
```

如果不指定条件，则会删除所有数据记录，演示命令如下：

```
1    DELETE FROM staff;
```

再查询所有数据记录，可看到查询结果为空，如下图所示。

```
C:\Windows\System32\cmd.exe - mysql -uroot -p123456                    —    □    ×
mysql> DELETE FROM staff;
Query OK, 2 rows affected (0.02 sec)

mysql> SELECT * FROM staff;
Empty set (0.00 sec)
```

4. 修改数据记录

UPDATE 语句用于修改数据表中的现有数据记录。

将姓名为"张三"的员工的工资修改为 1000，演示命令如下：

```
1   UPDATE staff SET wage=1000 WHERE name='张三';
```

可以看出，UPDATE 语句根据 WHERE 关键词指定的条件定位要修改的记录，根据 SET 关键词指定的字段名和字段值执行修改操作。

学习完常用的 SQL 命令，下面接着来学习如何在 Python 代码中操作数据库。

9.2.5 用 PyMySQL 模块操作数据库

代码文件：9.2.5 用 PyMySQL 模块操作数据库.py

PyMySQL 是用于操作 MySQL 数据库的第三方模块，使用 "pip install pymysql" 命令进行安装。下面介绍这个模块的基本用法，包括连接数据库、执行 SQL 命令、获取执行结果等。

要操作数据库，首先需要连接到数据库。在 PyMySQL 模块中，使用 connect() 函数创建数据库连接，演示代码如下：

```
1   import pymysql
2   conn = pymysql.connect(host='127.0.0.1', port=3306, user='root',
    password='123456', database='test', charset='utf8')
```

第 2 行代码中，参数 host 用于设置 MySQL 系统的 IP 地址，这里设置为本机的 IP 地址；参数 port 用于设置 MySQL 系统的端口；参数 user 和 password 分别用于设置登录 MySQL 系统的用户名和密码；参数 database 用于设置要连接的数据库名称；参数 charset 用于设置数据编码格式。

完成数据库连接的创建后，接着要创建游标。游标可以理解为指针，通过移动游标可以从数据集中选择和取出数据。创建游标的方法有很多，这里介绍两种。第一种方法创建的游标返回的数据是元组类型，演示代码如下：

```
1   cursor = conn.cursor()
```

第二种方法创建的游标返回的数据是字典类型，演示代码如下：

```
1   cursor = conn.cursor(pymysql.cursors.DictCursor)
```

完成游标的创建后，通过游标的 execute() 函数执行 SQL 命令。演示代码如下：

```
1   name = '张三'
```

```
2   sql = 'SELECT * FROM staff WHERE name=%s;'   # 编写SQL命令，在数据
    表staff中根据员工姓名查询数据记录
3   res = cursor.execute(sql, (name))   # 将参数值"张三"拼接到SQL命令
    中并执行命令，函数返回的是受该SQL命令影响的数据记录的条数
```

在编写 SQL 命令时，通常要用到字符串拼接。但是如果先拼接好 SQL 命令再用 execute()
函数执行，会产生 SQL 注入漏洞。不法分子可以利用这一漏洞绕过数据库的登录验证机制，
无须提供用户名和密码就能操作数据库。为了消除这种安全隐患，execute() 函数提供了字符
串拼接功能，像上述第 3 行代码那样在 execute() 函数内部进行字符串拼接，就不会产生 SQL
注入漏洞了。

通过游标执行 SQL 命令后，就可以从执行结果中取出数据，基本方式有三种，分别为取
出一条数据、多条数据和所有数据。需要注意的是，取过的数据不能被再次取出。例如，取
出所有数据后，再取数据就会得到 None；取出一条数据后，再取一次会得到下一条数据；取
出多条数据也是这样依序进行，取不到就返回 None。

取出所有数据使用的是游标的 fetchall() 函数，演示代码如下：

```
1   print(cursor.fetchall())
```

假设前面创建的是字典类型的游标，则代码运行结果如下：

```
1   [{'id': 1, 'name': '张三', 'age': 18, 'job': '秘书', 'wage': 2222.78,
    'entrytime': datetime.date(2012, 5, 26)}]
```

取出一条数据使用的是游标的 fetchone() 函数。取出多条数据使用的是游标的 fetchmany()
函数，函数的参数为要取出的数据的条数，如 cursor.fetchmany(2)。

最后，关闭游标和数据库连接。演示代码如下：

```
1   cursor.close()     # 关闭游标
2   conn.close()       # 关闭数据库连接
```

9.2.6　用 pandas 模块操作数据库

使用 PyMySQL 模块获取的数据为元组或字典格式，如果需要做进一步的处理，最好还
要将其转换为 pandas 模块的 DataFrame 格式。那么有没有办法直接使用 pandas 模块操作数据
库呢？答案是肯定的。pandas 模块提供的 read_sql_query() 函数能进行"增""删""改""查"
等数据库操作，to_sql() 函数能将 DataFrame 格式的数据写入数据表。

需要注意的是，这种方式除了要用到 pandas 和 PyMySQL 模块，还要用到 SQLAlchemy
模块，其安装命令为 "pip install sqlalchemy"。

1. read_sql_query() 函数

（1）read_sql_query() 函数的主要参数

sql：该参数用于指定要执行的 SQL 命令，用于完成"增""删""改""查"的操作。

con：该参数用于指定数据库的连接引擎，可以使用 SQLAlchemy 模块中的 create_engine() 函数创建。演示代码如下：

```
con = create_engine('mysql+pymysql://root:123456@localhost:3306/
test?charset=utf8')
```

create_engine() 函数支持多种数据库，参数字符串中各部分的含义为"数据库类型 + 数据库驱动程序 :// 数据库用户名 : 密码 @ 数据库服务器 IP 地址 : 端口 / 数据库名 ? 连接选项"。上述代码表示创建一个 MySQL 数据库的连接引擎，以 PyMySQL 模块作为驱动程序，登录数据库系统的用户名和密码分别为 root 和 123456，数据库服务器的 IP 地址为 localhost（即本机，IP 地址为 127.0.0.1），端口为 3306，连接的数据库名为 test，连接选项中用参数 charset 指定编码格式为 UTF-8。

index_col：该参数用于指定作为行标签的字段，默认值为 None。

coerce_float：read_sql_query() 函数会尝试将非字符串及非数值对象转换为浮点型数字。该参数默认值为 True，代表开启该功能。

params：该参数可以是列表、元组或字典，用于存储动态拼接 SQL 命令的变量。

parse_dates：该参数用于指定要解析为日期类型的字段。

chunksize：如果省略该参数，则 read_sql_query() 函数将读取的数据存储在一个 DataFrame 中；如果将该参数指定为一个整数，则 read_sql_query() 函数会依据该整数对读取的数据进行分组，然后返回一个迭代器，该迭代器由多个 DataFrame 组成，每个 DataFrame 中的数据条数即为指定的整数。

（2）read_sql_query() 函数的基本用法

下面使用 read_sql_query() 函数从数据库 test 的数据表 staff 中读取所有数据，并将字段 entrytime 作为行标签，生成一个 DataFrame。演示代码如下：

```
import pandas as pd
from sqlalchemy import create_engine
import pymysql
con = create_engine('mysql+pymysql://root:123456@localhost:3306/
test?charset=utf8')    # 创建数据库的连接引擎
data = pd.read_sql_query(sql='SELECT * FROM staff', con=con, index_
col=['entrytime'], parse_dates=['entry_time'])    # 读取数据
print(data)
```

代码运行结果如下：

```
           id   name   age   job      wage
entrytime
2012-05-26   1   张三   18   秘书   2222.78
2013-05-26   2   李四   28   销售   3333.78
2014-05-26   3   王五   38   经理   4444.78
```

在数据表 staff 中增加一条数据记录，演示代码如下：

```
try:
    pd.read_sql_query(sql='INSERT INTO staff VALUES (4, "赵六", 48,
    "销售", 5555, 20150526)', con=con)    # 增加记录
except:
    pass
```

运行代码后，在 MySQL 的命令行窗口中查询所有数据记录，结果如下图所示。

```
C:\Windows\System32\cmd.exe - mysql  -uroot -p123456
mysql> SELECT * FROM staff;
+----+------+-----+------+---------+------------+
| id | name | age | job  | wage    | entrytime  |
+----+------+-----+------+---------+------------+
|  1 | 张三 |  18 | 秘书 | 2222.78 | 2012-05-26 |
|  2 | 李四 |  28 | 销售 | 3333.78 | 2013-05-26 |
|  3 | 王五 |  38 | 经理 | 4444.78 | 2014-05-26 |
|  4 | 赵六 |  48 | 销售 |    5555 | 2015-05-26 |
+----+------+-----+------+---------+------------+
4 rows in set (0.00 sec)
```

将员工编号为 4 的员工的工资修改为 6666，演示代码如下：

```
try:
    pd.read_sql_query(sql='UPDATE staff SET wage=6666 WHERE id=4',
    con=con)    # 修改记录
except:
    pass
```

运行代码后，在 MySQL 的命令行窗口中查询所有数据记录，结果如下图所示。

```
C:\Windows\System32\cmd.exe - mysql  -uroot -p123456
mysql> SELECT * FROM staff;
+----+------+-----+------+---------+------------+
| id | name | age | job  | wage    | entrytime  |
+----+------+-----+------+---------+------------+
|  1 | 张三 |  18 | 秘书 | 2222.78 | 2012-05-26 |
|  2 | 李四 |  28 | 销售 | 3333.78 | 2013-05-26 |
|  3 | 王五 |  38 | 经理 | 4444.78 | 2014-05-26 |
|  4 | 赵六 |  48 | 销售 |    6666 | 2015-05-26 |
+----+------+-----+------+---------+------------+
4 rows in set (0.00 sec)
```

删除员工编号大于 3 的数据记录，演示代码如下：

```
1  try:
2      pd.read_sql_query(sql='DELETE FROM staff WHERE id>3', con=
       con)    # 删除记录
3  except:
4      pass
```

运行代码后，在 MySQL 的命令行窗口中查询所有数据记录，结果如下图所示。

```
C:\Windows\System32\cmd.exe - mysql -uroot -p123456                    —    □    ×
mysql> SELECT * FROM staff;
+----+------+-----+------+---------+------------+
| id | name | age | job  | wage    | entrytime  |
+----+------+-----+------+---------+------------+
|  1 | 张三 |  18 | 秘书 | 2222.78 | 2012-05-26 |
|  2 | 李四 |  28 | 销售 | 3333.78 | 2013-05-26 |
|  3 | 王五 |  38 | 经理 | 4444.78 | 2014-05-26 |
+----+------+-----+------+---------+------------+
3 rows in set (0.00 sec)
```

（3）read_sql_query() 函数的用法总结

下面比较使用 PyMySQL 模块和 read_sql_query() 函数操作数据库的不同之处。

● PyMySQL 模块创建的数据库连接对象查询数据返回的是字典或元组，而 read_sql_query() 函数则将返回结果进一步封装为 DataFrame。

● 用 PyMySQL 模块执行"增""删""改"操作后还要使用 commit() 函数进行提交，操作才会生效；而用 read_sql_query() 函数执行的"增""删""改"操作直接生效，不需要提交。

● 用 PyMySQL 模块执行"增""删""改"操作时最好配合使用 try/except 语句，以便在操作失败时使用 rollback() 函数进行回滚；而用 read_sql_query() 函数执行"增""删""改"操作时必须配合使用 try/except 语句，这是因为即便 SQL 命令执行成功，程序也会抛出异常，而使用 try/except 语句捕获异常并进行处理，可以让程序的运行不会中断。

pandas 模块中还有两个与 read_sql_query() 函数功能类似的函数——read_sql_table() 和 read_sql()。这 3 个函数的区别主要体现在第 1 个参数：read_sql_query() 函数的第 1 个参数是 sql，传入的是 SQL 命令；read_sql_table() 函数主要用于读取整张数据表，其第 1 个参数是 table_name，传入的是数据表名；read_sql() 函数则整合了前两个函数的功能，其第 1 个参数既可以是 SQL 命令，也可以是数据表名。读者可根据需求在这 3 个函数中进行选择。

2. to_sql() 函数

（1）to_sql() 函数的主要参数

name：该参数用于指定数据表名称。

con：该参数用于指定数据库连接引擎。

if_exists：该参数的值为 'replace' 时代表如果参数 name 指定的表存在，则用新建的表替换原有的表；值为 'append' 时表示如果参数 name 指定的表存在，则在原有的表后面追加数据记录；值为 'fail' 时表示如果参数 name 指定的表存在，则写入失败，抛出异常。

chunksize：如果 DataFrame 中的数据量很大，使用该参数可以分批写入数据，该参数的值代表一次写入的数据记录的条数。

index：该参数的默认值为 True，表示将 DataFrame 的行标签列作为字段写入数据表。

index_label：该参数用于指定将行标签列写入数据表中后的字段名。

dtype：该参数用于指定数据表中字段的类型，其格式为一个字典，字典的键是字段名，值是字段类型。SQLAlchemy 模块的 types 类中定义了对应数据库的字段类型，在第 13 章会用到。

（2）to_sql() 函数的基本用法

先用 read_sql_query() 函数读取数据表 staff 中的数据，生成一个 DataFrame，再用 to_sql() 函数将该 DataFrame 写入数据表 new_staff 中，演示代码如下：

```
1   import pandas as pd
2   from sqlalchemy import create_engine
3   import pymysql
4   con = create_engine('mysql+pymysql://root:123456@localhost:3306/
    test?charset=utf8')    # 创建数据库连接引擎
5   data = pd.read_sql_query(sql='SELECT * FROM staff', con=con, index_
    col=['entrytime'], parse_dates=['entry_time'])    # 读取数据表staff
    中的数据
6   data.to_sql(name='new_staff', con=con, index=True, index_label=['入
    职时间'], if_exists='replace')    # 将读取的数据写入数据表new_staff
```

运行代码后，在 MySQL 的命令行窗口中查询数据表 new_staff 的所有数据记录，结果如下图所示。

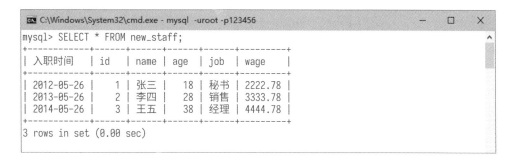

（3）to_sql() 函数的用法总结

to_sql() 函数可以将 DataFrame 格式的数据直接写入数据库的数据表中，并且不要求数据库中已经存在对应的数据表。如果对数据表的字段类型有要求，可设置参数 dtype，如果省略该参数，新创建的表会使用默认的字段类型。

9.3　案例：爬取 58 同城租房信息

代码文件：9.3 案例：爬取 58 同城租房信息.py

本节通过一个案例对前面所学的知识进行综合应用：先爬取 58 同城网站的租房信息，再将爬取到的数据存储到 MySQL 数据库中。

步骤 1：首先分析要爬取的数据是静态的还是动态加载的，可通过局部搜索页面中的房源关键词来确定。在第一个数据包中搜索关键词"八里"，在该数据包的"Response"选项卡下可搜索到相关数据，如下图所示。说明要爬取的数据存在于静态网页中，只需要对每一页的网址发起请求。

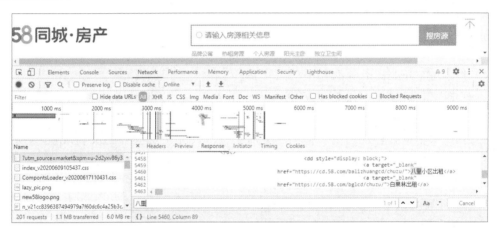

步骤 2：在网页底部可以看到总共有 70 页，如右图所示。

通过单击页码观察网址的变化，如下图所示。可以看出字符"pn"后的数字就是页码，同时每次携带的参数不会变化，说明网站有反爬机制。

> ⓘ https://cd.58.com/chuzu/pn1/?PGTID=0d3090a7-0006-68d8-27f5-18fdb98939e9&ClickID=2

> ⓘ https://cd.58.com/chuzu/pn2/?PGTID=0d3090a7-0006-68d8-27f5-18fdb98939e9&ClickID=2

这里使用 8.4.2 节中介绍的搭建 IP 代理池的方法来应对反爬机制。先尝试爬取 4 页数据，编写完整整代码后再将循环次数更改为 70 次。发起请求的代码如下：

```
1    data_info = {'房源介绍': [], '房源类型': [], '房源大小': [], '房源位
     置': [], '房源价格': []}      # 用于汇总数据的字典
2    for i in range(1, 5):      # 爬取前4页
3        url = f'https://cd.58.com/chuzu/pn{i}/'
4        headers = {'User-Agent': 'Mozilla/5.0 (Windows NT 10.0; Win64;
```

```
x64) AppleWebKit/537.36 (KHTML, like Gecko) Chrome/73.0.3683.75
      Safari/537.36'}
5   params = {'PGTID':'0d3090a7-0006-68d8-27f5-18fdb98939e9',
      'ClickID':2}    # 携带的参数
6   response = requests.get(url=url, params=params, headers=headers,
      proxies=ip_pond(api))    # 获取响应对象
```

第 5 行代码中调用的 ip_pond() 函数的代码如下:

```
1   def ip_pond(url):    # 搭建代理IP池的自定义函数, 详细注释见8.4.2节
2      headers = {'User-Agent': 'Mozilla/5.0 (Windows NT 10.0; Win64;
      x64) AppleWebKit/537.36 (KHTML, like Gecko) Chrome/73.0.3683.75
      Safari/537.36'}
3      response = requests.get(url=url, headers=headers).json()
4      proxies_list = []
5      for i in response['data']:
6          ip = i['ip']
7          port = i['port']
8          ip_dict = {'https': f'{ip}:{port}'}
9          proxies_list.append(ip_dict)
10      proxies = random.choice(proxies_list)
11      return proxies
```

使用 print(response, response.url) 查看请求的每个网址的响应状态, 以判断能否成功爬取,
运行结果如下图所示。可以看到对前 4 页网页的请求成功返回了响应对象, 下一步就可以开
始解析响应对象中的数据了。

```
<Response [200]> https://cd.58.com/chuzu/pn1/?PGTID=0d3090a7-0006-685f-d474-49d890aa8441&ClickID=2
<Response [200]> https://cd.58.com/chuzu/pn2/?PGTID=0d3090a7-0006-685f-d474-49d890aa8441&ClickID=2
<Response [200]> https://cd.58.com/chuzu/pn3/?PGTID=0d3090a7-0006-685f-d474-49d890aa8441&ClickID=2
<Response [200]> https://cd.58.com/chuzu/pn4/?PGTID=0d3090a7-0006-685f-d474-49d890aa8441&ClickID=2
```

步骤 3: 这里使用 BeautifulSoup 模块来解析网页源代码中的数据。先提取网页源代码并
实例化 BeautifulSoup 对象, 接着利用 BeautifulSoup 对象解析数据, 代码如下:

```
1   html_content = response.text    # 从响应对象中提取网页源代码
2   soup = BeautifulSoup(html_content, 'lxml')    # 用网页源代码实例
      化BeautifulSoup对象
3   parse_html(soup)    # 调用自定义函数解析BeautifulSoup对象中的数据
```

在编写自定义函数 parse_html() 的代码之前, 需要先查看网页的结构。利用开发者工具定

位网页元素，可以看到一个房源信息对应一个 <li> 标签，如下图所示。

因此，先获取每个 <li> 标签，再在每个 <li> 标签下用标签定位的方法解析出需要的数据，编写出自定义函数 parse_html() 的代码如下：

```
1  def parse_html(soup):
2      li_list = soup.select('.house-list li')    # 获取class属性值为
        house-list的标签下的所有<li>标签
3      for li in li_list[:-2]:    # 用循环遍历获取到的<li>标签，因为最后
        一个<li>标签是页码，所以通过列表切片将其略过
4          type = li.select('h2 a')[0].text.split('|')[0]    # 获取房
            源类型
5          content = li.select('h2 a')[0].text.split('|')[1]    # 获取
            房源介绍
6          size = li.select('.des p')[0].text    # 获取房源大小
7          address = li.select('.des p')[1].text    # 获取房源位置
8          money = li.select('.money b')[0].text    # 获取房源价格
9          # 将解析出的数据分类添加到data_info字典的键对应的值的列表中
10         data_info['房源类型'].append(type)
11         data_info['房源介绍'].append(content)
12         data_info['房源大小'].append(size)
13         data_info['房源位置'].append(address)
14         data_info['房源价格'].append(money)
```

使用 print() 函数输出 data_info，运行结果如右图所示。可以看到，解析出的数据中掺杂了大量无用的空格、换行、"\xa0"字符串等，需要删除，还有一些生僻字需要处理。

步骤 4：先删除数据中的无用字符，将 parse_html() 函数的第 4～8 行代码修改如下：

```
1          type = li.select('h2 a')[0].text.split('|')[0].replace(' ',
           '').replace('\n', '').replace('\xa0', '')
2          content = li.select('h2 a')[0].text.split('|')[1].replace(' ',
           '').replace('\n', '').replace('\xa0', '')
```

```
3   size = li.select('.des p')[0].text.replace(' ', '').replace
    ('\n','').replace('\xa0', '')
4   address = li.select('.des p')[1].text.replace(' ', '').
    replace('\n', '').replace('\xa0', '')
5   money = li.select('.money b')[0].text.replace(' ', '').
    replace('\n', '').replace('\xa0', '')
```

代码运行结果如下图所示，可以看到无用字符已经没有了，接着来处理生僻字。这些生僻字产生的原因是 58 同城采用了"字体反爬"技术，简单来说是利用自定义字体对阿拉伯数字进行加密处理，爬取的数据中的阿拉伯数字就会变成生僻字。解决办法是找到生僻字与阿拉伯数字之间的对应关系并进行一一替换。

```
'人民北路地铁站！房东直租！应届生免押！无中介可月付！', '近地铁精装修拎包入住凯
'公交直达软件园AB区美年广场世纪城领馆国际城次', '无中介，锦江万达，电梯房，大阳
'锦江区市二医院地铁口贸业百货恒大广场未来中心', '中房红枫岭(三期)驫室餽厅餽卫',
'包入住', '泊景湾龙爪堰齹号线地铁口五大花园东坡路主卧带', '疫情期间免齹个月，西单
```

编写一个自定义函数 jiema() 用于完成生僻字的替换，代码如下：

```
1   def jiema(x):    # 该函数用于将字符中的生僻字替换为相应的阿拉伯数字
2       a = {'閠': 1, '驫': 2, '騳': 3, '齹': 4, '鑶': 5, '饠': 6, '餽':
        7, '鸺': 8, '齤': 9, '齀': 0}    # 存储生僻字与阿拉伯数字对应关系
        的字典
3       n = ''
4       for i in x:    # 循环遍历字符串中的每一个字符
5           if i in a.keys():
6               i = a[i]    # 如果字符是生僻字，则将其替换为相应的阿拉伯数字
7           n += str(i)    # 拼接字符，获得替换完成的字符串
8       return n    # 返回替换完成的字符串
```

应对"字体反爬"的关键是找到生僻字与阿拉伯数字之间的对应关系，具体的方法比较复杂，限于篇幅，本书不做讲解。感兴趣的读者可以用搜索引擎查找相关教程。

修改 parse_html() 函数的第 10 ～ 14 行代码，调用 jiema() 函数对爬取的数据进行生僻字替换，代码如下：

```
1       data_info['房源类型'].append(jiema(type))
2       data_info['房源介绍'].append(jiema(content))
3       data_info['房源大小'].append(jiema(size))
4       data_info['房源位置'].append(jiema(address))
5       data_info['房源价格'].append(jiema(money))
```

最后打印输出 data_info，结果如下图所示，可以看到阿拉伯数字已经正常显示。

```
893m', '美年广场保利锦江里距1号线天府五街地铁站步行1263m'], '房源价格': ['067', '377', '02
'877', '037', '037', '2977', '4677', '377', '2077', '077', '647', '037', '937', '2577', '4
'077', '2677', '5377', '4177', '2910', '4777', '4067', '077', '537', '537', '4477', '1777'
'877', '4077', '2077', '377', '2237', '2137', '2777', '2577', '1777', '2877', '867', '2077
```

步骤 5：将 data_info 转换为 DataFrame，再进行简单的数据清洗，去除含有空值的行和重复的行，然后将清洗过的数据保存为 csv 文件。代码如下：

```
1  house_info = pd.DataFrame(data_info, columns=['房源介绍', '房源类
   型', '房源大小', '房源位置', '房源价格'])    # 将存储房源信息的字典转换
   成DataFrame
2  house_info = house_info.dropna().drop_duplicates()    # 做去重和删除
   空行处理
3  house_info.to_csv('58.csv', encoding='utf-8', index=False)    # 将
   DataFrame写入csv文件
```

这里之所以没有将数据直接写入数据库，而是先存储为 csv 文件，是因为如果爬取过程中由于网络堵塞等原因产生了错误，可能会造成数据库中的数据混乱。

使用 PyCharm 查看 csv 文件，结果如下图所示。可以看到这就是我们想要的数据。

```
房源介绍,房源类型,房源大小,房源位置,房源价格
无中介！天府五街银泰城ocg朗基天香软件园精，单间,主卧(5室)25㎡,南延线银基天香距1号线天府五街地铁站步行1437m,0444
中和网红桥五岔子大桥旁精装主卧次卧可月付不走平台无,单间,次卧(5室)22㎡,中和怡丰花园,664
月付天府四街精装独卫银泰城欧香小镇朗基天香,单间,主卧(1室)25㎡,华阳欧香小镇距5号线骑龙地铁站步行699m,794
近地铁精装修带阳台折扣打折！可月,单间,主卧(2室)44.44㎡,九里堤长久新城,694
房间带阳台空调，高端小区，房东兔两月房租,无中介,免,单间,主卧(5室)24㎡,金融城金周大榕湾距5号线交子大道地铁站步行971m,0444
大面2号线地铁站房东直租无中介阳光主卧-大阳台,单间,主卧(1室)21㎡,大面洪河城市花园距2号线大面辅地铁站步行1262m,644
滴~地铁口！4中介~应届毕业生免押金！可短租！可月,单间,次卧(5室)07㎡,科华路东苑C区距7号线三瓦窑地铁站步行289m,634
支持月付,地铁站213米,应届毕业生免押,房东直租，,单间,主卧(5室)01㎡,外光华青羊万达广场距4号线成都西站地铁站步行1142m,694
无中介F生活街天府新区麓山国际旁家电全新随时,整套,2室0厅0卫84㎡,华府红豆茗居南区,0094
```

步骤 6：读取 csv 文件中的数据，并写入 MySQL 数据库，代码如下：

```
1  house_info = pd.read_csv('58.csv', index_col=False)    # 读取csv文
   件中的数据
2  house_info['房源价格'] = house_info['房源价格'].apply(int)    # 将房
   源价格数据转换为整型，方便数据库做数据运算等操作
3  con = create_engine('mysql+pymysql://root:123456@localhost:3306/
   test?charset=utf8')    # 创建数据库连接引擎
4  house_info.to_sql('58house', con=con, index_label=['id'], if_exists
   ='replace',
5                    dtype={
6                        'id': types.BigInteger(),
7                        '房源介绍': types.VARCHAR(50),
```

```
 8                              '房源类型': types.VARCHAR(10),
 9                              '房源大小': types.VARCHAR(20),
10                              '房源位置': types.VARCHAR(50),
11                              '房源价格': types.INT()
12                  })    # 将读取的数据写入MySQL数据库，其中新建了一个
                    名为id的字段作为索引
13     con.execute('ALTER TABLE 58house ADD PRIMARY KEY (`id`);')    # 将字
       段id设置为主键索引，以提高查询房源信息的速度
```

步骤 7： 运行代码后，在命令行窗口中登录 MySQL 数据库，使用命令 "DESC 58house;"
查看表结构，如下图所示。

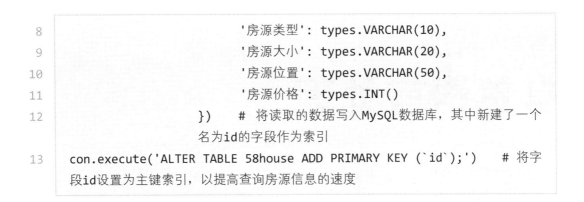

然后使用命令 "SELECT * FROM 58house ORDER BY 房源价格 DESC LIMIT 10;" 查询
数据库中价格最低的 10 条房源信息，如下图所示。

```
C:\Windows\System32\cmd.exe - mysql  -uroot -p123456                    —    □    ×
mysql> SELECT * FROM 58house ORDER BY 房源价格 DESC LIMIT 10;
+------+----------------+----------+---------------+---------------------+----------+
| id   | 房源介绍        | 房源类型  | 房源大小       | 房源位置             | 房源价格  |
+------+----------------+----------+---------------+---------------------+----------+
| 1748 | 仁恒滨河湾套四   | 整租      | 3室2厅2卫791㎡ | 攀成钢仁恒滨河湾      | 70444    |
|  819 | 远鸿方程式      | 整租      | 3室0厅0卫11㎡  | 外双楠远鸿方程式      | 55000    |
|  567 | 蜀郡别墅实图实价 | 整租      | 6室4厅1卫730㎡ | 1号线华府大道站1400m  | 51000    |
|  504 | 精装修LOFT      | 整租      | 0室0厅0卫477㎡ | 科华路保利中心        | 44222    |
| 2367 | 地铁口可押一付一 | 整租      | 5室3厅1卫298㎡ | 麓山恒大名都          | 40000    |
|  543 | 蜀郡别墅实图实价 | 整租      | 6室3厅1卫784㎡ | 1号线华府大道站1400m  | 21444    |
| 1497 | 江景房实地拍摄   | 整租      | 1室4厅4卫219㎡ | 金融城招商大魔方      | 20000    |
| 1646 | 时代豪庭        | 整租      | 9室7厅7卫516㎡ | 东大街时代豪庭西区    | 17000    |
| 1010 | 1号线三和花园    | 整租      | 9室9厅9卫87㎡  | 神仙树大院            | 9977     |
|  887 | 主卧实拍无中介费 | 单间      | 主卧(0室)27㎡  | 外双楠中筑西府兰庭    | 9917     |
+------+----------------+----------+---------------+---------------------+----------+
10 rows in set (0.01 sec)
```

需要说明的是，上面介绍的代码省略了导入相关模块的部分，完整内容见本节开头列出
的代码文件。

[第10章]

自然语言处理

前面几章中处理和分析的数据都是通常的数字信息，如果需要处理和分析中文信息，则要应用现在比较热门的自然语言处理（Nature Language Processing，简称 NLP）技术。NLP 是计算机科学领域和人工智能领域的一个重要研究方向，目的是实现人与计算机之间用自然语言进行有效的通信，其中的关键是让程序能够识别自然语言的语义。本章先学习 NLP 的基本概念，然后学习如何使用 jieba 分词器对自然语言进行分词和关键词提取，以分析文本的意义，从而实现对中文语句所包含的信息进行大数据分析。

10.1　NLP 概述

在这个大数据时代，几乎所有事物都能用数据描述。数据可以大致分为三类。

第一类是用于传播的媒体数据，如图片、音频、视频等。这类数据一般不需要做处理，只需要存储和读取。

第二类是数字类数据，其价值很高。因为数字是有一定规律的，从已有数字中发现的规律可以用于预测未来的数据。这也是传统大数据处理与分析的主要方面。

第三类是自然语言数据。这类数据更贴近生活，对其进行统计和分析，可以让机器理解人的语言，实现机器与人的交流。就像智能手机中的语音助手一样，它们能听懂我们说的话，执行我们需要的操作，甚至能和我们进行简单的交流。因此，NLP 是目前大数据处理和分析的新兴领域。

10.1.1　NLP 的应用领域和基本流程

本节简单介绍一下 NLP 的应用领域和基本流程。

1. NLP 的应用领域

NLP 在实现人工智能的目标上划分为很多领域，在不同的领域中所起的作用也不同。下面简单了解一下 NLP 的 7 个主要应用领域。

（1）情感分析

可将情感分析简单理解为通过某人的言论分析出其对某个事物的观点或看法的倾向，多用于分析用户反馈（如电子商务网站的用户购物评价）来帮助企业进行决策。

（2）智能问答

智能问答常见的应用场景是客服机器人和智能语音助手。初级应用是根据用户提出的问题进行浅层的情感分析和关键词提取，然后返回指定的回复语句；中级应用是聊天功能；高级应用是还处于研究阶段的强人工智能，即能够真正推理和解决问题的智能机器。

（3）文摘生成

文摘生成是指利用计算机从原始文档中提取文摘，以全面地反映文档的核心思想，最终目标是将人类从繁杂的文本处理工作中解放出来。

（4）文本分类

在网络中充斥着大量的垃圾信息，文本分类可以过滤掉这部分垃圾信息。常见的应用场景是垃圾邮件和垃圾短信的识别和过滤。

（5）舆论分析

舆论分析主要用于社交媒体的舆论防控，如谣言监测和跟踪、立场分类和验证。

（6）知识图谱

人工智能在感知层方面进步很快，能感知到各种信息，但是在认知层上还有很大不足。机器可以感知到 0℃，可以感知到水和冰，而知识图谱的作用就是将这三者串联起来，形成一个知识：水在 0℃时会变成冰。可以将知识图谱理解为一个数据库，用户输入一个查询语句，知识图谱就会在库中查找与分析，判断用户想要的结果，再从库中取出来返回给用户。

（7）机器翻译

机器翻译能将一种语言的语句结合上下文等因素翻译成相同语义的其他语言的语句。相对于人工翻译来说，机器翻译在效率上有很大优势，在日常的网站翻译和普通文本翻译上有着不错的表现。但是机器翻译目前还做不到和人类一致的情感分析，因而在影视和文化行业的翻译及长文本翻译上还不能取代人工翻译。

2. NLP 的基本流程

NLP 的基本流程大致有两步：第一步是自然语言理解（Nature Language Understanding，简称 NLU），就是理解给定文本的含义或意图；第二步是自然语言生成（Nature Language Generation，简称 NLG），一般的 NLG 会按照一定的模板将数据返回给用户，而智能化的 NLG 则能将关键的信息要素使用各种合适的字符连接起来，形成用户能轻松阅读和理解的叙述语句返回给用户。本章后面的内容主要讲解 NLU 中的文本分词、词性标注和停用词过滤等操作。

10.1.2　文本分词方法

文本分词能将文本拆分成最小粒度的单词，对 NLU 有着极大的作用。我们接触到的文本分词主要是英文分词和中文分词。英文文本的单词之间有空格作为界线，分词难度很小；而中文文本的词之间除了标点符号之外不存在明确的界线，分词难度较大。分词的效果直接影响对文本语义的理解，因此，选择一个成熟的分词算法就显得尤为重要。实现中文分词的方法主要有以下 3 种。

1．基于词典的分词方法

基于词典的分词方法是指按照一定的策略从待分词文本中取出一个字符串与一个词典进行匹配，如果该字符串能在词典中找到，说明匹配成功，则将该字符串作为一个词切分出来。这种方法要求使用的词典包含的词条要足够多，这个词典也叫统计词典。

统计词典从词文本、词频和词性三个方面来描述一个词：词文本是词本身；词频是当前词文本重复出现的概率统计；词性描述了一个词的性质，中文分词词性对照表（中科院标准）见下表。

词性代码	词性名称	说明
a	形容词	取英语单词 adjective（形容词）的第 1 个字母
ad	副形词	直接作状语的形容词。由形容词代码 a 和副词代码 d 组合而成
ag	形语素	形容词性语素。由形容词代码 a 和语素代码 g 组合而成
an	名形词	具有名词功能的形容词。由形容词代码 a 和名词代码 n 组合而成
b	区别词	取汉字"别"的声母
c	连词	取英语单词 conjunction（连词）的第 1 个字母
d	副词	取英语单词 adverb（副词）的第 2 个字母（因第 1 个字母 a 已用于形容词的代码）
dg	副语素	副词性语素。由副词代码 d 和语素代码 g 组合而成
e	叹词	取英语单词 exclamation（叹词）的第 1 个字母
f	方位词	取汉字"方"的声母
g	语素	绝大多数语素都能作为合成词的词根，取汉字"根"的声母
h	前接成分	取英语单词 head 的第 1 个字母
i	成语	取英语单词 idiom（成语）的第 1 个字母
j	简称略语	取汉字"简"的声母
k	后接成分	—
l	习用语	习用语尚未成为成语，具有"临时性"，取汉字"临"的声母
m	数词	取英语单词 numeral（数字）的第 3 个字母（因 n、u 已有他用）
n	名词	取英语单词 noun（名词）的第 1 个字母
ng	名语素	名词性语素。由名词代码 n 和语素代码 g 组合而成
nr	人名	由名词代码 n 和汉字"人"的声母 r 组合而成
ns	地名	由名词代码 n 和处所词代码 s 组合而成
nt	机构团体	由名词代码 n 和汉字"团"的声母 t 组合而成
nz	其他专名	由名词代码 n 和汉字"专"的声母的第 1 个字母 z 组合而成
o	拟声词	取英语单词 onomatopoeia（拟声词）的第 1 个字母
p	介词	取英语单词 preposition（介词）的第 1 个字母

词性代码	词性名称	说明
q	量词	取英语单词 quantity（数量）的第 1 个字母
r	代词	取英语单词 pronoun（代词）的第 2 个字母（因第 1 个字母 p 已用于介词的代码）
s	处所词	取英语单词 space 的第 1 个字母
t	时间词	取英语单词 time（时间）的第 1 个字母
tg	时语素	时间词性语素。由时间词代码 t 和语素代码 g 组合而成
u	助词	取英语单词 auxiliary（助词）的第 2 个字母（因第 1 个字母 a 已用于形容词的代码）
un	未知词	不可识别词及用户自定义词组。取英语单词 unknown（未知）的头两个字母（非北大标准，CSW 分词组件中定义）
v	动词	取英语单词 verb（动词）的第 1 个字母
vd	副动词	直接作状语的动词。由动词代码 v 和副词代码 d 组合而成
vg	动语素	动词性语素。由动词代码 v 和语素代码 g 组合而成
vn	名动词	具有名词功能的动词。由动词代码 v 和名词代码 n 组合而成
w	标点符号	—
x	非语素字	非语素字只是一个符号，字母 x 通常用于代表未知数、符号，故用 x 作为非语素字的代码
y	语气词	取汉字"语"的声母
z	状态词	取汉字"状"的声母的第 1 个字母

基于词典的分词方法又大致分为以下 4 种。

（1）正向最大匹配法

假设词典中最长词条的长度为 m，按照从左向右的顺序从待分词文本中取出长度为 m 的字符串，与正序词典做匹配。如果在正序词典中能匹配到该字符串，则将该字符串从文本中切分出来，作为一个词；如果在正序词典中不能匹配到该字符串，就去掉该字符串的最后一个字符后再做匹配，直到匹配成功。

（2）逆向最大匹配法

逆向最大匹配法的基本原理与正向最大匹配法的基本原理基本相同，只不过它是按照从右向左的顺序从待分词文本中取出字符串，与逆序词典做匹配。如果匹配不成功，则去掉字符串的第一个字符后再做匹配，直到匹配成功。

（3）双向最大匹配法

双向最大匹配法同时做正向和逆向最大匹配，如果两者产生的结果不同，则使用进一步的技术来消除不同。

（4）最少切分法

最少切分法是指同时采用多种算法进行分词，然后比较分词结果，哪种方法的分词结果最少，就以哪种方法的结果作为最终结果。

2. 基于统计的机器学习方法

在文本中，相邻的字一起出现的概率越高，说明这对字就越可能是一个词。通过大量的文本来训练一个机器学习模型，模型在训练过程中会记录在分词时遇到歧义的情况，随着模型被训练得越来越成熟，切分出的词会越来越精确，还可以对新词进行准确分词。与基于词典的分词方法相比，这种方法的优点是不需要建立庞大的词典，还可以处理新词和有歧义的分词；缺点是需要大量文本和时间进行模型训练，而且不如基于词典的分词方法方便快捷和易于实现。

3. 基于理解的分词方法

在分词过程中会遇到很多有歧义的词，例如，"大学生理发"应切分为"大学 / 生理 / 发"还是"大学生 / 理发"呢？基于理解的分词方法就是为了解决这一问题而设计的。消除歧义的常见方法有通过记录词语语义和上下文的语义词典来消除歧义；还有通过词义标注语料库训练一个消除歧义的模型，再使用训练成熟的模型来消除歧义。只要正确理解词语的语义，就能实现基于理解的分词。

10.2 jieba 分词器

前面简单介绍了几种中文分词算法，但在实际应用中，我们通常不需要自己建立词典和根据算法来编写分词程序，因为有许多现成的分词器可以使用。本节就来介绍 Python 编程中常用的一款分词器——jieba 分词器。

10.2.1 jieba 分词器的基础知识

jieba 分词器提供 4 种分词模式，并且支持简体 / 繁体分词、自定义词典、关键词提取、词性标注。下面简单介绍一下 jieba 分词器的基础知识。

1. 安装方法

jieba 分词器支持多种编程语言，其 Python 模块兼容 Python 2 和 Python 3 版本，安装命令为 "pip install jieba"。jieba 模块安装包的体积较大，建议通过国内的镜像服务器安装，具体方法见 1.2.2 节。

2. 分词模式说明

jieba 分词器支持 4 种分词模式。
（1）精确模式
该模式会试图将句子最精确地切分开，适合在文本分析时使用。

（2）全模式

该模式会将句子中所有可以成词的词语都扫描出来，速度也非常快，缺点是不能解决歧义问题，有歧义的词语也会被扫描出来。

（3）搜索引擎模式

该模式会在精确模式的基础上对长词语再进行切分，将更短的词切分出来。在搜索引擎中，要求输入词语的一部分也能检索到整个词语相关的文档，所以该模式适用于搜索引擎分词。

（4）Paddle 模式

该模式利用 PaddlePaddle 深度学习框架，训练序列标注网络模型实现分词，同时支持词性标注。该模式在 4.0 及以上版本的 jieba 分词器中才能使用。使用该模式需要安装 Paddle-Paddle 模块，安装命令为 "pip install paddlepaddle"。

10.2.2　jieba 分词器的基本用法

代码文件：10.2.2 jieba 分词器的基本用法.py

下面来讲解 jieba 分词器的基本用法，包括在不同模式下分词、标注词性、识别新词等。

1. 精确模式、全模式和 Paddle 模式分词

在 Python 中，主要使用 jieba 模块中的 cut() 函数进行分词，该函数返回的结果是一个迭代器。cut() 函数有 4 个参数：第 1 个参数为待分词文本；参数 cut_all 用于设置使用全模式还是精确模式进行分词；参数 use_paddle 用于控制是否使用 Paddle 模式进行分词；参数 HMM 用于控制是否使用 HMM 模型识别新词。这里先讲解如何在精确模式、全模式和 Paddle 模式下分词。

将参数 cut_all 设置为 True 时，表示使用全模式进行分词。演示代码如下：

```
1  import jieba
2  str1 = '我来到了西北皇家理工学院，发现这儿真不错'
3  seg_list = jieba.cut(str1, cut_all=True)    # 使用全模式进行分词
4  print('全模式分词结果：', '/'.join(seg_list))    # 将分词结果拼接成字
   符串并输出
```

代码运行结果如下：

```
1  全模式分词结果：  我/来到/了/西北/皇家/理工/理工学/理工学院/工学/工学院/
   学院/, /发现/这儿/真不/真不错/不错
```

将参数 cut_all 设置为 False 时，表示使用精确模式进行分词。演示代码如下：

```
1  import jieba
2  str1 = '我来到了西北皇家理工学院，发现这儿真不错'
```

```
3    seg_list = jieba.cut(str1, cut_all=False)    # 使用精确模式进行分词
4    print('精确模式分词结果: ', '/'.join(seg_list))
```

参数 cut_all 的默认值是 False，所以第 3 行代码也可改写为 "seg_list = jieba.cut(str1)"。代码运行结果如下：

```
1    精确模式分词结果:  我/来到/了/西北/皇家/理工学院/，/发现/这儿/真不错
```

参数 use_paddle 设置为 True 和 False 时分别表示使用和不使用 Paddle 模式进行分词。但在调用 cut() 函数之前，需先调用 enable_paddle() 函数来启用 Paddle 模式。演示代码如下：

```
1    import jieba
2    str1 = '我来到了西北皇家理工学院，发现这儿真不错'
3    jieba.enable_paddle()    # 启用Paddle模式
4    seg_list = jieba.cut(str1, use_paddle=True)    # 使用Paddle模式进行
     分词
5    print('Paddle模式分词结果: ', '/'.join(seg_list))
```

代码运行结果如下：

```
1    Paddle模式分词结果:  我/来到/了/西北皇家理工学院/，/发现/这儿/真不错
```

2. 词性标注

使用 Paddle 模式进行分词时还可以为切分出的词标注词性。演示代码如下：

```
1    import jieba
2    import jieba.posseg as pseg
3    jieba.enable_paddle()    # 启用Paddle模式
4    str2 = '上海自来水来自海上'
5    seg_list = pseg.cut(str2, use_paddle=True)    # 使用posseg进行分词
6    for seg, flag in seg_list:
7        print(seg, flag)
```

代码运行结果如下：

```
1    上海 LOC
2    自来水 n
3    来自 v
4    海上 s
```

可以看到，分词结果的每个词语后都有一个词性代码。其中的 LOC 在 10.1.2 节的词性对照表中没有出现，因为 Paddle 模式使用的是自有的词性对照表，具体见下表。其中词性代码 24 个（小写字母），专名类别代码 4 个（大写字母）。

代码	含义	代码	含义	代码	含义	代码	含义
n	普通名词	nw	作品名	an	名形词	u	助词
f	方位名词	nz	其他专名	d	副词	xc	其他虚词
s	处所名词	v	普通动词	m	数量词	w	标点符号
t	时间	vd	动副词	q	量词	PER	人名
nr	人名	vn	名动词	r	代词	LOC	地名
ns	地名	a	形容词	p	介词	ORG	机构名
nt	机构名	ad	副形词	c	连词	TIME	时间

3. 识别新词

将 cut() 函数的参数 HMM 设置为 True，即可使用基于汉字成词能力的 HMM 模型识别新词，即词典中不存在的词。假设待分词文本为"他知科技研发有限公司是一家互联网行业的公司"，其中有一个可能为新词的词语"他知"，为了验证新词识别效果，需要先查看 jieba 分词器的词典中是否存在这个词。

在 PyCharm 中找到 pip 命令安装模块的位置，也就是"site-packages"文件夹。❶单击该文件夹左侧的折叠按钮将其展开，如下左图所示。在该文件夹下找到"jieba"文件夹，❷单击左侧的折叠按钮将其展开，❸可以看到一个"dict.txt"文件，它就是 jieba 分词器的词典，如下右图所示。

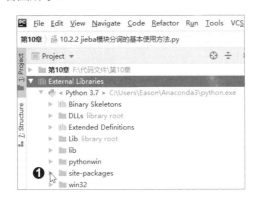 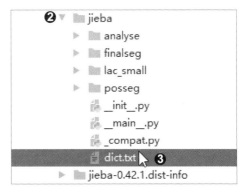

双击"dict.txt"文件将其打开，按快捷键【Ctrl+F】打开搜索框，输入"他知"，可看到搜索结果为"0 results"，如下图所示，说明词典中没有这个词。

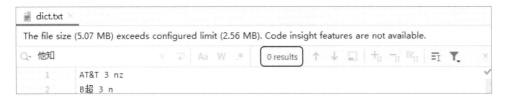

下面使用精确模式进行分词，并启用 HMM 模型识别新词。演示代码如下：

```
1  import jieba
2  str3 = '他知科技研发有限公司是一家互联网行业的公司'
3  seg_list = jieba.cut(str3, HMM=True)    # 参数HMM的默认值是True，可
   以省略
4  print('精确模式分词结果：', '/'.join(seg_list))
```

代码运行结果如下。可以看到 jieba 分词器通过上下文判定"他知"是一个词并将其切分出来，说明新词识别成功。

```
1  精确模式分词结果： 他知/科技/研发/有限公司/是/一家/互联网/行业/的/公司
```

4. 搜索引擎模式分词

如果要以搜索引擎模式进行分词，则要使用 cut_for_search() 函数。该函数只有两个参数：第 1 个参数为待分词文本；第 2 个参数为 HMM，其含义与 cut() 函数的参数 HMM 相同。

使用 cut_for_search() 函数进行搜索引擎模式分词的演示代码如下：

```
1  import jieba
2  str1 = '我来到了西北皇家理工学院，发现这儿真不错'
3  seg_list = jieba.cut_for_search(str1)
4  print('搜索引擎模式分词结果：', '/'.join(seg_list))
```

代码运行结果如下：

```
1  搜索引擎模式分词结果： 我/来到/了/西北/皇家/理工/工学/学院/理工学/工学院/
   理工学院/，/发现/这儿/真不/不错/真不错
```

10.2.3 调整词典

代码文件：10.2.3 调整词典.py、用户词典.txt

jieba 分词器自带的词典内容已经非常丰富，但仍然不可能满足所有用户的需求，因此，jieba 分词器还允许用户根据自己的需求调整词典，以提高分词的正确率。

1. 使用自定义词典

用户可以创建一个自定义词典，将 jieba 分词器的词典里没有的词添加进去，再在程序中加载自定义词典用于分词。

先不使用自定义词典，对一段文本以精确模式进行分词。演示代码如下：

```
1   import jieba
2   seg_list = jieba.cut('心灵感应般地蓦然回首，才能撞见那一低头的温柔；也
    最是那一低头的温柔，似一朵水莲花不胜凉风的娇羞；也最是那一抹娇羞，才能让
    两人携手共白首。')
3   print('未加载自定义词典时的精确模式分词结果：\n', '/'.join(seg_list))
```

代码运行结果如下：

```
1   未加载自定义词典时的精确模式分词结果：
2   心灵感应/般地/蓦然回首/，/才能/撞见/那一/低头/的/温柔/；/也/最/是/那/一/低
    头/的/温柔/，/似/一朵/水/莲花/不胜/凉风/的/娇羞/；/也/最/是/那/一抹/娇
    羞/，/才能/让/两人/携手/共/白首/。
```

现在我们希望让"水莲花"作为一个名词被切出，让"一低头"作为一个形容词被切出。创建一个"用户词典.txt"文件，在文件中输入自定义的词。一个词占一行，每一行分词语、词频（可省略）、词性（可省略）三部分，用空格隔开，顺序不可颠倒，如右图所示。

随后就可以在代码中使用 load_userdict() 函数载入自定义词典进行分词。演示代码如下：

```
1   import jieba
2   jieba.load_userdict('用户词典.txt')    # 加载自定义词典
3   seg_list = jieba.cut('心灵感应般地蓦然回首，才能撞见那一低头的温柔；也
    最是那一低头的温柔，似一朵水莲花不胜凉风的娇羞；也最是那一抹娇羞，才能让
    两人携手共白首。')
4   print('加载自定义词典时的精确模式分词结果：\n', '/'.join(seg_list))
```

代码运行结果如下，可以看到将这段话按照自定义词典中的词进行了切分。

```
1   加载自定义词典时的精确模式分词结果：
2   心灵感应/般地/蓦然回首/，/才能/撞见/那/一低头/的/温柔/；/也/最/是/那/一
    低头/的/温柔/，/似/一朵/水莲花/不胜/凉风/的/娇羞/；/也/最/是/那/一抹/娇
    羞/，/才能/让/两人/携手/共/白首/。
```

2. 动态修改词典

使用 add_word() 函数和 del_word() 函数可在程序中动态修改词典。需要注意的是，这两个函数对词典的修改只在当前程序的运行过程中生效。

（1）动态添加词

add_word() 函数用于在词典中动态添加一个词。在加载前面创建的自定义词典的基础上，在程序运行过程中动态添加自定义的词"最是"。演示代码如下：

```
1   import jieba
2   jieba.load_userdict('用户词典.txt')
3   jieba.add_word('最是')    # 添加词
4   seg_list = jieba.cut('心灵感应般地蓦然回首，才能撞见那一低头的温柔；也
    最是那一低头的温柔，似一朵水莲花不胜凉风的娇羞；也最是那一抹娇羞，才能让
    两人携手共白首。')
5   print('添加自定义词时的精确模式分词结果：\n', '/'.join(seg_list))
```

代码运行结果如下，可以看到除了自定义词典中的词，"最是"也作为一个词被切分出来。

```
1   添加自定义词时的精确模式分词结果：
2   心灵感应/般地/蓦然回首/，/才能/撞见/那/一低头/的/温柔/；/也/最是/那/一
    低头/的/温柔/，/似/一朵/水莲花/不胜/凉风/的/娇羞/；/也/最是/那/一抹/娇
    羞/，/才能/让/两人/携手/共/白首/。
```

（2）动态删除词

del_word() 函数用于在词典中动态删除一个词。在加载前面创建的自定义词典的基础上，在程序运行过程中动态删除自定义的词"一低头"。演示代码如下：

```
1   import jieba
2   jieba.load_userdict('用户词典.txt')
3   jieba.del_word('一低头')      # 删除词
4   seg_list = jieba.cut('心灵感应般地蓦然回首，才能撞见那一低头的温柔；也
    最是那一低头的温柔，似一朵水莲花不胜凉风的娇羞；也最是那一抹娇羞，才能让
    两人携手共白首。')
5   print('删除自定义词时的精确模式分词结果：\n', '/'.join(seg_list))
```

代码运行结果如下，可以看到"一低头"因为被从词典中删除而没有被切分出来。此外，前面介绍 add_word() 函数时在代码中动态添加的"最是"也没有被切分出来，说明对词典的动态修改只在当前程序的运行过程中生效。

```
1   删除自定义词时的精确模式分词结果：
2   心灵感应/般地/蓦然回首/，/才能/撞见/那一/低头/的/温柔/；/也/最/是/那/一/
    低头/的/温柔/，/似/一朵/水莲花/不胜/凉风/的/娇羞/；/也/最/是/那/一抹/
    娇羞/，/才能/让/两人/携手/共/白首/。
```

3. 调节词频

要调整分词结果,除了使用自定义词典和动态修改词典,还可以调节词频。词频越大的词,被切分出来的概率就越大。使用 suggest_freq() 函数可以调节单个词的词频,使其能或不能被切分出来。

先来看看不修改词频时的分词效果。演示代码如下:

```
1  import jieba
2  str3 = '他认为未来几年健康产业在GDP中将占比第一。'
3  seg_list = jieba.cut(str3)
4  print('精确模式分词结果: \n', '/'.join(seg_list))
```

代码运行结果如下,可以看到"中将占比"被切分为"中将 / 占 / 比",这是不正确的。

```
1  精确模式分词结果:
2  他/认为/未来/几年/健康/产业/在/GDP/中将/占/比/第一/。
```

此时就可以使用 suggest_freq() 函数修改词频,以获得正确的分词结果。演示代码如下:

```
1  import jieba
2  str3 = '他认为未来几年健康产业在GDP中将占比第一。'
3  jieba.suggest_freq(('中', '将'), True)    # 修改词频,强制让"中将"
   作为两个词被切分出来
4  jieba.suggest_freq('占比', True)     # 修改词频,强制让"占比"作为一个
   词被切分出来
5  seg_list = jieba.cut(str3, HMM=False)    # HMM模型的新词识别功能可能
   会让词频调节失效,因此将其关闭
6  print('精确模式分词结果: \n', '/'.join(seg_list))
```

代码运行结果如下,可以看到修改词频后,获得了正确的分词结果。

```
1  精确模式分词结果:
2  他/认为/未来/几年/健康/产业/在/GDP/中/将/占比/第一/。
```

10.2.4　关键词提取

代码文件: 10.2.4 关键词提取.py

简单来说,关键词是最能反映文本的主题和意义的词语。关键词提取就是从指定文本中提取出与该文本的主旨最相关的词,它可以应用于文档的检索、分类和摘要自动编写等。例如,从新闻中提取出关键词,就能大致判断新闻的主要内容。

从文本中提取关键词的方法主要有两种：第一种是有监督的学习算法，这种方法将关键词的提取视为一个二分类问题，先提取出可能是关键词的候选词，再对候选词进行判定，判定结果只有"是关键词"和"不是关键词"两种，基于这一原理设计一个关键词归类器的算法模型，不断地用文本训练该模型，使模型更加成熟，直到模型能准确地对新文本提取关键词；第二种是无监督的学习算法，这种方法是对候选词进行打分，取出打分最高的候选词作为关键词，常见的打分算法有 TF-IDF 和 TextRank。jieba 模块提供了使用 TF-IDF 和 TextRank 算法提取关键词的函数，下面就来学习具体的编程方法。

1. 基于 TF-IDF 算法的关键词提取

extract_tags() 函数能基于 TF-IDF 算法提取关键词，其语法格式如下：

jieba.analyse.extract_tags(sentence, topK=20, withWeight=False, allowPOS=())

参数 sentence 为待提取关键词的文本；参数 topK 用于指定需返回的关键词个数，默认值为 20；参数 withWeight 用于指定是否同时返回权重，默认值为 False，表示不返回权重，TF 或 IDF 权重越高，返回的优先级越高；参数 allowPOS 用于指定返回的关键词的词性，以对返回的关键词进行筛选，默认值为空，表示不进行筛选。

基于 TF-IDF 算法的关键词提取的演示代码如下：

```
1  from jieba import analyse    # 导入关键词提取接口
2  text = '记者日前从中国科学院南京地质古生物研究所获悉，该所早期生命研究团
   队与美国学者合作，在中国湖北三峡地区的石板滩生物群中，发现了4种形似树叶
   的远古生物。这些"树叶"实际上是形态奇特的早期动物，它们生活在远古海洋底
   部。相关研究成果已发表在古生物学国际专业期刊《古生物学杂志》上。'
3  keywords = analyse.extract_tags(text, topK=10, withWeight=True,
   allowPOS=('n', 'v'))    # 提取10个词性为名词或动词的关键词并返回权重
4  print(keywords)
```

代码运行结果如下：

```
1  [('古生物学', 0.783184303024), ('树叶', 0.6635900468544), ('生物
   群', 0.43238540794400004), ('古生物', 0.38124919198039997), ('期
   刊', 0.36554014868720003), ('石板', 0.34699723913040004), ('形
   似', 0.3288202017184), ('研究成果', 0.3278758070928), ('团队',
   0.2826627565264), ('获悉', 0.28072960723920004)]
```

2. 基于 TextRank 算法的关键词提取

textrank() 函数能基于 TextRank 算法提取关键词，其语法格式如下：

jieba.analyse.textrank(sentence, topK=20, withWeight=False, allowPOS=('ns', 'n', 'vn', 'v')) textrank() 函数和 extract_tags() 函数的参数基本一致，只有参数 allowPOS 的默认值不同。并且由于算法不同，结果可能会有差异。基于 TextRank 算法的关键词提取的演示代码如下：

```
1  from jieba import analyse    # 导入关键词提取接口
2  text = '记者日前从中国科学院南京地质古生物研究所获悉，该所早期生命研究团
   队与美国学者合作，在中国湖北三峡地区的石板滩生物群中，发现了4种形似树叶
   的远古生物。这些"树叶"实际上是形态奇特的早期动物，它们生活在远古海洋底
   部。相关研究成果已发表在古生物学国际专业期刊《古生物学杂志》上。'
3  keywords = analyse.textrank(text, topK=10, withWeight=True, allowPOS=
   ('n', 'v'))    # 提取10个词性为名词或动词的关键词并返回权重
4  print(keywords)
```

代码运行结果如下，可以看到，由于算法不同，提取关键词的结果存在差异。

```
1  [('古生物学', 1.0), ('树叶', 0.8797803471074045), ('形似',
   0.6765568513591282), ('专业', 0.6684901270801065), ('生物',
   0.648692596888148), ('发表', 0.6139083953888275), ('生物群',
   0.59981945604977), ('期刊', 0.5651065025924439), ('国际',
   0.5642917600351786), ('获悉', 0.5620719278559326)]
```

10.2.5　停用词过滤

代码文件：10.2.5 停用词过滤.py、stopwords.txt

简单来说，停用词是指在每个文档中都会大量出现，但是对于 NLP 没有太大作用的词，如"你""我""的""在"及标点符号等。在分词完毕后将停用词过滤掉，有助于提高 NLP 的效率。

先来看看未过滤停用词的效果。演示代码如下：

```
1  import jieba
2  text = '商务部4月23日发布的数据显示，一季度，全国农产品网络零售额达
   936.8亿元，增长31.0%；电商直播超过400万场。电商给农民带来了新的机遇。'
3  seg_list = jieba.cut(text)
4  print('未启用停用词过滤时的分词结果：\n', '/'.join(seg_list))
```

代码运行结果如下：

```
1  未启用停用词过滤时的分词结果：
2  商务部/4/月/23/日/发布/的/数据/显示/，/一季度/，/全国/农产品/网络/零售
   额/达/936.8/亿元/，/增长/31.0%/；/电商/直播/超过/400/万场/。/电商/给/
   农民/带来/了/新/的/机遇/。
```

　　为了过滤停用词，需要有一个停用词词典。理论上来说，停用词词典的内容是根据 NLP 的目的变化的。我们可以自己制作停用词词典，但更有效率的做法是下载现成的停用词词典，然后根据自己的需求修改。用搜索引擎搜索"停用词词典"，选择合适的词典下载，保存到代码文件所在的文件夹。

　　本书的实例文件提供了一个停用词词典"stopwords.txt"，下面就使用这个词典来过滤停用词。演示代码如下：

```
1  import jieba
2  with open('stopwords.txt', 'r+', encoding='utf-8') as fp:
3      stopwords = fp.read().split('\n')    # 将停用词词典的每一行停用词
                                            作为列表的一个元素
4  word_list = []    # 用于存储过滤停用词后的分词结果
5  text = '商务部4月23日发布的数据显示，一季度，全国农产品网络零售额达
       936.8亿元，增长31.0%；电商直播超过400万场。电商给农民带来了新的机遇。'
6  seg_list = jieba.cut(text)
7  for seg in seg_list:
8      if seg not in stopwords:
9          word_list.append(seg)
10 print('启用停用词过滤时的分词结果：\n', '/'.join(word_list))
```

　　需要注意的是，第 2 行代码中要根据停用词词典的编码格式设置参数 encoding 的值。如果词典的编码格式是 GBK，则参数 encoding 就要设置为 'gbk'。如何判断词典的编码格式是 GBK 还是 UTF-8 呢？可以使用 PyCharm 打开停用词词典，如果正常显示词典内容，则是 UTF-8 格式；如果显示为乱码，则是 GBK 格式。

　　代码运行结果如下，可以看到，经过停用词过滤，分词结果更精练了。

```
1  启用停用词过滤时的分词结果：
2  商务部/4/月/23/日/发布/数据/显示/一季度/全国/农产品/网络/零售额/达
   /936.8/亿元/增长/31.0%/电商/直播/超过/400/万场/电商/农民/带来/新/机遇
```

10.2.6　词频统计

代码文件：10.2.6 词频统计.py

　　词频是 NLP 中一个很重要的概念，是分词和关键词提取的依据。在构造分词词典时，通常需要为每一个词设置词频。

　　对分词结果进行词频统计能从客观上反映一段文本的侧重点，演示代码如下：

```
1  import jieba
```

```
2    text = '蒸馍馍锅锅蒸馍馍，馍馍蒸了一锅锅，馍馍搁上桌桌，桌桌上面有馍馍。'
3    with open('stopwords.txt', 'r+', encoding='utf-8') as fp:
4        stopwords = fp.read().split('\n')    # 加载停用词词典
5    word_dict = {}    # 用于存储词频统计结果的词典
6    jieba.suggest_freq(('桌桌'), True)    # 让"桌桌"作为一个词被切分出来
7    seg_list = jieba.cut(text)
8    for seg in seg_list:
9        if seg not in stopwords:    # 如果分出的词不是停用词，则统计词频
10            if seg in word_dict.keys():
11                word_dict[seg] += 1    # 如果分出的词存在于词典中，说明该
                        词已经不是第一次出现在文本中，将该词的词频增加1
12            else:
13                word_dict[seg] = 1    # 如果分出的词不存在于词典中，说明该
                        词是第一次被切出，将其添加到词典中并设置词频为1
14    print(word_dict)
```

代码运行结果如下，从各个词的词频就可以大致分析出这段文本描述的是用锅蒸馍馍。

```
1    {'蒸': 3, '馍馍': 5, '锅锅': 1, '一锅': 1, '锅': 1, '搁': 1, '桌桌': 2,
     '上面': 1}
```

10.3　案例：新闻关键词的提取与汇总

代码文件：10.3 案例：新闻关键词的提取与汇总.py

本案例要爬取焦点中国网的今日焦点新闻（http://www.centrechina.com/news/jiaodian），然后从爬取到的新闻正文中提取关键词，最后将新闻标题和关键词汇总，存储为 csv 文件。

步骤 1：导入所需模块。演示代码如下：

```
1    import requests    # 用于获取网页源代码
2    from bs4 import BeautifulSoup    # 用于从网页源代码中提取数据
3    from jieba import analyse    # 用于从新闻内容中提取关键词
4    import os    # 用于完成文件和文件夹相关操作
5    import pandas as pd    # 用于完成数据的存储
```

步骤 2：先爬取今日焦点新闻首页中各条新闻的详情页网址。利用 7.2.1 节介绍的方法，在开发者工具中搜索新闻关键词，分析出数据存在于静态网页中。使用元素选择工具选中一

条新闻的链接，查看网页结构，可发现包含新闻详情页网址的 <a> 标签都位于 class 属性值为 ajax-load-con 的 <div> 标签下的 <h2> 标签下，如下图所示。

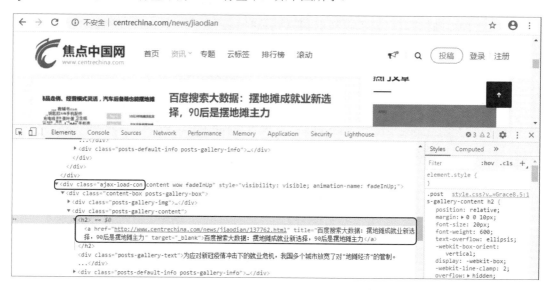

根据上述分析，编写代码爬取新闻详情页的网址。演示代码如下：

```
1   headers = {'User-Agent': 'Mozilla/5.0 (Windows NT 10.0; Win64;
    x64) AppleWebKit/537.36 (KHTML, like Gecko) Chrome/83.0.4103.97
    Safari/537.36'}
2   url = 'http://www.centrechina.com/news/jiaodian'
3   response = requests.get(url, headers)     # 对今日焦点新闻首页的网址发
    起请求，获取响应对象
4   html_data = response.text     # 从响应对象中提取网页源代码
5   soup = BeautifulSoup(html_data, 'lxml')     # 将网页源代码实例化为
    BeautifulSoup对象
6   hotnews_url_list = []     # 用于存储新闻详情页网址的列表
7   a_list = soup.select('.ajax-load-con h2 a')     # 选中每一条新闻的<a>
    标签
8   for a in a_list:
9       hotnews_url_list.append(a['href'])     # 从<a>标签中提取网址并添
        加到列表中
```

步骤 3： 对爬取到的每个详情页网址发起请求并得到 BeautifulSoup 对象，再提取新闻标题和正文。这里将这两部分功能分别用不同的自定义函数来实现。

自定义函数 get_text() 用于请求网址并返回 BeautifulSoup 对象。演示代码如下：

```
1   def get_text(url):     # 请求网址并返回BeautifulSoup对象
```

314

```
2    headers = {'User-Agent': 'Mozilla/5.0 (Windows NT 10.0; Win64;
     x64) AppleWebKit/537.36 (KHTML, like Gecko) Chrome/83.0.4103.97
     Safari/537.36'}
3    response = requests.get(url, headers)
4    response.encoding = 'utf-8'
5    html_data = response.text
6    soup = BeautifulSoup(html_data, 'lxml')    # 封装成Beautiful-
     Soup的对象
7    parse_url(soup)    # 调用BeautifulSoup对象解析函数，提取数据
```

自定义函数 parse_url() 用于解析每个 BeautifulSoup 对象，提取新闻标题和正文，并保存为 txt 文件。在编写代码之前，要先分析新闻详情页的网页结构。打开任意一条新闻的详情页，利用开发者工具分析可知，标题文本位于 class 属性值为 post-title 的 <div> 标签下的 <h1> 标签中，正文文本位于 class 属性值为 post-content 的 <div> 标签下的多个 <p> 标签中，如下图所示。

根据上述分析，编写 parse_url() 函数的代码。演示代码如下：

```
1    def parse_url(soup):    # 解析BeautifulSoup对象
2        title = soup.select('.post-title h1')[0].string    # 获取class属
         性值为post-title的标签下的<h1>标签的直系文本，即新闻标题
3        print(title)
4        p_list = soup.select('.post-content p')    # 选中class属性值为
         post-content的标签下的所有<p>标签
5        for p in p_list:    # 用循环遍历每个<p>标签
6            if p.string:    # 当<p>标签的直系文本不为空时才进行写入
7                with open(f'新闻/{title}.txt', 'a', encoding='utf-8')
                 as fp:    # 创建txt文件，文件名为新闻标题，文件保存位置为
                 代码文件所在文件夹下的"新闻"文件夹（需提前创建）
```

```
8        fp.write(p.string)    # 将<p>标签的直系文本写入txt文件
```

需要注意的是，新闻正文位于多个 <p> 标签中，提取出来后要以追加的模式写入 txt 文件，因此，第 7 行代码中设置文件的打开模式为 'a'。

步骤 4：用循环取出网址列表中的每个网址，并调用 get_text() 函数完成新闻标题和正文的提取与保存。演示代码如下：

```
1    for url in hotnews_url_list:
2        get_text(url)
```

代码运行结果如下图所示。

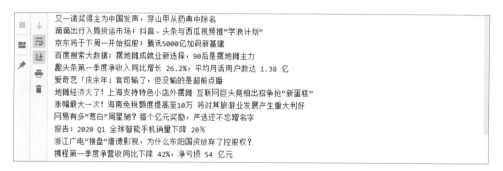

打开"新闻"文件夹，可看到多个 txt 文件，它们的文件名为爬取页面中的新闻标题，如下图所示。打开任意一个文件，可看到对应新闻的正文。

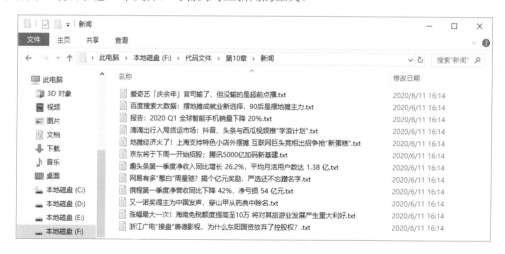

步骤 5：读取每个 txt 文件中的新闻正文，然后从中提取关键词。演示代码如下：

```
1    keywords_dict = {'新闻标题': [], '新闻检索关键词': []}    # 创建字典
     用于存储关键词提取结果
2    txt_name = os.listdir('新闻')    # 获取"新闻"文件夹下的所有文件名
```

```
3    for txt_file in txt_name:    # 循环取出每个文件名
4        with open('新闻/'+txt_file, 'r+', encoding='utf-8') as
         fp1:    # 通过文件名读取新闻内容
5            txt_content = fp1.read()
6        keywords = analyse.textrank(txt_content, topK=10, withWeight=
         False)    # 对新闻内容提取关键词
7        print(keywords)
8        keywords_dict['新闻标题'].append(txt_file)    # 将文件名也就是新
         闻标题写入字典
9        keywords_dict['新闻检索关键词'].append(keywords)    # 将提取的关
         键词写入字典
```

代码运行结果如下图所示。

```
['数据中心', '项目', '乌兰察布', '中心', '计算', '长三角', '人工智能', '投资', '超算', '数据']
['疫情', '全球', '确诊', '完成', '经济', '区块', '美国', '中国', '新冠', '韩国']
['小店', '地摊', '支持', '经济', '商家', '概念股', '发布', '计划', '超过', '消费']
['智能手机', '市场', '苹果', '销量', '本季度', '下降', '全球', '销售', '中国', '限制']
['疫情', '携程', '公司', '复苏', '新冠', '旅行', '表示', '市场', '活动', '旅游业']
['影视', '浙江', '公司', '东阳', '国资', '股权', '控股', '协议', '股份', '转让']
['海南', '旅游', '免税', '地区', '海南省', '国际', '政策', '额度', '提出', '超过']
['面板', '货运', '教育', '滴滴', '上市', '网易', '番茄', '智能手机', '预计', '公司']
['会员', '点播', '超前', '条款', '平台', '用户', '模式', '格式', '内容', '法院']
['地摊', '经济', '搜索', '城市', '就业', '内容', '相关', '百度', '热门', '技巧']
['网易', '直播', '电商', '精品', '严选', '带货', '能力', '在于', '成为', '消费']
['人民币', '净营', '头条', '活跃', '净亏损', '消费', '时间', '公司', '用户', '达到']
```

步骤 6： 将得到的数据转换为 DataFrame 类型，并存储为 csv 文件。演示代码如下：

```
1    news_keyswords_info = pd.DataFrame(keywords_dict, columns=['新闻标
     题', '新闻检索关键词'])    # 将字典转换为DataFrame
2    news_keyswords_info.to_csv('新闻关键词.csv', index=False, encoding=
     'utf-8')    # 将DataFrame存储为csv文件
```

运行以上代码，然后打开生成的 csv 文件，可看到如下图所示的关键词汇总效果。

```
文件(F)  编辑(E)  格式(O)  查看(V)  帮助(H)
新闻标题,新闻检索关键词
京东将于下周一开始招股: 腾讯5000亿加码新基建.txt,"['数据中心', '项目', '乌兰察布', '中心', '计算', '长三角', '人工智能', '投资', '超算', '数据']"
一诺奖得主为中国发声, 穿山甲从药典中除名.txt,"['疫情', '全球', '确诊', '完成', '经济', '区块', '美国', '中国', '新冠', '韩国']"
地摊经济火了! 上海支持特色小店外摆摊 互联网巨头竞相出招争抢"新蛋糕".txt,"['小店', '地摊', '支持', '经济', '商家', '概念股', '发布', '计划', '超过', '消费']"
报告: 2020 Q1 全球智能手机销量下降 20%.txt,"['智能手机', '市场', '苹果', '销量', '本季度', '下降', '全球', '销售', '中国', '限制']"
携程第一季度净收同比下降 42%, 净亏损 54 亿元.txt,"['疫情', '携程', '公司', '复苏', '新冠', '旅行', '表示', '市场', '活动', '旅游业']"
浙江广电"接盘"唐德影视, 为什么东阳国资放弃了控股权? .txt,"['影视', '浙江', '公司', '东阳', '国资', '股权', '控股', '协议', '股份', '转让']"
涨幅最大一次! 海南免税额度提高至10万 将对其旅游业发展产生重大利好.txt,"['海南', '旅游', '免税', '地区', '海南省', '国际', '政策', '额度', '提出', '超过']"
滴滴出行入局货运市场: 抖音、头条与西瓜视频推"学浪计划".txt,"['面板', '货运', '教育', '滴滴', '上市', '网易', '番茄', '智能手机', '预计', '公司']"
爱奇艺《庆余年》官司输了, 但没输给超前点播.txt,"['会员', '点播', '超前', '条款', '平台', '用户', '模式', '格式', '内容', '法院']"
百度搜索大数据: 摆地摊成就业新选择, 90后是摆地摊主力.txt,"['地摊', '经济', '搜索', '城市', '就业', '内容', '相关', '百度', '热门', '技巧']"
网易有多"葱白"周星驰? 搞个亿元奖励, 严选还不忘蹭名字.txt,"['网易', '直播', '电商', '精品', '严选', '带货', '能力', '在于', '成为', '消费']"
趣头条第一季度净收入同比增长 26.2%, 平均月活用户数达 1.38 亿.txt,"['人民币', '净营', '头条', '活跃', '净亏损', '消费', '时间', '公司', '用户', '达到']"
```

本案例为了方便展示效果，只爬取了一页新闻。感兴趣的读者可以自己尝试进行扩展：通过循环和代理的方式爬取更多页的新闻并进行处理，保存到数据库中，再通过关键词查询新闻。

[第11章]

数据可视化
——Matplotlib 模块

数据可视化是一种将庞杂抽象的数据转化为直观易懂的图形的数据呈现技术，它能帮助我们快速把握数据的分布和规律，更加轻松地理解和探索信息。在当今这个信息爆炸的时代，数据可视化越来越受重视。

Matplotlib 是 Python 中最常用、最著名的数据可视化模块，该模块的子模块 pyplot 包含大量用于绘制各类图表的函数。在第 6 章中初步接触过 Matplotlib 模块，本章则要更加全面而系统地讲解 Matplotlib 模块的用法。

11.1 绘制基本图表

日常工作中最基本的图表有柱形图、条形图、折线图、饼图等，Matplotlib 模块针对这些图表均提供了对应的绘制函数。用于绘制图表的数据可以直接书写在代码中，也可以通过 pandas 模块的 read_excel() 函数从 Excel 工作簿中导入。

11.1.1 绘制柱形图

代码文件：11.1.1 绘制柱形图.py

柱形图通常用于直观地对比数据，在实际工作中使用频率很高。使用 Matplotlib 模块中的 bar() 函数即可绘制柱形图。演示代码如下：

```
1    import matplotlib.pyplot as plt
2    x = [1, 2, 3, 4, 5, 6, 7, 8]
3    y = [60, 45, 49, 36, 42, 67, 40, 50]
4    plt.bar(x, y)
5    plt.show()
```

第 1 行代码导入 Matplotlib 模块的子模块 pyplot，第 2 行和第 3 行代码分别给出图表的 x 轴和 y 轴的值，第 4 行代码使用 bar() 函数绘制柱形图，第 5 行代码使用 show() 函数显示绘制的图表。

代码运行结果如下图所示。

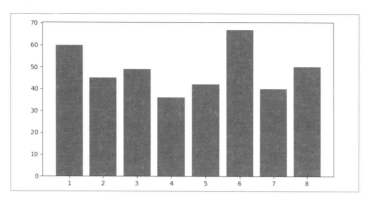

如果想要改变柱形图中每根柱子的宽度和颜色，可以通过设置 bar() 函数的参数 width 和 color 的值来实现。演示代码如下：

```
1    plt.bar(x, y, width=0.5, color='r')
```

参数 width 用于设置柱子的宽度，其值并不表示一个具体的尺寸，而是表示柱子的宽度在图表中所占的比例，默认值为 0.8。如果设置为 1，则各个柱子会紧密相连；如果设置为大于 1 的数，则各个柱子会相互交叠。

参数 color 用于设置柱子的填充颜色，上述代码中的 "r" 是 "red" 的简写，表示将柱子的填充颜色设置为红色。Matplotlib 模块支持多种格式定义的颜色，常用的格式有以下几种：

• 用颜色名的英文单词或其简写定义的 8 种基础颜色，具体见下表；

参数值	颜色	参数值	颜色
'red' 或 'r'	红色	'magenta' 或 'm'	洋红色
'green' 或 'g'	绿色	'yellow' 或 'y'	黄色
'blue' 或 'b'	蓝色	'black' 或 'k'	黑色
'cyan' 或 'c'	青色	'white' 或 'w'	白色

• 用 RGB 值的浮点数元组定义的颜色，RGB 值通常是用 0 ~ 255 的十进制整数表示的，如 (51, 255, 0)，将每个元素除以 255，得到 (0.2, 1.0, 0.0)，就是 Matplotlib 模块可以识别的 RGB 颜色；

• 用 RGB 值的十六进制字符串定义的颜色，如 '#33FF00'，其与 (51, 255, 0) 是相同的 RGB 颜色，读者可自行搜索 "十六进制颜色码转换工具" 来获取更多颜色。

在上面的代码中，x 轴和 y 轴的值都是数字，如果值中有中文字符，则必须在绘制图表前加上两行代码。演示代码如下：

```
1    import matplotlib.pyplot as plt
2    plt.rcParams['font.sans-serif'] = ['Microsoft YaHei']
3    plt.rcParams['axes.unicode_minus'] = False
```

```
4    x = ['上海', '成都', '重庆', '深圳', '北京', '长沙', '南京', '青岛']
5    y = [60, 45, 49, 36, 42, 67, 40, 50]
6    plt.bar(x, y, width=0.5, color='r')
7    plt.show()
```

第 4 行代码给出的 x 轴的值为中文字符串，而 Matplotlib 模块在绘制图表时默认不支持显示中文，因此必须加上第 2 行和第 3 行代码。其中，第 2 行代码通过设置字体为微软雅黑来正常显示中文内容，第 3 行代码用于解决负号显示为方块的问题。

第 2 行代码中的 "Microsoft YaHei" 是微软雅黑字体的英文名称，如果想使用其他中文字体，可参考下面的字体名称中英文对照表。

字体中文名称	字体英文名称	字体中文名称	字体英文名称
黑体	SimHei	仿宋	FangSong
微软雅黑	Microsoft YaHei	楷体	KaiTi
宋体	SimSun	细明体	MingLiU
新宋体	NSimSun	新细明体	PMingLiU

代码运行结果如下图所示。

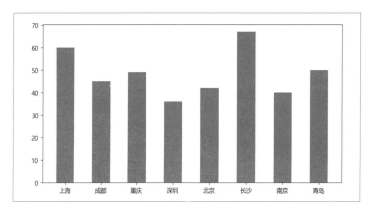

11.1.2 绘制条形图

代码文件：11.1.2 绘制条形图.py

条形图也常用于对比数据，它可以看成将柱形图的 x 轴和 y 轴调换位置的结果。使用 Matplotlib 模块中的 barh() 函数可绘制条形图。演示代码如下：

```
1    import matplotlib.pyplot as plt
2    plt.rcParams['font.sans-serif'] = ['Microsoft YaHei']
3    plt.rcParams['axes.unicode_minus'] = False
4    x = ['上海', '成都', '重庆', '深圳', '北京', '长沙', '南京', '青岛']
```

```
5   y = [60, 45, 49, 36, 42, 67, 40, 50]
6   plt.barh(x, y, height=0.5, color='r')    # 参数height用于设置条形的
    高度
7   plt.show()
```

代码运行结果如下图所示。

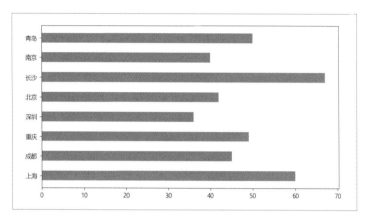

11.1.3　绘制折线图

代码文件：11.1.3 绘制折线图.py

折线图常用于显示一段时间内的数据趋势。使用 Matplotlib 模块中的 plot() 函数可绘制折线图。演示代码如下：

```
1   import matplotlib.pyplot as plt
2   plt.rcParams['font.sans-serif'] = ['Microsoft YaHei']
3   plt.rcParams['axes.unicode_minus'] = False
4   x = ['1月', '2月', '3月', '4月', '5月', '6月', '7月', '8月', '9月',
    '10月', '11月', '12月']
5   y = [50, 45, 65, 76, 75, 85, 55, 78, 86, 89, 94, 90]
6   plt.plot(x, y, color='r', linewidth=2, linestyle='dashdot')
7   plt.show()
```

第 6 行代码中，参数 color 用于设置折线的颜色；参数 linewidth 用于设置折线的粗细（单位为"点"）；参数 linestyle 用于设置折线的线型，可取的值如下表所示。

参数值	线型	参数值	线型
'-' 或 'solid'	——————	'-.' 或 'dashdot'	-·-·-·-·-·-·-
'--' 或 'dashed'	- - - - - - - - - -	'None' 或 ' ' 或 ''	不画线
':' 或 'dotted'	···················	—	—

代码运行结果如下图所示。

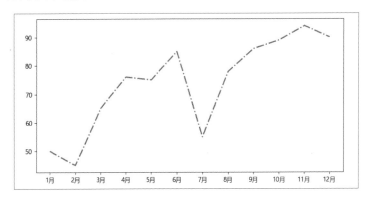

通过设置参数 marker 和 markersize 可绘制带数据标记的折线图。演示代码如下：

```
1    plt.plot(x, y, color='r', linestyle='dashdot', linewidth=2, marker
     ='*', markersize=10)
```

代码中的 marker= '*' 表示设置数据标记的样式为五角星，markersize=10 表示设置数据标记的大小为 10 点。参数 marker 常用的取值如下表所示。

参数值	数据标记	参数值	数据标记	参数值	数据标记
'.'	●	's'	■	'D'	◆
'o'（小写字母）	●	'*'	★	'd'	◆
'v'	▼	'p'	⬠	'+'	+
'^'	▲	'h'	⬣	'x'	×

代码运行结果如下图所示。

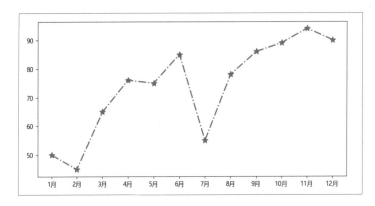

11.1.4 绘制面积图

代码文件：11.1.4 绘制面积图.py

面积图实际上是折线图的另一种表现形式，它利用折线与坐标轴围成的图形来表达数据随时间推移的变化趋势。使用Matplotlib模块中的stackplot()函数可绘制面积图。演示代码如下：

```
1   import matplotlib.pyplot as plt
2   plt.rcParams['font.sans-serif'] = ['Microsoft YaHei']
3   plt.rcParams['axes.unicode_minus'] = False
4   x = ['1月', '2月', '3月', '4月', '5月', '6月', '7月', '8月', '9月',
    '10月', '11月', '12月']
5   y = [50, 45, 65, 76, 75, 85, 55, 78, 86, 89, 94, 90]
6   plt.stackplot(x, y, color='r')
7   plt.show()
```

代码运行结果如下图所示。

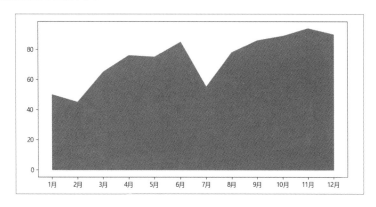

11.1.5 绘制散点图

代码文件：11.1.5 绘制散点图.py

散点图常用于发现各变量之间的关系。使用 Matplotlib 模块中的 scatter() 函数可绘制散点图。演示代码如下：

```
1   import pandas as pd
2   import matplotlib.pyplot as plt
3   data = pd.read_excel('汽车速度和刹车距离表.xlsx')
4   x = data['汽车速度(km/h)']
5   y = data['刹车距离(m)']
6   plt.scatter(x, y, s=100, marker='o', color='r', edgecolor='k')
7   plt.show()
```

第 3 行代码使用 read_excel() 函数导入工作簿"汽车速度和刹车距离表.xlsx"中的数据，第 4 行指定 x 轴的值为工作簿中"汽车速度 (km/h)"列的数据，第 5 行代码指定 y 轴的值为工作簿中"刹车距离 (m)"列的数据。第 6 行代码中，参数 s 用于设置每个点的面积；参数

marker 用于设置每个点的样式，取值和 plot() 函数的参数 marker 相同；参数 color 和 edgecolor 分别用于设置每个点的填充颜色和轮廓颜色。代码运行结果如下图所示。

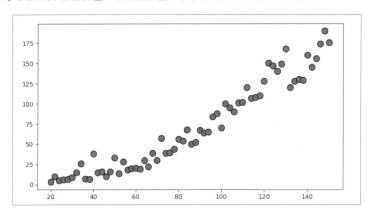

为便于推断变量之间的相关性，可为散点图添加一条线性趋势线。演示代码如下：

```
1   import pandas as pd
2   import matplotlib.pyplot as plt
3   from sklearn import linear_model
4   data = pd.read_excel('汽车速度和刹车距离表.xlsx')
5   x = data['汽车速度(km/h)']
6   y = data['刹车距离(m)']
7   plt.scatter(x, y, s=100, marker='o', color='r', edgecolor='k')
8   model = linear_model.LinearRegression().fit(x.values.reshape(-1, 1), y)
9   pred = model.predict(x.values.reshape(-1, 1))
10  plt.plot(x, pred, color='k', linewidth=3, linestyle='solid')
11  plt.show()
```

第 3 行代码导入 Scikit-Learn 模块；第 8 行和第 9 行代码使用 Scikit-Learn 模块中的函数创建了一个线性回归算法模型，用于根据汽车速度预测对应的刹车距离；第 10 行代码根据预测结果使用 plot() 函数绘制了一条线性趋势线。代码运行结果如下图所示。

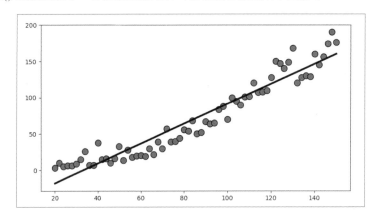

11.1.6　绘制饼图和圆环图

代码文件：11.1.6 绘制饼图和圆环图.py

饼图常用于展示各类别数据的占比。使用 Matplotlib 模块中的 pie() 函数可绘制饼图。演示代码如下：

```
1  import matplotlib.pyplot as plt
2  plt.rcParams['font.sans-serif'] = ['Microsoft YaHei']
3  plt.rcParams['axes.unicode_minus'] = False
4  x = ['上海', '成都', '重庆', '深圳', '北京', '青岛', '南京']
5  y = [10, 45, 25, 36, 45, 56, 78]
6  plt.pie(y, labels=x, labeldistance=1.1, autopct='%.2f%%', pctdistance
   =1.5)
7  plt.show()
```

第 6 行代码中，参数 labels 用于设置每一个饼图块的标签，参数 labeldistance 用于设置每一个饼图块的标签与中心的距离，参数 autopct 用于设置百分比数值的格式，参数 pctdistance 用于设置百分比数值与中心的距离。

代码运行结果如右图所示。

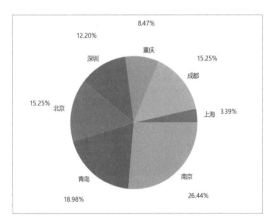

适当设置参数 explode 的值，可以分离饼图块以突出显示数据。演示代码如下：

```
1  plt.pie(y, labels=x, labeldistance=1.1, autopct='%.2f%%', pctdistance
   =1.5, explode=[0, 0, 0, 0, 0, 0.3, 0], startangle=90, counterclock
   =False)
```

代码中的参数 explode 用于设置每一个饼图块与圆心的距离，其值通常是一个列表，列表的元素个数与饼图块的数量相同。这里设置为 [0, 0, 0, 0, 0, 0.3, 0]，第 6 个元素为 0.3，其他元素均为 0，表示将第 6 个饼图块（青岛）分离，其他饼图块的位置不变。

参数 startangle 用于设置第 1 个饼图块的初始角度，这里设置为 90°。

参数 counterclock 用于设置各个饼图块是逆时针排列还是顺时针排列，为 False 时表示顺时针排列，为 True 时表示逆时针排列。

代码运行结果如右图所示。

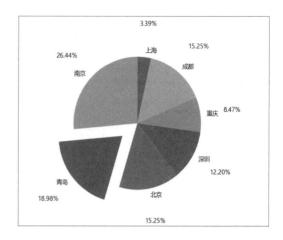

适当设置参数 wedgeprops 的值，还能绘制出圆环图。演示代码如下：

```
1  plt.pie(y, labels=x, labeldistance=1.1, autopct='%.2f%%', pctdistance
   =1.5, wedgeprops={'width': 0.3, 'linewidth': 2, 'edgecolor': 'white'})
```

参数 wedgeprops 用于设置饼图块的属性，其值为一个字典，字典中的元素则是饼图块各个属性的名称和值的键值对。上述代码中的 wedgeprops={'width': 0.3, 'linewidth': 2, 'edgecolor': 'white'} 就表示设置饼图块的环宽（圆环的外圆半径减去内圆半径）占外圆半径的比例为 0.3，边框粗细为 2，边框颜色为白色。将饼图块的环宽占比设置为小于 1 的数（这里为 0.3），就能绘制出圆环图的效果。

代码运行结果如右图所示。

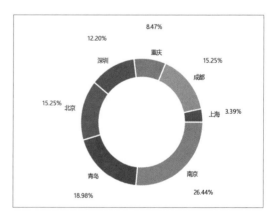

11.2 图表的绘制和美化技巧

本节要讲解一些图表的绘制和美化技巧，包括在一张画布中绘制多个图表，以及为了让图表更美观、更易于理解，为图表添加图表标题、图例、网格线等元素，并设置元素的格式，如网格线的线型和粗细、坐标轴的刻度范围等。

11.2.1　在一张画布中绘制多个图表

代码文件：11.2.1 在一张画布中绘制多个图表.py

Matplotlib 模块在绘制图表时，默认先建立一张画布，然后在画布中显示绘制的图表。如果想要在一张画布中绘制多个图表，可以使用 subplot() 函数将画布划分为几个区域，然后在各个区域中分别绘制不同的图表。

subplot() 函数的参数为 3 个整型数字：第 1 个数字代表将整张画布划分为几行；第 2 个数字代表将整张画布划分为几列；第 3 个数字代表要在第几个区域中绘制图表，区域的编号规则是按照从左到右、从上到下的顺序，从 1 开始编号。演示代码如下：

```
1   import matplotlib.pyplot as plt
2   plt.rcParams['font.sans-serif'] = ['Microsoft YaHei']
3   plt.rcParams['axes.unicode_minus'] = False
4   x = ['1月', '2月', '3月', '4月', '5月', '6月', '7月', '8月', '9月',
    '10月', '11月', '12月']
5   y = [50, 45, 65, 76, 75, 85, 55, 78, 86, 89, 94, 90]
6   plt.subplot(2, 2, 1)
7   plt.pie(y, labels=x, labeldistance=1.1, startangle=90, counterclock
    =False)
8   plt.subplot(2, 2, 2)
9   plt.bar(x, y, width=0.5, color='r')
10  plt.subplot(2, 2, 3)
11  plt.stackplot(x, y, color='r')
12  plt.subplot(2, 2, 4)
13  plt.plot(x, y, color='r', linestyle='solid', linewidth=2, marker=
    'o', markersize=10)
14  plt.show()
```

第 6 行代码将整张画布划分为 2 行 2 列，并指定在第 1 个区域中绘制图表。接着用第 7 行代码绘制饼图。

第 8 行代码将整张画布划分为 2 行 2 列，并指定在第 2 个区域中绘制图表。接着用第 9 行代码绘制柱形图。

第 10 行代码将整张画布划分为 2 行 2 列，并指定在第 3 个区域中绘制图表。接着用第 11 行代码绘制面积图。

第 12 行代码将整张画布划分为 2 行 2 列，并指定在第 4 个区域中绘制图表。接着用第 13 行代码绘制折线图。

subplot() 函数的参数也可以写成一个 3 位数的整型数字，如 223。使用这种形式的参数时，划分画布的行数或列数不能超过 10。

代码运行结果如下图所示。

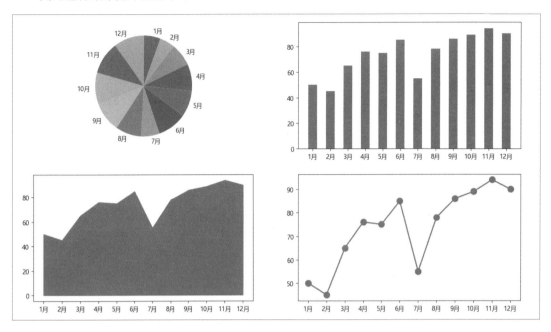

11.2.2　添加图表元素

代码文件：11.2.2 添加图表元素.py

下面来讲解如何为图表添加图表标题、坐标轴标题、图例、数据标签等图表元素。演示代码如下：

```python
1   import matplotlib.pyplot as plt
2   plt.rcParams['font.sans-serif'] = ['Microsoft YaHei']
3   plt.rcParams['axes.unicode_minus'] = False
4   x = ['1月', '2月', '3月', '4月', '5月', '6月', '7月', '8月', '9月',
    '10月', '11月', '12月']
5   y = [50, 45, 65, 76, 75, 85, 55, 78, 86, 89, 94, 90]
6   plt.bar(x, y, width=0.6, color='r', label='销售额(万元)')
7   plt.title(label='销售额对比图', fontdict={'family': 'KaiTi', 'color':
    'k', 'size': 30}, loc='center')
8   plt.xlabel('月份', fontdict={'family': 'SimSun', 'color': 'k',
    'size': 20}, labelpad=20)
9   plt.ylabel('销售额', fontdict={'family': 'SimSun', 'color': 'k',
    'size': 20}, labelpad=20)
10  plt.legend(loc='upper left', fontsize=15)
11  for a, b in zip(x, y):
```

```
12    plt.text(x=a, y=b, s=b, ha='center', va='bottom', fontdict=
      {'family': 'KaiTi', 'color': 'k', 'size': 20})
13  plt.show()
```

第 7 行代码中的 title() 函数用于添加图表标题。参数 fontdict 用于设置图表标题的文本格式，如字体、颜色、字号等；参数 loc 用于设置图表标题的位置，可取的值如下表所示。

参数值	'center'	'left'	'right'
图表标题位置	居中显示	靠左显示	靠右显示

第 8 行代码中的 xlabel() 函数用于添加 x 轴标题，第 9 行代码中的 ylabel() 函数用于添加 y 轴标题。这两个函数的第 1 个参数为标题的文本内容，参数 fontdict 用于设置标题的文本格式，参数 labelpad 用于设置标题与坐标轴的距离。

第 10 行代码中的 legend() 函数用于添加图例，图例的内容由相应的绘图函数决定。例如，第 6 行代码使用 bar() 函数绘制柱形图，则 legend() 函数添加的图例图形为矩形色块，图例标签文本为 bar() 函数的参数 label 的值。legend() 函数的参数 loc 用于设置图例的位置，取值可以为字符串或整型数字，具体如下表所示。需要注意的是，'right' 的含义实际上与 'center right' 的含义相同，这个值是为了兼容旧版本的 Matplotlib 模块而设立的。

字符串	整型数字	图例位置	字符串	整型数字	图例位置
'best'	0	根据图表区域自动选择	'right'	5	右侧中间
			'center left'	6	左侧中间
'upper right'	1	右上角	'center right'	7	右侧中间
'upper left'	2	左上角	'lower center'	8	底部中间
'lower left'	3	左下角	'upper center'	9	顶部中间
'lower right'	4	右下角	'center'	10	正中心

第 12 行代码中的 text() 函数的功能是在图表坐标系的指定位置添加文本。参数 x 和 y 分别表示文本的 x 坐标和 y 坐标；参数 s 表示文本的内容；参数 ha 是 horizontal alignment 的简称，表示文本在水平方向的显示位置，有 'center'、'right'、'left' 三个值可选；参数 va 是 vertical alignment 的简称，表示文本在垂直方向的显示位置，有 'center'、'top'、'bottom'、'baseline'、'center_baseline' 五个值可选。参数 ha 和 va 取不同值时的绘制效果如下图所示（上方为参数 ha 的效果示意，下方为参数 va 的效果示意），限于篇幅，这里不做展开讲解，大家简单了解即可。

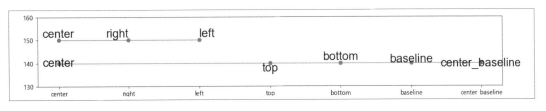

text() 函数每次只能添加一个文本，要给图表的所有数据点添加数据标签，则需配合使用

循环。第 11 行代码使用 for 语句构造了一个循环,其中的 zip() 函数用于将列表 x 和 y 的元素逐个配对打包成一个个元组,即类似 ('1 月', 50)、('2 月', 45)、('3 月', 65)……的形式,再通过循环变量 a 和 b 分别取出每个元组的元素,在第 12 代码中传递给 text() 函数,用于添加数据标签。

代码运行结果如下图所示。

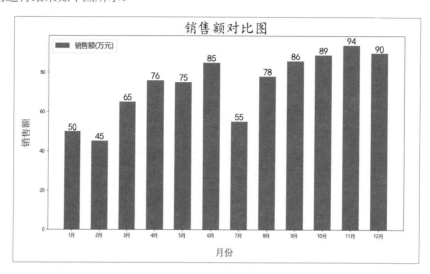

11.2.3 添加并设置网格线

代码文件:11.2.3 添加并设置网格线.py

使用 Matplotlib 模块中的 grid() 函数可以为图表添加网格线。演示代码如下:

```python
1   import matplotlib.pyplot as plt
2   plt.rcParams['font.sans-serif'] = ['Microsoft YaHei']
3   plt.rcParams['axes.unicode_minus'] = False
4   x = ['1月', '2月', '3月', '4月', '5月', '6月', '7月', '8月', '9月',
    '10月', '11月', '12月']
5   y = [50, 45, 65, 76, 75, 85, 55, 78, 86, 89, 94, 90]
6   plt.plot(x, y, color='r', linestyle='solid', linewidth=2)
7   plt.title(label='销售额趋势图', fontdict={'family': 'KaiTi',
    'color': 'k', 'size': 30}, loc='center')
8   plt.xlabel('月份', fontdict={'family': 'SimSun', 'color': 'k',
    'size': 20}, labelpad= 20)
9   plt.ylabel('销售额(万元)', fontdict={'family': 'SimSun', 'color':
    'k', 'size': 20}, labelpad=20)
10  plt.grid(b=True, color='r', linestyle='dotted', linewidth=1)
11  plt.show()
```

第 10 行代码中,grid() 函数的参数 b 设置为 True,表示显示网格线(默认同时显示 x 轴

和 y 轴的网格线），参数 linestyle 和 linewidth 分别用于设置网格线的线型和粗细。代码运行结果如下图所示。

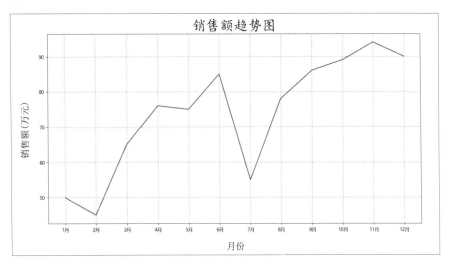

如果只想显示 x 轴或 y 轴的网格线，可以对 grid() 函数的参数 axis 进行设置。该参数的默认值为 'both'，表示同时设置 x 轴和 y 轴的网格线，值为 'x' 或 'y' 时分别表示只设置 x 轴或 y 轴的网格线。演示代码如下：

```
1    plt.grid(b=True, axis='y', color='r', linestyle='dotted', linewidth=1)
```

代码运行结果如下图所示。

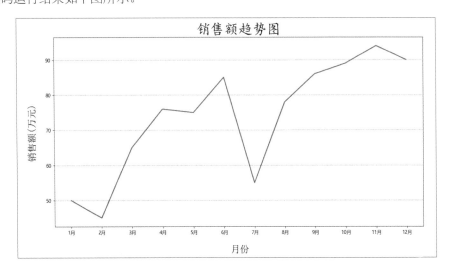

11.2.4　调整坐标轴的刻度范围

代码文件：11.2.4 调整坐标轴的刻度范围.py

使用 Matplotlib 模块中的 xlim() 和 ylim() 函数可以分别调整 x 轴和 y 轴的刻度范围。演示代码如下：

```
1   import matplotlib.pyplot as plt
2   plt.rcParams['font.sans-serif'] = ['Microsoft YaHei']
3   plt.rcParams['axes.unicode_minus'] = False
4   x = ['1月', '2月', '3月', '4月', '5月', '6月', '7月', '8月', '9月',
    '10月', '11月', '12月']
5   y = [50, 45, 65, 76, 75, 85, 55, 78, 86, 89, 94, 90]
6   plt.plot(x, y, color='r', linestyle='solid', linewidth=2, label=
    '销售额(万元)')
7   plt.title(label='销售额趋势图', fontdict={'family': 'KaiTi', 'color':
    'k', 'size': 30}, loc='center')
8   plt.legend(loc='upper left', fontsize=15)
9   for a,b in zip(x, y):
10      plt.text(a, b, b, ha='center', va='bottom', fontdict={'family':
        'KaiTi', 'color': 'k', 'size': 20})
11  plt.ylim(40, 100)
12  plt.show()
```

第 11 行代码中使用 ylim() 函数设置 y 轴刻度的取值范围为 40 ～ 100。如果要调整 x 轴的刻度范围，使用 xlim() 函数即可。代码运行结果如下图所示。

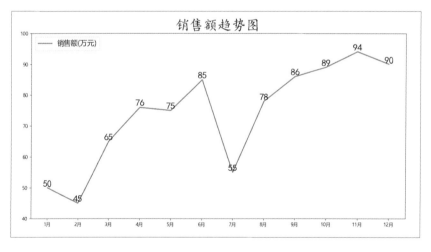

技巧：切换坐标轴的显示和隐藏

使用 axis() 函数可以切换坐标轴的显示和隐藏。演示代码如下：

```
1   plt.axis('on')     # 显示坐标轴
2   plt.axis('off')    # 隐藏坐标轴
```

11.3　绘制高级图表

前面学习了常见图表的绘制方法，以及图表元素的添加和格式设置。本节接着学习绘制更加高级、专业的图表，如气泡图、雷达图、箱形图等。

11.3.1　绘制气泡图

代码文件：11.3.1 绘制气泡图.py

气泡图是一种展示三个变量之间关系的图表，它其实是在散点图的基础上升级改造而成的，在原有的 x 坐标和 y 坐标两个变量的基础上，引入第三个变量，并用气泡的大小表示。因此，绘制气泡图要用到的函数就是绘制散点图的 scatter() 函数，只是参数的设置上有些区别。演示代码如下：

```
1   import matplotlib.pyplot as plt
2   import pandas as pd
3   plt.rcParams['font.sans-serif'] = ['Microsoft YaHei']
4   plt.rcParams['axes.unicode_minus'] = False
5   data = pd.read_excel('产品销售统计.xlsx')
6   n = data['产品名称']
7   x = data['销售量(件)']
8   y = data['销售额(元)']
9   z = data['毛利率(%)']
10  plt.scatter(x, y, s=z * 300, color='r', marker='o')
11  plt.xlabel('销售量(件)', fontdict={'family': 'Microsoft YaHei', 'color': 'k', 'size': 20}, labelpad=20)
12  plt.ylabel('销售额(元)', fontdict={'family': 'Microsoft YaHei', 'color': 'k', 'size': 20}, labelpad=20)
13  plt.title('销售量、销售额与毛利率关系图', fontdict={'family': 'Microsoft YaHei', 'color': 'k', 'size': 30}, loc='center')
14  for a, b, c in zip(x, y, n):
15      plt.text(x=a, y=b, s=c, ha='center', va='center', fontsize=15, color='w')
16  plt.xlim(50, 600)
17  plt.ylim(2900, 11000)
18  plt.show()
```

绘制气泡图的关键是设置 scatter() 函数的参数 s 的值，该参数表示每个点的面积。当该参数为单个值时，表示所有点的面积相同，从而绘制出散点图，也就是 11.1.5 节中的效果；当该参数为一个序列类型的值时，就可以分别为每个点设置不同的面积，从而绘制出气泡图。

第 10 行代码中将参数 s 设置为序列类型的变量 z，并将序列中的每个值放大 300 倍，这是因为毛利率的值较小，如果不放大，气泡会太小，导致图表不美观。第 16 行和第 17 行代码适当设置 x 轴和 y 轴的刻度范围，让气泡显示完全。代码运行结果如下图所示。

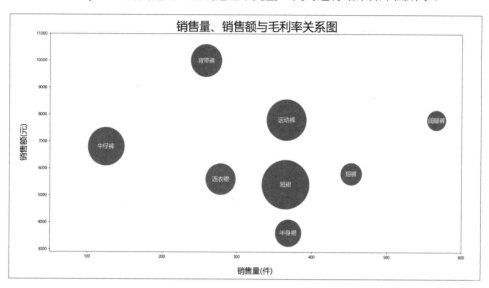

11.3.2 绘制组合图

代码文件：11.3.2 绘制组合图.py

组合图是指在一个坐标系中绘制多张图表，其实现方式也很简单，在使用 Matplotlib 模块中的函数绘制图表时设置多组 y 坐标值即可。演示代码如下：

```python
1   import pandas as pd
2   import matplotlib.pyplot as plt
3   plt.rcParams['font.sans-serif'] = ['Microsoft YaHei']
4   plt.rcParams['axes.unicode_minus'] = False
5   data = pd.read_excel('销售业绩表.xlsx')
6   x = data['月份']
7   y1 = data['销售额(万元)']
8   y2 = data['同比增长率']
9   plt.bar(x, y1, color='c', label='销售额(万元)')
10  plt.plot(x, y2, color='r', linewidth=3, label='同比增长率')
11  plt.legend(loc='upper left', fontsize=15)
12  plt.show()
```

第 7 行和第 8 行代码分别设置了两组 y 坐标值，第 9 行代码用第 1 组 y 坐标值绘制了一个柱形图，第 10 行代码用第 2 组 y 坐标值绘制了一个折线图。代码运行结果如下图所示。

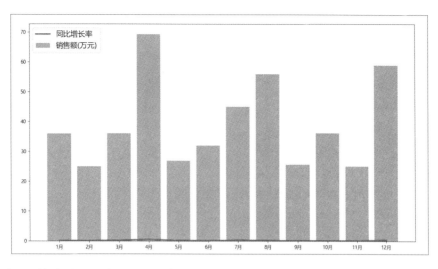

从上图可以看到，因为两组 y 坐标值的数量级相差比较大，所以绘制出的组合图中，代表同比增长的折线图近乎一条直线，对分析数据完全没有帮助。此时需要使用 twinx() 函数为图表设置次坐标轴。演示代码如下（第 1～8 行与前面相同，从略）：

```
9    plt.bar(x, y1, color='c', label='销售额(万元)')
10   plt.legend(loc='upper left', fontsize=15)
11   plt.twinx()
12   plt.plot(x, y2, color='r', linewidth=3, label='同比增长率')
13   plt.legend(loc='upper right', fontsize=15)
14   plt.show()
```

第 9 行代码绘制了一个柱形图，第 10 行代码在图表左上角为柱形图添加图例；第 11 行代码使用 twinx() 函数为图表添加次坐标轴；第 12 行代码在次坐标轴中绘制了一个折线图，第 13 行代码在图表右上角为折线图添加图例。代码运行结果如下图所示。

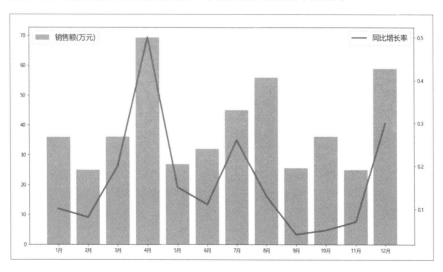

11.3.3 绘制直方图

代码文件：11.3.3 绘制直方图.py

直方图用于展示数据的分布情况，使用 Matplotlib 模块中的 hist() 函数可以绘制直方图。演示代码如下：

```python
import pandas as pd
import matplotlib.pyplot as plt
plt.rcParams['font.sans-serif'] = ['Microsoft YaHei']
plt.rcParams['axes.unicode_minus'] = False
data = pd.read_excel('客户年龄统计表.xlsx')
x = data['年龄']
plt.hist(x, bins=9)
plt.xlim(15, 60)
plt.ylim(0, 40)
plt.title('年龄分布直方图', fontsize=20)
plt.xlabel('年龄')
plt.ylabel('人数')
plt.grid(b=True, linestyle='dotted', linewidth=1)
plt.show()
```

第 7 行代码中，hist() 函数的参数 bins 用于设置直方图中数据分组的组数，也就是柱子的个数。代码运行结果如下图所示。

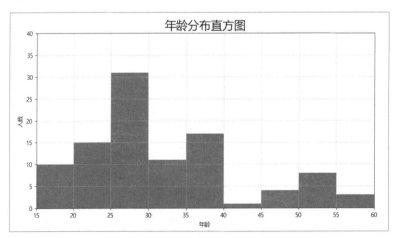

11.3.4 绘制雷达图

代码文件：11.3.4 绘制雷达图.py

雷达图可以同时比较和分析多个指标。该图表可以看成一条或多条闭合的折线，因此，使用绘制折线图的 plot() 函数也可以绘制雷达图。演示代码如下：

```python
import pandas as pd
import numpy as np
import matplotlib.pyplot as plt
plt.rcParams['font.sans-serif'] = ['SimHei']
plt.rcParams['axes.unicode_minus'] = False
data = pd.read_excel('汽车性能指标分值统计表.xlsx')
data = data.set_index('性能评价指标')
data = data.T
data.index.name = '品牌'
def plot_radar(data, feature):
    columns = ['动力性', '燃油经济性', '制动性', '操控稳定性', '行驶平
顺性', '通过性', '安全性', '环保性', '方便性', '舒适性', '经济性',
'容量性']
    colors = ['r', 'g', 'y']
    angles = np.linspace(0.1 * np.pi, 2.1 * np.pi, len(columns),
endpoint=False)
    angles = np.concatenate((angles, [angles[0]]))
    figure = plt.figure(figsize=(6, 6))
    ax = figure.add_subplot(1, 1, 1, projection='polar')
    for i, c in enumerate(feature):
        stats = data.loc[c]
        stats = np.concatenate((stats, [stats[0]]))
        ax.plot(angles, stats, '-', linewidth=2, c=colors[i], label
=str(c))
        ax.fill(angles, stats, color=colors[i], alpha=0.75)
    ax.legend(loc=4, bbox_to_anchor=(1.15, -0.07))
    ax.set_yticklabels([2, 4, 6, 8, 10])
    ax.set_thetagrids(angles * 180 / np.pi, columns, fontsize=12)
    plt.show()
    return figure
figure = plot_radar(data, ['A品牌', 'B品牌', 'C品牌'])
```

第 10 ～ 26 行代码自定义了一个函数 plot_radar()，该函数有两个参数，其中 data 是用于绘制图表的数据，feature 是要展示的一个或多个品牌。

第 11 行代码设置了在图表中要展示的性能评价指标。第 12 行代码用于设置每个品牌在图表中的图例颜色。第 13 行代码根据要显示的指标个数对圆形进行等分。第 14 行代码用于连接刻度线数据。第 15 行代码使用 figure() 函数创建了一张高和宽都为 6 英寸的画布。第

16 行代码使用 add_subplot() 函数将整张画布划分为 1 行 1 列，并在第 1 个区域中绘图。第 17 ~ 21 行代码使用 for 语句和 plot() 函数为指定的各个品牌绘制雷达图。

第 22 行代码中的 loc=4 表示图例显示在右下角，参数 bbox_to_anchor 则用于确定图例在坐标轴方向上的位置。第 23 行代码用于设置要显示的刻度线数据值。第 24 行代码用于在图表中添加数据标签。

代码运行结果如下图所示。

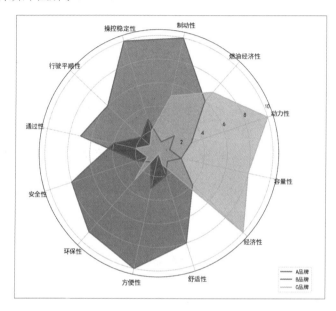

如果只想展示单个品牌的指标，将第 27 行代码改为下面的代码即可。

```
1    figure = plot_radar(data, ['B品牌'])
```

代码运行结果如下图所示。

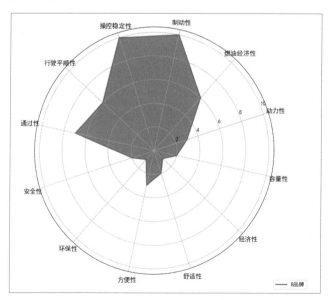

11.3.5　绘制树状图

代码文件: 11.3.5 绘制树状图.py

树状图通过矩形的面积、排列和颜色直观地展示多个项目的数据比例关系。要绘制该图表，需结合使用 Matplotlib 模块与 squarify 模块。演示代码如下：

```
1   import squarify as sf
2   import matplotlib.pyplot as plt
3   plt.rcParams['font.sans-serif'] = ['Microsoft YaHei']
4   plt.rcParams['axes.unicode_minus'] = False
5   x = ['上海', '北京', '重庆', '成都', '南京', '青岛', '长沙', '武汉', '深圳']
6   y = [260, 45, 69, 800, 290, 360, 450, 120, 50]
7   colors = ['lightgreen', 'pink', 'yellow', 'skyblue', 'cyan', 'silver',
    'lightcoral', 'orange', 'violet']
8   percent = ['11%', '2%', '3%', '33%', '12%', '15%', '18%', '5%', '2%']
9   chart = sf.plot(sizes=y, label=x, color=colors, value=percent,
    edgecolor='white', linewidth=2)
10  plt.title(label='城市销售额分布及占比图', fontdict={'family': 'KaiTi',
    'color': 'k', 'size': 25})
11  plt.axis('off')
12  plt.show()
```

第 1 行和第 2 行代码分别导入 squarify 模块和 Matplotlib 模块。第 5 行代码指定图表中每一个矩形的文字标签。第 6 行代码指定每一个矩形的大小。第 7 行代码指定每一个矩形的填充颜色。第 8 行代码指定每一个矩形的数值标签。第 9 行代码使用 squarify 模块中的 plot() 函数绘制树状图。代码运行结果如下图所示。

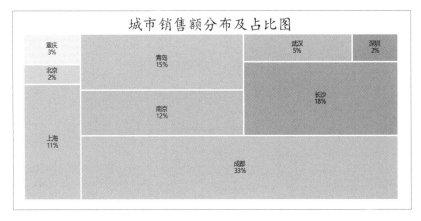

11.3.6 绘制箱形图

代码文件：11.3.6 绘制箱形图.py

箱形图是一种用于展示数据的分布情况的统计图，因形状如箱子而得名。使用 Matplotlib 模块中的 boxplot() 函数可以绘制箱形图。演示代码如下：

```python
1   import pandas as pd
2   import matplotlib.pyplot as plt
3   plt.rcParams['font.sans-serif'] = ['Microsoft YaHei']
4   plt.rcParams['axes.unicode_minus'] = False
5   data = pd.read_excel('1月销售统计表.xlsx')
6   x1 = data['成都']
7   x2 = data['上海']
8   x3 = data['北京']
9   x4 = data['重庆']
10  x5 = data['南京']
11  x = [x1, x2, x3, x4, x5]
12  labels = ['成都', '上海', '北京', '重庆', '南京']
13  plt.boxplot(x, vert=True, widths=0.5, labels=labels, showmeans=True)
14  plt.title('各地区1月销售额箱形图', fontsize=20)
15  plt.ylabel('销售额(万元)')
16  plt.show()
```

第 6 ～ 11 行代码给出了用于绘制箱形图的数据。第 12 行代码给出了 *x* 坐标值。第 13 行代码中的参数 vert 用于设置箱形图的方向，True 表示纵向展示，False 表示横向展示；参数 showmeans 用于设置是否显示均值，True 表示显示均值，False 表示不显示均值。代码运行结果如下图所示。

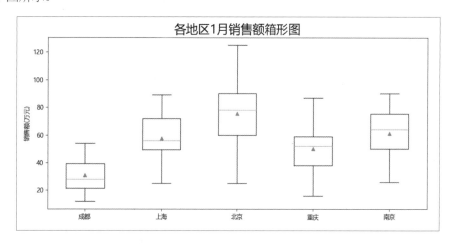

箱形图中的 5 条横线和 1 个点所代表的含义如下：
- 下限：指所有数据中的最小值；
- 下四分位数：又称"第一四分位数"，指将所有数据从小到大排列后第 25% 的值；
- 中位数：又称"第二四分位数"，指将所有数据从小到大排列后第 50% 的值；
- 上四分位数：又称"第三四分位数"，指将所有数据从小到大排列后第 75% 的值；
- 上限：指所有数据中的最大值；
- 点：指所有数据的平均值。

11.3.7　绘制玫瑰图

代码文件：11.3.7 绘制玫瑰图.py

玫瑰图可反映多个维度的数据，它将柱形图转化为饼图，在圆心角相同的情况下，以扇面长度展示指标大小。要绘制玫瑰图，也要用到绘制柱形图的 bar() 函数。演示代码如下：

```
1  import numpy as np
2  import pandas as pd
3  import matplotlib.pyplot as plt
4  plt.rcParams['font.sans-serif'] = ['SimHei']
5  plt.rcParams['axes.unicode_minus'] = False
6  index = ['0~0.5', '0.6~2.0', '2.1~4.0', '4.1~6.0']
7  columns = ['N', 'NNE', 'NE', 'ENE', 'E', 'ESE', 'SE', 'SSE', 'S',
   'SSW', 'SW', 'WSW', 'W', 'WNW', 'NW', 'NNW']
8  np.random.seed(0)
9  data = pd.DataFrame(np.random.randint(30, 300, (4, 16)), index=index,
   columns=columns)
10 N = 16
11 theta = np.linspace(0, 2 * np.pi, N, endpoint=False)
12 width = np.pi / N
13 labels = list(data.columns)
14 plt.figure(figsize=(6, 6))
15 ax = plt.subplot(1, 1, 1, projection='polar')
16 for i in data.index:
17     radius = data.loc[i]
18     ax.bar(theta, radius, width=width, bottom=0.0, label=i, tick_
       label=labels)
19 ax.set_theta_zero_location('N')
20 ax.set_theta_direction(-1)
21 plt.title('各方向风速频数玫瑰图', fontsize=20)
```

```
22    plt.legend(loc=4, bbox_to_anchor=(1.3, 0.2))
23    plt.show()
```

第 6 行代码将风速的分布设置为 4 个区间。第 7 行代码设置了 16 个方向。第 8 行代码中的 seed() 函数用于产生相同的随机数。第 9 行代码创建一个 4 行 16 列的 DataFrame，其中的数据是 30 ～ 300 范围内的随机数，行标签为第 6 行代码设置的风速分布区间，列标签为第 7 行代码设置的方向。

第 10 行代码指定风速的方向数量为 16。第 11 行代码用于生成 16 个方向的角度值。第 12 行代码用于计算扇面的宽度。第 13 行代码用于定义坐标轴标签为 16 个方向的名称。

第 14 行代码使用 figure() 函数创建一张高和宽都为 6 英寸的画布。第 15 行代码使用 sub-plot() 函数将整张画布划分为 1 行 1 列，并在第 1 个区域中绘图。

第 18 行代码使用 bar() 函数绘制玫瑰图中的 16 根柱子，也就是扇面，参数 bottom 用于设置每根柱子底部的位置，这里设置为 0.0，表示从圆心开始绘制。

第 19 行代码用于设置 0° 的方向为 "N"，即北方。第 20 行代码用于设置按逆时针方向排列各个柱子。

代码运行结果如下图所示。

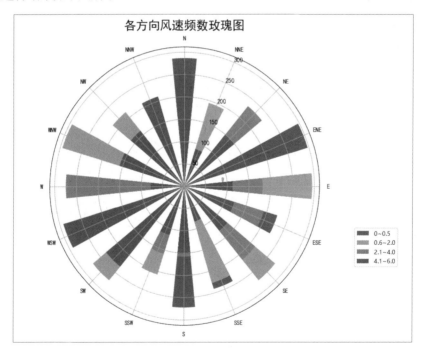

[第 12 章]

数据可视化神器
——pyecharts 模块

pyecharts 是基于 ECharts 图表库开发的 Python 第三方模块。ECharts 是一个纯 JavaScript 的商业级图表库，兼容当前绝大部分浏览器，能够创建类型丰富、精美生动、可交互、可高度个性化定制的数据可视化效果。pyecharts 则在 Python 与 ECharts 之间搭建起一座桥梁，让 Python 用户也能使用 ECharts 的强大功能。本章将详细介绍如何用 pyecharts 模块绘制涟漪效果的散点图、水球图、词云图等高级图表。

12.1　图表配置项

代码文件：12.1 图表配置项.py

pyecharts 模块使用命令"pip install pyecharts"即可安装。使用该模块绘制图表之前，首先要导入该模块，导入语句通常写成"from pyecharts.charts import 图表类型关键词"。导入模块后，给出用于绘制图表的数据，即可绘制图表。

下面以绘制柱形图为例，讲解 pyecharts 模块的基本用法。演示代码如下：

```
1  from pyecharts.charts import Bar
2  x = ['连衣裙', '短裤', '运动套装', '牛仔裤', '针织衫', '半身裙', '衬
   衫', '阔腿裤', '打底裤']
3  y1 = [36, 56, 60, 78, 90, 20, 50, 70, 10]
4  y2 = [16, 30, 50, 90, 45, 10, 60, 54, 40]
5  chart = Bar()
6  chart.add_xaxis(x)
7  chart.add_yaxis('分店A', y1)
8  chart.add_yaxis('分店B', y2)
9  chart.render('图表配置项.html')
```

第 1 行代码导入 pyecharts 模块中的 Bar() 函数，该函数用于绘制柱形图。如果要绘制其他类型的图表，在此导入相应的图表函数即可。

第 2～4 行代码给出图表的 *x* 坐标和 *y* 坐标的值，其中 *y* 坐标值有两个数据系列。

第 6 行代码中的 add_xaxis() 函数用于添加 x 坐标值。第 7 行和第 8 行代码中的 add_yaxis() 函数用于依次添加两个系列的 y 坐标值，该函数的第 1 个参数用于设置系列名称，第 2 个参数用于设置系列数据。

第 9 行代码中的 render() 函数用于将绘制的图表保存为一个网页文件，此处保存为代码文件所在文件夹下的"图表配置项.html"文件，保存路径和文件名可以根据实际需求更改。

运行上面的代码后，在代码文件所在文件夹下会生成一个名为"图表配置项.html"的网页文件。双击该文件，可在默认浏览器中看到如下图所示的柱形图。

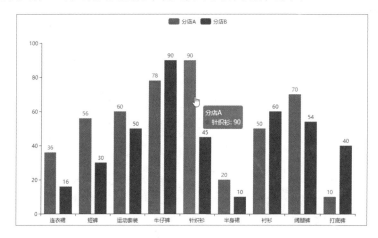

该柱形图是静态的，并且没有图表标题、坐标轴标题等元素。如果想要绘制个性化的动态图表，可对图表元素进行配置。在 pyecharts 模块中，图表的一切元素皆可配置，用于配置图表元素的选项称为配置项。配置项分为全局配置项和系列配置项两种，本节主要介绍全局配置项。

全局配置项可通过 pyecharts 模块中的 set_global_opts() 函数进行设置。使用该函数设置全局配置项时，要先导入 pyecharts 模块的 options 子模块。

全局配置项有很多内容，每个配置项对应 options 子模块中的一个函数。常见图表元素对应的配置项函数如下表所示。

图表元素	配置项函数
ECharts 画图动画	AnimationOpts()
图表初始化	InitOpts()
工具箱—保存图片工具	ToolBoxFeatureSaveAsImagesOpts()
工具箱—还原工具	ToolBoxFeatureRestoreOpts()
工具箱—数据视图工具	ToolBoxFeatureDataViewOpts()
工具箱—区域缩放工具	ToolBoxFeatureDataZoomOpts()
工具箱—动态类型切换工具	ToolBoxFeatureMagicTypeOpts()
工具箱—选框组件	ToolBoxFeatureBrushOpts()
工具箱—工具	ToolBoxFeatureOpts()
工具箱	ToolboxOpts()

续表

图表元素	配置项函数
区域选择组件	BrushOpts()
图表标题	TitleOpts()
区域缩放	DataZoomOpts()
图例	LegendOpts()
视觉映射	VisualMapOpts()
提示框	TooltipOpts()
坐标轴轴线	AxisLineOpts()
坐标轴刻度	AxisTickOpts()
坐标轴指示器	AxisPointerOpts()
坐标轴	AxisOpts()
单轴	SingleAxisOpts()
原生图形元素组件	GraphicGroup()

　　每个配置项对应的函数有很多参数，下面以图例的配置项对应的 LegendOpts( ) 函数为例，简单介绍配置项函数的参数，具体见下表。

参数	含义
type_	用于设置图例的类型。为 'plain' 或省略时表示普通图例；为 'scroll' 时表示可滚动翻页的图例，多用于图例数量较多的情况
selected_mode	用于控制是否开启图例选择模式，在该模式下可通过单击图例改变数据系列的显示状态。为 True 或省略时表示开启图例选择模式；为 False 时表示关闭图例选择模式；为 'single' 或 'multiple' 时分别表示使用单选或多选模式的图例选择模式
is_show	用于控制是否显示图例组件。为 True 或省略时表示显示，为 False 时表示不显示
pos_left	用于设置图例组件离容器左侧的距离。取值可以是 'left'、'center'、'right'
pos_right	用于设置图例组件离容器右侧的距离。取值可以是 'left'、'center'、'right'
pos_top	用于设置图例组件离容器顶部的距离。取值可以是 'top'、'middle'、'bottom'
pos_bottom	用于设置图例组件离容器底部的距离。取值可以是 'top'、'middle'、'bottom'
orient	用于设置图例列表的布局方向。取值可以是 'horizontal' 或 'vertical'，分别表示横向布局或纵向布局
align	用于设置图例标记和文本的对齐方式。取值可以是 'auto'、'left'、'right'
padding	用于设置图例的内边距。默认各方向内边距为 5 px
item_gap	用于设置图例的各个项目的间隔。横向布局时为水平间隔，纵向布局时为纵向间隔。默认间隔为 10 px
item_width	用于设置图例标记的图形宽度。默认宽度为 25 px
item_height	用于设置图例标记的图形高度。默认高度为 14 px
inactive_color	用于设置图例关闭时的颜色。默认值是 #ccc

续表

参数	含义
textstyle_opts	用于设置图例组件的字体样式
legend_icon	用于设置图例标记的形状。取值可以是 'circle'、'rect'、'roundrect'、'triangle'、'diamond'、'pin'、'arrow'

如果读者想了解更多配置项的知识，可以查阅 pyecharts 模块的官方文档，网址为 https://pyecharts.org/#/zh-cn/global_options。

下面通过设置全局配置项，为前面绘制的柱形图添加图表标题、缩放滑块、坐标轴标题等元素。演示代码如下：

```
1   from pyecharts import options as opts
2   chart.set_global_opts(title_opts=opts.TitleOpts(title='产品销售额对
    比图', pos_left='left'),
3       yaxis_opts=opts.AxisOpts(name='销售业绩(元)', name_location=
        'end'),
4       xaxis_opts=opts.AxisOpts(name='产品', name_location='end'),
5       tooltip_opts=opts.TooltipOpts(is_show=True, formatter='{a}<br/>
        {b}:{c}', background_color='black', border_width=15),
6       legend_opts=opts.LegendOpts(is_show=False),
7       toolbox_opts=opts.ToolboxOpts(is_show=True, orient='horizontal'),
8       visualmap_opts=opts.VisualMapOpts(is_show=True, type_='color',
        min_=0, max_=100, orient='vertical'),
9       datazoom_opts=opts.DataZoomOpts(is_show=True, type_='slider'))
```

在上面的代码中，配置项 TitleOpts( ) 函数为图表添加了图表标题，并设置图表标题位于左侧。

配置项 AxisOpts( ) 函数为图表分别添加了 y 轴标题"销售业绩 (元)"和 x 轴标题"产品"，并设置坐标轴标题位于轴的尾部。

配置项 TooltipOpts( ) 函数设置了图表的提示框，也就是将鼠标指针放在图表的数据系列上时弹出的提示信息。

配置项 LegendOpts( ) 函数设置了不显示图例。

配置项 ToolboxOpts( ) 函数设置了工具箱以横向布局显示在图表中。

配置项 VisualMapOpts( ) 函数设置了开启视觉映射，并设置了视觉映射的颜色、最小值、最大值及布局方式。

配置项 DataZoomOpts( ) 函数设置了开启区域缩放功能，并设置其类型为滑块。

运行代码后，打开生成的网页文件，可看到如下图所示的柱形图。拖动下方的缩放滑块，可动态展示部分产品的销售额对比情况。

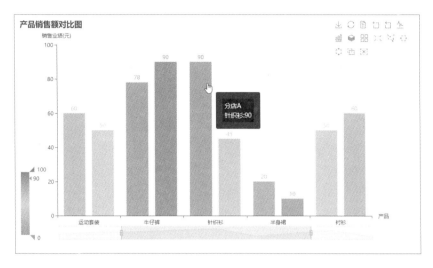

pyecharts 模块还内置了多种风格的图表主题，让用户可以更轻松地设置图表的外观。使用方法是先导入 pyecharts 模块中的 ThemeType 对象，然后在图表的函数中使用 InitOpts( ) 函数设置初始化配置项。演示代码如下：

```
1    from pyecharts.globals import ThemeType
2    chart = Bar(init_opts=opts.InitOpts(theme=ThemeType.DARK))
```

第 2 行代码在 Bar( ) 函数中使用 InitOpts( ) 函数设置图表的主题风格为"DARK"，还可以设置为"LIGHT""CHALK""ESSOS"等。设置主题后的图表效果如下图所示。

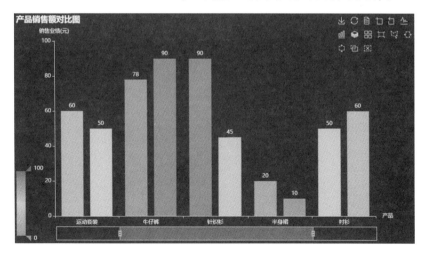

12.2　绘制漏斗图

代码文件：12.2 绘制漏斗图.py

漏斗图用于呈现从上到下的几个阶段的数据，各阶段的数据逐渐变小。使用 pyecharts 模块中的 Funnel() 函数可以快速绘制漏斗图。下面用该函数绘制一个漏斗图，展示电商网站上从浏览商品到完成交易各阶段人数的变化。演示代码如下：

```
1   import pyecharts.options as opts
2   from pyecharts.charts import Funnel
3   x = ['浏览商品', '放入购物车', '生成订单', '支付订单', '完成交易']
4   y = [1000, 900, 400, 360, 320]
5   data = [i for i in zip(x, y)]
6   chart = Funnel()
7   chart.add(series_name='人数', data_pair=data, label_opts=opts.
    LabelOpts(is_show=True, position='inside'), tooltip_opts=opts.
    TooltipOpts(trigger='item', formatter='{a}:{c}'))
8   chart.set_global_opts(title_opts=opts.TitleOpts(title='电商网站流
    量转化漏斗图', pos_left='center'), legend_opts=opts.LegendOpts(is_
    show=False))
9   chart.render('漏斗图.html')
```

第 5 行代码先用 zip() 函数将列表 x 和 y 中对应的元素配对打包成一个个元组，然后将这些元组组成一个列表。这一操作必不可少，因为 Funnel() 函数要求图表的数据格式必须是由元组组成的列表，即 [(key1, value1), (key2, value2), (……)] 的格式。

技巧：列表推导式

第 5 行代码使用的生成列表的语法格式称为列表推导式，它等同于如下代码：

```
1   data = []
2   for i in zip(x, y)
3       data.append(i)
```

列表推导式能让代码变得简明扼要，它同样适用于字典、集合等可迭代的数据结构。

第 7 行代码中，add() 函数的各个参数的作用如下。

• 参数 series_name 用于指定系列名称。

• 参数 data_pair 用于指定系列数据值。

• 参数 label_opts 用于设置标签，标签的配置项又有多个参数：参数 is_show 用于控制是否显示标签，为 True 时表示显示，为 False 时表示不显示；参数 position 用于设置标签的位置，这里设置为 'inside'，表示标签显示在图表内部，该参数的值还可以为 'top'、'left'、'right' 等。

• 参数 tooltip_opts 用于设置提示框，提示框的配置项又有多个参数：参数 trigger 用于设置提示框的触发类型，其值一般设置为 'item'，表示当鼠标指针放置在数据系列上时就显示提示框；参数 formatter 用于设置提示框的显示内容，这里的 {a} 代表系列名称，{c} 代表数据值。

运行代码后，得到的图表效果如下图所示。

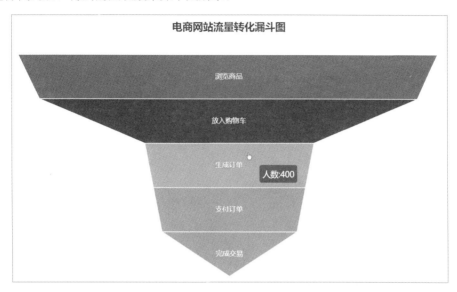

如果想要让漏斗图倒立，可在 add() 函数中使用参数 sort_ 调整数据图形的排列方向。此外，还可以在 add() 函数中使用参数 gap 设置数据图形的间距。演示代码如下：

```
1  chart.add(series_name='人数', data_pair=data, sort_='ascending',
   gap=15, label_opts=opts.LabelOpts(is_show=True, position='inside'),
   tooltip_opts=opts.TooltipOpts(trigger='item', formatter='{a}:{c}'))
```

运行代码后，得到的图表效果如下图所示。

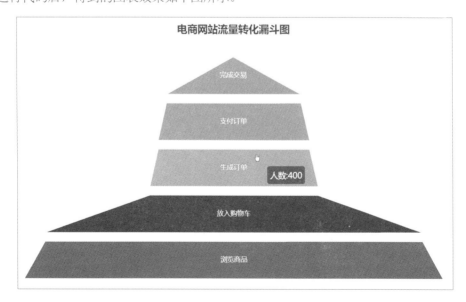

12.3　绘制涟漪特效散点图

代码文件：12.3 绘制涟漪特效散点图.py

11.1.5 节介绍过使用 Matplotlib 模块中的 scatter() 函数绘制散点图的方法，用这种方法绘制的散点图是静态的。使用 pyecharts 模块中的 EffectScatter() 函数则能绘制带有涟漪特效的散点图。演示代码如下：

```python
1   import pandas as pd
2   import pyecharts.options as opts
3   from pyecharts.charts import EffectScatter
4   data = pd.read_excel('客户购买力统计表.xlsx')
5   x = data['年龄'].tolist()
6   y = data['消费金额(元)'].tolist()
7   chart = EffectScatter()
8   chart.add_xaxis(x)
9   chart.add_yaxis(series_name='年龄,消费金额(元)', y_axis=y, label_opts
    =opts.LabelOpts(is_show=False), symbol_size=15)
10  chart.set_global_opts(title_opts=opts.TitleOpts(title='客户购买力散
    点图'), yaxis_opts=opts.AxisOpts(type_='value', name='消费金额(元)',
    name_location='middle', name_gap=40), xaxis_opts=opts.AxisOpts(type_=
    'value', name='年龄', name_location='middle', name_gap=40), tooltip_
    opts=opts.TooltipOpts(trigger='item', formatter='{a}:{c}'))
11  chart.render('涟漪特效散点图.html')
```

第 5 行和第 6 行代码从 DataFrame 中选取数据后，使用 tolist() 函数将选取的数据转换为列表格式，这是因为 pyecharts 模块只支持 Python 原生的数据类型，包括 int、float、str、bool、dict、list。

第 9 行代码中，add_yaxis() 函数的参数 label_opts 与 12.2 节介绍的 add() 函数的同名参数含义相同，参数 symbol_size 用于设置标记的大小。

第 10 行代码中，参数 title_opts 用于设置图表标题；参数 yaxis_opts 和 xaxis_opts 分别用于设置 y 坐标轴和 x 坐标轴，对应的配置项函数 AxisOpts() 的参数 type_ 用于设置坐标轴的类型 [这里设置为 'value'（数值轴），还可以设置为 'category'（类目轴）、'time'（时间轴）、'log'（对数轴）]，参数 name 用于设置坐标轴标题，参数 name_location 用于设置坐标轴标题相对于轴线的位置（这里设置为居中显示），参数 name_gap 用于设置坐标轴标题与轴线的间距（这里设置为 40 px）。

运行代码后，得到的图表效果如下图所示。

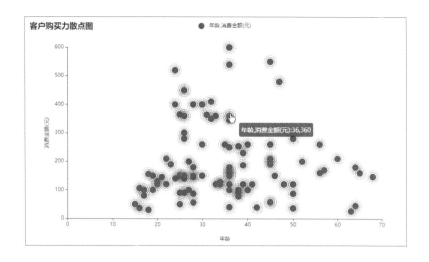

12.4 绘制水球图

代码文件: 12.4 绘制水球图.py

水球图适合用于展示单个百分数。使用 pyecharts 模块中的 Liquid() 函数可以绘制水球图,通过非常简单的配置就能获得酷炫的展示效果。演示代码如下:

```
1  import pyecharts.options as opts
2  from pyecharts.charts import Liquid
3  a = 68
4  t = 100
5  chart = Liquid()
6  chart.add(series_name='商品A', data=[a / t])
7  chart.set_global_opts(title_opts=opts.TitleOpts(title='产品销售业绩
   达成率', pos_left='center'))
8  chart.render('水球图.html')
```

第 3 行和第 4 行代码分别给出产品的实际销售业绩和目标销售业绩。第 6 行代码中,add() 函数的参数 data 用于指定系列数据,本案例要展示销售业绩达成率,使用实际销售业绩除以目标销售业绩即可。需要注意的是,参数 data 的格式必须为一个列表。

运行代码后,得到的图表效果如右图所示。

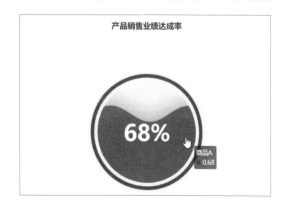

Liquid() 函数绘制的水球图的默认形状为圆形，可以通过设置参数 shape 的值来改变水球图的形状。该参数的值可以为 'circle'、'rect'、'roundRect'、'triangle'、'diamond'、'pin'、'arrow'，对应的形状分别为圆形、矩形、圆角矩形、三角形、菱形、地图图钉、箭头。演示代码如下：

```
1  chart.add(series_name='商品A', data=[a / t], shape='rect')
```

运行代码后，得到的图表效果如右图所示。

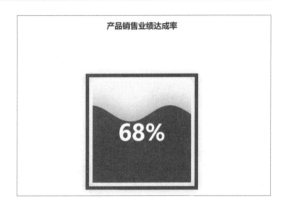

如果希望在一个水球图中绘制多个水球，可以通过设置 add() 函数的参数 center 来实现。演示代码如下：

```
1   import pyecharts.options as opts
2   from pyecharts.charts import Liquid
3   a1 = 68
4   a2 = 120
5   a3 = 37
6   t = 100
7   chart = Liquid()
8   chart.set_global_opts(title_opts=opts.TitleOpts(title='产品销售业绩
    达成率', pos_left='center'))
9   chart.add(series_name='商品A', data=[a1 / t], center=['20%',
    '50%'])
10  chart.add(series_name='商品B', data=[a2 / t], center=['50%',
    '50%'])
11  chart.add(series_name='商品C', data=[a3 / t], center=['80%',
    '50%'])
12  chart.render('水球图.html')
```

第 3 ～ 6 行代码分别指定了 3 个产品的实际销售业绩和相同的目标销售业绩。

第 7 行代码创建了一个水球图。第 8 行代码为水球图添加了居中显示的图表标题。

第 9 ～ 11 行代码使用 add() 函数依次在水球图中绘制了 3 个水球。函数的参数 center 用于指定水球的中心点在图表中的位置。

运行代码后，得到的图表效果如下图所示。

12.5　绘制仪表盘

代码文件：12.5 绘制仪表盘.py

仪表盘同水球图一样，也适合用于展示单个百分数。使用 pyecharts 模块中的 Gauge() 函数可以绘制仪表盘。演示代码如下：

```
1  import pyecharts.options as opts
2  from pyecharts.charts import Gauge
3  chart = Gauge()
4  chart.add(series_name='业务指标', data_pair=[('完成率', '62.25')],
   split_number=10, radius='80%', title_label_opts=opts.LabelOpts(
   font_size=30, color='red', font_family='Microsoft YaHei'))
5  chart.set_global_opts(legend_opts=opts.LegendOpts(is_show=False),
   tooltip_opts=opts.TooltipOpts(is_show=True, formatter='{a}<br/>
   {b}:{c}%'))
6  chart.render('仪表盘.html')
```

第 4 行代码中的参数 split_number 用于指定仪表盘的平均分割段数，这里设置为 10段；参数 radius 用于设置仪表盘的半径，其值可以是百分数或数值；参数 title_label_opts用于设置仪表盘内标题文本标签的配置项。

运行代码后，得到的图表效果如右图所示。

12.6 绘制词云图

代码文件：12.6 绘制词云图.py

词云图是一种用于展示高频关键词的图表，它通过文字、颜色、图形的搭配，产生极具冲击力的视觉效果。使用 pyecharts 模块中的 WordCloud() 函数可以绘制词云图。演示代码如下：

```
1   import pandas as pd
2   import pyecharts.options as opts
3   from pyecharts.charts import WordCloud
4   data = pd.read_excel('电影票房统计.xlsx')
5   name = data['电影名称']
6   value = data['总票房(亿元)']
7   data1 = [z for z in zip(name, value)]
8   chart = WordCloud()
9   chart.add('总票房(亿元)', data_pair=data1, word_size_range=[6, 66])
10  chart.set_global_opts(title_opts=opts.TitleOpts(title='电影票房分析',
    title_textstyle_opts=opts.TextStyleOpts(font_size=30)), tooltip_opts
    =opts.TooltipOpts(is_show=True))
11  chart.render('词云图.html')
```

第 9 行代码中，add() 函数的参数 word_size_range 用于设置词云图中每个词的字号的变化范围。运行代码后，得到的图表效果如下图所示。

与水球图类似，通过设置参数 shape 的值可以改变词云图的外形轮廓，可取的值有 'circle'、'cardioid'、'diamond'、'triangle-forward'、'triangle'、'pentagon'、'star'。演示代码如下：

```
1   chart.add('总票房(亿元)', data_pair=data1, shape='star', word_size_
    range=[6, 66])
```

运行代码后，得到的图表效果如下图所示。

感兴趣的读者可以利用第 10 章介绍的自然语言处理方法对一批文本进行分词并统计词频，
再使用词频数据绘制词云图。

12.7　绘制 K 线图

代码文件：12.7 绘制 K 线图.py

K 线图用于反映股价信息，又称蜡烛图、股价图。所有的 K 线图都是围绕开盘价、收盘价、
最低价和最高价这 4 个数据展开的。使用 pyecharts 模块中的 Kline() 函数可以绘制 K 线图。

先用第 6 章介绍的 Tushare 模块获取股价数据，这里以获取股票代码为 000005 的股票从
2010 年 1 月 1 日到 2020 年 1 月 1 日的日 K 线级别的股价数据为例。演示代码如下：

```
1  import tushare as ts
2  data = ts.get_k_data('000005', start='2010-01-01', end='2020-01-01')
3  print(data.head())
```

代码运行结果如下（date 列为交易日期，open 列为开盘价，close 列为收盘价，high 列为
最高价，low 列为最低价，volume 列为成交量，code 列为股票代码）：

```
1          date  open  close  high   low    volume   code
2  0  2010-01-04  6.01   5.99  6.05  5.91  223582.22  000005
3  1  2010-01-05  5.95   6.20  6.32  5.83  644252.42  000005
4  2  2010-01-06  6.13   6.08  6.28  6.06  494034.08  000005
5  3  2010-01-07  6.03   5.83  6.07  5.82  314417.23  000005
6  4  2010-01-08  5.80   5.89  5.93  5.74  167892.49  000005
```

将获取的股价数据写入 Excel 工作簿。演示代码如下：

```
1    data.to_excel('股价数据.xlsx', index=False)
```

运行代码后，在代码文件所在文件夹生成一个名为"股价数据.xlsx"的 Excel 工作簿。打开该工作簿，可看到获取的股价数据，如下图所示。

	A	B	C	D	E	F	G
1	date	open	close	high	low	volume	code
2	2010-01-04	6.01	5.99	6.05	5.91	223582.22	000005
3	2010-01-05	5.95	6.2	6.32	5.83	644252.42	000005
4	2010-01-06	6.13	6.08	6.28	6.06	494034.08	000005
5	2010-01-07	6.03	5.83	6.07	5.82	314417.23	000005
6	2010-01-08	5.8	5.89	5.93	5.74	167892.49	000005
7	2010-01-11	5.9	5.82	5.96	5.76	214233.41	000005
8	2010-01-12	5.8	6.13	6.16	5.75	439055.5	000005
9	2010-01-13	6	6.04	6.08	5.9	282899.44	000005
10	2010-01-14	5.99	6.07	6.14	5.95	497536.77	000005
11	2010-01-15	6.07	6.09	6.2	6	313566.14	000005
12	2010-01-18	6.08	6.22	6.25	6.06	362654.14	000005
13	2010-01-19	6.21	6.1	6.22	6.06	280766.18	000005
14	2010-01-20	6.1	5.89	6.15	5.88	327194.38	000005
15	2010-01-21	5.85	5.89	5.96	5.81	160588.34	000005
16	2010-01-22	5.81	5.64	5.82	5.5	232992.5	000005
17	2010-01-25	5.6	5.45	5.67	5.42	158884	000005

完成股价数据的获取后，就可以使用 Kline() 函数绘制 K 线图了。演示代码如下：

```
1    import pandas as pd
2    from pyecharts import options as opts
3    from pyecharts.charts import Kline
4    data = pd.read_excel('股价数据.xlsx')
5    x = data['date'].tolist()
6    open = data['open']
7    close = data['close']
8    lowest = data['low']
9    highest = data['high']
10   y = [z for z in zip(open, close, lowest, highest)]
11   chart = Kline()
12   chart.add_xaxis(x)
13   chart.add_yaxis('股价', y)
14   chart.set_global_opts(xaxis_opts=opts.AxisOpts(is_scale=True), yaxis_
     opts=opts.AxisOpts(is_scale=True, splitarea_opts=opts.SplitAreaOpts
     (is_show=True, areastyle_opts=opts.AreaStyleOpts(opacity=1))),
     datazoom_opts=[opts.DataZoomOpts(type_='inside')], title_opts=
     opts.TitleOpts(title='股价走势图'))
15   chart.render('K线图.html')
```

第 6～9 行代码分别指定了用于绘制 K 线图的开盘价、收盘价、最低价、最高价数据。第 10 行代码将这些数据打包成由元组组成的列表，作为 y 坐标的值。需要注意的是，y 坐标的值一定要按开盘价、收盘价、最低价、最高价的顺序排列。

第 14 行代码中的 SplitAreaOpts() 是系列配置项中的分隔区域配置项，用于设置在图表数据系列的背景区域中是否显示颜色交错填充的分割效果，参数 opacity 用于设置不透明度，取值范围为 0～1，为 0 时完全透明，为 1 时完全不透明。

运行代码后，得到的图表效果如下图所示。

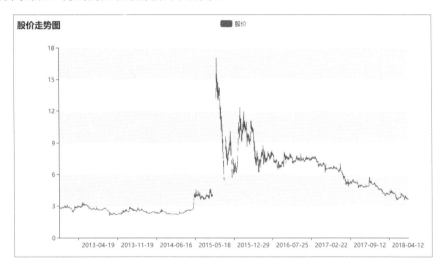

第 14 行代码中还使用配置项 DataZoomOpts() 函数为图表添加了区域缩放滑块。12.1 节中也曾使用 DataZoomOpts() 函数为柱形图添加了显示在图表底部的滑块，这里添加的滑块则是隐藏在图表中的。用鼠标左右拖动图表，可以看到不同时期的数据；将鼠标指针放置在图表中，然后滑动鼠标滚轮，可看到图表会随着滚轮的滑动而缩放。此外，将鼠标指针放置在数据系列上，会显示鼠标指针所指向的那一天的详细股价数据，如下图所示。

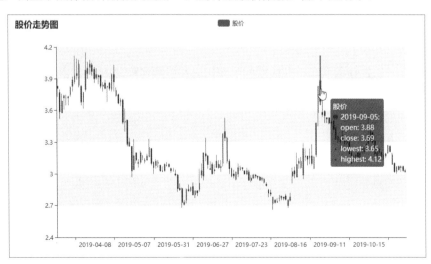

[第13章]

量化金融
——股票信息挖掘与分析

· ·

　　量化金融是目前比较热门的一个多学科跨界融合领域，它综合运用金融知识、数学和统计知识、计算机信息技术来解决金融问题。本章将通过案例讲解 Python 在量化金融中的应用，包括股票数据的爬取、分析和可视化，帮助读者对前面所学的知识进行融会贯通。

13.1　案例介绍

　　本章的案例涵盖了量化金融的以下几个方面。

　　• 大数据采集：通过爬虫获取特定行业（如汽车行业）股票的基本信息，并获取单只股票的历史行情数据。

　　• 大数据存储：根据自定义的时间间隔定时获取涨幅前 60 名股票的实时行情数据，并存储在数据库中。

　　• 大数据分析：计算股票的月涨跌幅，对股票进行相关性分析，并预测股票行情的未来走势。

13.2　获取汽车行业股票的基本信息

　　代码文件：13.2 获取汽车行业股票的股票代码和股票名称.py、13.2 获取汽车行业股票的上市日期.py

　　本节要获取汽车行业股票的基本信息，包括股票代码、股票名称、上市日期。股票代码和股票名称从东方财富网爬取，上市日期则利用 Tushare 模块获取。

　　步骤 1：首先确定爬取方案。在浏览器中打开东方财富网的汽车行业股票行情页面，网址为 http://quote.eastmoney.com/center/boardlist.html#boards-BK04811。可以看到股票信息展示页面共 8 页，如下图所示。单击"下一页"按钮，发现网页并没有整体刷新，但是股票信息展示区的数据却刷新了，说明这部分数据是动态加载的，且页面使用的是局部刷新技术，因此，数据要么存储在 JSON 格式数据包中，要么存储在 JS（JavaScript）文件中。

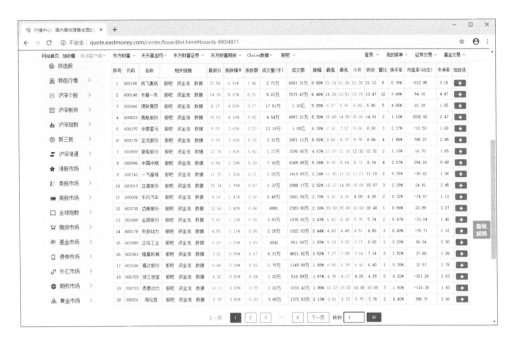

使用开发者工具进行全局搜索和数据定位，如搜索股票名称关键词"贵州轮胎"，会定位到一个 JS 文件，如下图所示。选择其他页码中的股票名称作为关键词进行搜索，则会定位到另一个 JS 文件。由此可知，每一页数据存储在不同的 JS 文件中。针对这种情况，可以使用 requests 模块发起携带动态参数的请求来获取数据，也可以使用 Selenium 模块模拟用户操作来获取数据。后一种方法更方便，所以这里使用后一种方法。

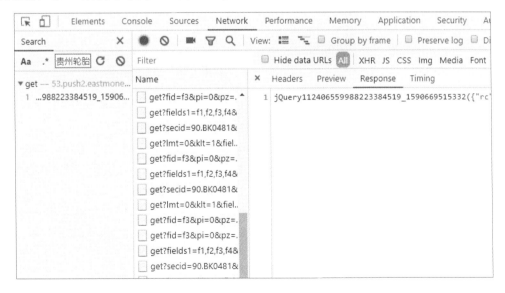

步骤 2：Selenium 模块所起的作用主要是模拟用户操作浏览器对指定页面发起请求，并依次单击"下一页"按钮，从而获取所有页面的股票信息。

（1）向页面发起请求

实例化一个浏览器对象，对汽车行业股票行情页面发起请求。代码如下：

```
1   from selenium import webdriver
2   import time
3   import pandas as pd
4   browser = webdriver.Chrome(executable_path='chromedriver.exe')      # 实
    例化浏览器对象
5   url = 'http://quote.eastmoney.com/center/boardlist.html#boards-BK04811'
6   browser.get(url)      # 对指定页面发起请求
```

（2）获取单个页面的股票信息

先用开发者工具查看股票信息在网页源代码中的位置，可以发现表格数据存储在一个 id 属性值为 table_wrapper-table 的 <table> 标签中，股票代码在每一个 <tr> 标签下的第 2 个 <td> 标签中，股票名称在每一个 <tr> 标签下的第 3 个 <td> 标签中，如下图所示。

```
▼<table id="table_wrapper-table" class="table_wrapper-table">
  ▶<thead>…</thead>
  ▼<tbody>
    ▼<tr class="odd">
        <td>21</td>
      ▼<td>
          <a href="//quote.eastmoney.com/unify/r/1.600213">600213</a>
        </td>
      ▼<td class="mywidth">
          <a href="//quote.eastmoney.com/unify/r/1.600213">亚星客车</a>
        </td>
      ▶<td class=" listview-col-Links">…</td>
      ▶<td class="mvwidth2">…</td>
```

根据上述分析，写出相应的 XPath 表达式来定位这两个标签，并将标签中的数据提取出来，保存在一个字典中。代码如下：

```
1   data_dt = {'股票代码':[], '股票名称':[]}      # 用于存储爬取结果的字典
2   def get_data():      # 获取每一页表格数据的自定义函数
3       code_list = browser.find_elements_by_xpath('//*[@id='table_
        wrapper-table']/tbody/tr/td[2]')      # 获取所有包含股票代码的<td>
        标签，注意函数名中是"elements"而不是"element"
4       name_list = browser.find_elements_by_xpath('//*[@id='table_
        wrapper-table']/tbody/tr/td[3]')      # 获取所有包含股票名称的<td>
        标签，注意函数名中是"elements"而不是"element"
5       for code in code_list:
6           data_dt['股票代码'].append(code.text)      # 将<td>标签中的股
            票代码依次提取出来并添加到字典中
7       for name in name_list:
8           data_dt['股票名称'].append(name.text)      # 将<td>标签中的股
            票名称依次提取出来并添加到字典中
```

（3）获取所有页面的股票信息

要获取所有页面的股票信息，需要知道总页数，以及如何定位"下一页"按钮。总页数最好不要直接使用在页面中看到的最后一页的页码，因为每天都可能有股票上市或退市，所以这个数字会变化。

用开发者工具查看页码和"下一页"按钮在网页源代码中的位置，可发现总页数位于 class 属性值为 paginate_page 的 <span> 标签下的最后一个 <a> 标签中，而"下一页"按钮可通过其 class 属性值 next 来定位，如下图所示。

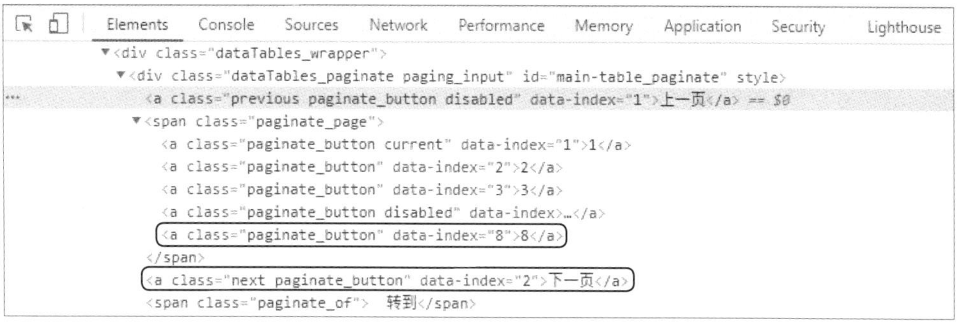

根据上述分析编写代码，先获取总页数，再利用 for 语句构造循环，在每次循环中先调用前面编写的自定义函数获取当前页面的股票信息，再利用 Selenium 模块模拟用户操作单击"下一页"按钮，最终获取所有页面的股票信息。代码如下：

```
1  pn_list = browser.find_elements_by_css_selector('.paginate_page>
   a')    # 定位class属性值为paginate_page的标签下的所有<a>标签
2  pn = int(pn_list[-1].text)    # 选取最后一个<a>标签，提取其文本，再转
   换为整型数字，得到总页数
3  for i in range(pn):    # 根据获取的总页数设定循环次数
4      get_data()    # 调用自定义函数获取当前页面的股票信息
5      a_btn = browser.find_element_by_css_selector('.next')    # 通过
       class属性值定位"下一页"按钮
6      a_btn.click()    # 模拟单击"下一页"按钮
7      time.sleep(5)    # 因为是局部刷新，当前页面相当于未加载其他元素，用
       显式等待或隐式等待都比较麻烦，所以采用time模块进行简单的等待操作
8  browser.quit()    # 关闭浏览器窗口
```

（4）输出爬取结果

将字典转换为 DataFrame，再存储为 csv 文件。代码如下：

```
1  data_df = pd.DataFrame(data_dt)
2  print(data_df)
3  data_df.to_csv('汽车股票基本信息test.csv', index=False)
```

运行代码后，打开生成的 csv 文件，结果如右图所示。

1	股票代码,股票名称
2	603950,长源东谷
3	600686,金龙汽车
4	300432,富临精工
5	600418,江淮汽车
6	600523,贵航股份
7	002355,兴民智通

步骤 3： 因为东方财富网的股票基本信息不包含上市日期，所以接着利用 Tushare 模块获取所有股票的基本信息，再将两部分信息依据股票代码进行合并，得到完整的汽车行业股票基本信息。

（1）获取所有股票的基本信息

使用 Tushare 模块中的 get_stock_basics() 函数可获取所有股票的基本信息。该函数返回的是一个 DataFrame，其结构如下所示：

```
1            name     industry    area     ...    timeToMarket    ...
2    code
3    688788    N科思     通信设备    深圳     ...    20201022        ...
4    003013    N地铁     建筑工程    广东     ...    20201022        ...
5    300849    锦盛新材   塑料       浙江     ...    20200710        ...
6    300582    英飞特     半导体     浙江     ...    20161228        ...
7    300279    和晶科技   元器件     江苏     ...    20111229        ...
8    ......
```

可以看到，作为行标签的 code 列中的数据是股票代码，timeToMarket 列中的数据是上市日期。只需保留 timeToMarket 列，然后将 code 列转换为普通的数据列。代码如下：

```
1    import tushare as ts
2    import pandas as pd
3    data1 = pd.read_csv('汽车股票基本信息test.csv', converters={'股票代码': str})    # 读取从东方财富网爬取的股票基本信息，将"股票代码"列的数据类型转换为字符串，让以0开头的股票代码保持完整
4    data2 = ts.get_stock_basics()    # 获取所有股票的基本信息
5    data2 = data2[['timeToMarket']].astype(str).reset_index()    # 只保留timeToMarket列（即上市日期），并将其数据类型转换为字符串，然后重置索引，将行标签列转换为普通的数据列
```

（2）依据股票代码合并 DataFrame

使用 pandas 模块中的 merge() 函数将 data1 和 data2 这两个 DataFrame 依据股票代码进行合并。代码如下：

```
1 data = pd.merge(data1, data2, how='left', left_on='股票代码', right_on
='code')    # 依据股票代码合并data1和data2
2 data = data.drop(['code'], axis=1)    # 删除多余的列
3 data = data.rename(columns={'timeToMarket': '上市日期'})    # 重命名列
```

第 1 行代码中，参数 how 设置为 'left'，表示在合并时完整保留 data1 的内容，并且依据股票代码如果能匹配到 data2 中的内容则合并进来，如果匹配不到则赋为空值；参数 left_on 和 right_on 分别用于指定 data1 和 data2 中股票代码所在的列。

（3）存储结果

将合并后的 DataFrame 存储为 csv 文件，并写入 MySQL 数据库。代码如下：

```
from sqlalchemy import create_engine, types
data.to_csv('汽车股票基本信息.csv', index=False)
code_name_time_info.to_csv('汽车股票上市时间对照表.csv', index=False)
con = create_engine('mysql+pymysql://root:123456@localhost:3306/
test?charset=utf8')    # 创建数据库连接引擎
data.to_sql('car_stock', con=con, index_label=['id'], if_exists='replace',
dtype={'id': types.BigInteger(), '股票代码': types.VARCHAR(10), '股票
名称': types.VARCHAR(10), '上市日期': types.DATETIME})
```

运行代码后，在 MySQL 的命令行窗口中查询数据表 car_stock 的所有数据记录，结果如下图所示。

```
C:\Windows\System32\cmd.exe - mysql  -uroot -p123456
mysql> SELECT * FROM car_stock;
+------+----------+----------+----------+
| id   | 股票代码 | 股票名称 | 上市日期 |
+------+----------+----------+----------+
|    0 | 603178   | 圣龙股份 | 20170328 |
|    1 | 603950   | 长源东谷 | 20200526 |
|    2 | 002865   | 钧达股份 | 20170425 |
|    3 | 603166   | 福达股份 | 20141127 |
|    4 | 300432   | 富临精工 | 20150319 |
|    5 | 600418   | 江淮汽车 | 20010824 |
|    6 | 600375   | 华菱星马 | 20030401 |
|    7 | 688208   | 道通科技 | 20200213 |
|    8 | 600699   | 均胜电子 | 19931206 |
|    9 | 300695   | 兆丰股份 | 20170908 |
|   10 | 000868   | *ST安凯  | 19970725 |
|   11 | 601689   | 拓普集团 | 20150319 |
|   12 | 000760   | *ST斯太  | 19970627 |
|   13 | 300258   | 精锻科技 | 20110826 |
|   14 | 300825   | 阿尔特   | 20200327 |
|   15 | 000030   | 富奥股份 | 19930929 |
|   16 | 002536   | 飞龙股份 | 20110111 |
```

至此，获取汽车行业股票基本信息的任务就完成了。

13.3　获取单只股票的历史行情数据

代码文件：13.3 获取单只股票的历史行情数据.py

使用 Tushare 模块中的 get_k_data() 函数能获取单只股票的历史行情数据。下面使用该函数获取"拓普集团"（股票代码 601689）的历史行情数据，并将数据按年份写入 MySQL 数据库。

步骤 1：13.2 节已将股票基本信息写入 MySQL 数据库，这里从数据库中查询"拓普集团"的股票基本信息，并从中提取上市年份。当前年份则利用 datetime 模块获取。代码如下：

```
1    import tushare as ts
2    from datetime import datetime
3    from sqlalchemy import create_engine, types
4    con = create_engine('mysql+pymysql://root:123456@localhost:3306/
     test?charset=utf8')    # 创建数据库连接引擎
5    connection = con.connect()    # 创建connection对象来操作数据库
6    data = connection.execute("SELECT * FROM car_stock WHERE 股票代码=
     '601689';")    # 查询"股票代码"字段值为'601689'的数据记录
7    data_info = data.fetchall()    # 提取查询到的数据，返回一个元组列表
8    start_year = int(str(data_info[0][3])[:4])    # 从列表中取出第1个元
     组，再取出元组的第4个元素（即上市日期），然后通过切片提取前4个字符（即上
     市年份）
9    end_year = datetime.now().year    # 利用datetime模块获取当前年份
```

步骤 2：使用 get_k_data() 函数获取每年的历史行情数据。代码如下：

```
1    for year_num in range(start_year, end_year + 1):
2        tuopu_info = ts.get_k_data('601689', start=f'{year_num}-01-
         01', end=f'{year_num}-12-31', autype='qfq')    # 将参数autype指
         定为向前复权
```

步骤 3：最后将获取的每年历史行情数据写入 MySQL 数据库。代码如下：

```
1        tuopu_info.to_sql(f'{year_num}_stock_data', con=con, index_label
         =['id'], if_exists='replace', dtype={'id': types.BigInteger(),
         'date': types.DATETIME, 'open': types.VARCHAR(10), 'close': types.
         FLOAT(), 'high': types.FLOAT(), 'low': types.FLOAT(), 'volume':
         types.FLOAT(), 'code': types.INT()})
```

13.4　获取沪深 A 股涨幅前 60 名的信息

代码文件：13.4 获取沪深 A 股涨幅前 60 名的信息.py、13.4 将前 60 名的信息写入数据库.py

本节要从东方财富网爬取沪深 A 股的实时行情信息，网址为 http://quote.eastmoney.com/center/gridlist.html#hs_a_board。沪深 A 股的开盘时间为交易日的 9:15—11:30 和 13:00—15:00。从 13:00 开始爬取，每爬取一次后间隔 3 分钟再爬取一次，如此循环往复，直到 15:00 为止。行情页面的行情信息是按照涨幅降序排列的，每页 20 条数据，因此，只需爬取前 3 页就能获取涨幅前 60 名的股票信息。

步骤 1： 导入需要用到的模块。代码如下：

```
1  from selenium import webdriver
2  import time
3  import numpy as np
4  import pandas as pd
```

步骤 2： 编写一个自定义函数 top60() 用于完成数据的爬取。用 Selenium 实例化一个浏览器对象，对行情页面发起请求，然后提取页面中表格的表头文本，在后续代码中作为数据的列标签。代码如下：

```
1  def top60():
2      browser = webdriver.Chrome(executable_path='chromedriver.exe')
3      url = 'http://quote.eastmoney.com/center/gridlist.html#hs_a_board'
4      browser.get(url)     # 对行情页面发起请求
5      col_name = []     # 用于存储表头文本的列表
6      col_tag = browser.find_elements_by_xpath('//*[@id="table_wrap-per-table"]/thead/tr/th')     # 定位表头中的所有单元格
7      for i in col_tag:
8          col_name.append(i.text)     # 依次提取表头中每个单元格的文本并
                添加到列表中
```

步骤 3： 接着提取表格主体中所有单元格的文本，得到当前页面的表格数据，再切换页面，继续提取表格数据。这一系列操作需要重复 3 次。代码如下：

```
1      data_ls = []     # 用于存储表格数据的列表
2      for i in range(3):     # 爬取前3页数据
```

```
3    td_list = browser.find_elements_by_xpath('//*[@id="table_
     wrapper-table"]/tbody/tr/td')    # 定位表格主体中的所有单元格
4    for j in td_list:
5        data_ls.append(j.text)    # 依次提取表格主体中每个单元格
         的文本并添加到列表中
6        a_btn = browser.find_element_by_css_selector('.next')    # 定
         位"下一页"按钮
7        a_btn.click()    # 模拟单击"下一页"按钮
8        time.sleep(2)    # 等待2秒
9    browser.quit()    # 关闭浏览器窗口
```

步骤4：先利用NumPy模块将包含所有表格数据的列表转换为二维数组，再利用pandas模块将二维数组转换为DataFrame，并存储为Excel工作簿。代码如下：

```
1    data_ar = np.array(data_ls).reshape(-1, len(col_name))    # 将
     包含所有表格数据的列表转换为一维数组，再使用reshape()函数将一维数组
     转换为二维数组，二维数组的列数设置为步骤2中提取的表头文本的个数，行
     数设置为-1，表示根据列数自动计算行数
2    data_df = pd.DataFrame(data_ar, columns=col_name)    # 将二维数
     组转换为DataFrame，使用步骤2中提取的表头文本作为列标签
3    data_df.drop(['序号', '相关链接', '加自选'], axis=1, inplace=
     True)    # 删除不需要的列
4    data_df.rename(columns={'成交量(手)': '成交量', '市盈率(动态)':
     '市盈率'}, inplace=True)    # 对部分列进行重命名
5    now = time.strftime('%Y_%m_%d-%H_%M_%S', time.localtime(time.
     time()))    # 生成当前日期和时间的字符串，用于命名Excel工作簿
6    data_df.to_excel(f'涨幅排行top60-{now}.xlsx', index=False)    # 将
     DataFrame存储为Excel工作簿
```

步骤5：编写一个自定义函数 trade_time() 用于判断股市当前是开市状态还是休市状态，判断的条件是当前星期是否在星期一到星期五之间，并且当前时间是否在13:00到15:00之间。代码如下：

```
1    def trade_time():
2        now = time.localtime(time.time())    # 获取当前日期和时间
3        now_weekday = time.strftime('%w', now)    # 获取当前星期
4        now_time = time.strftime('%H:%M:%S', now)    # 获取当前时间
```

```
5    if ('1' <= now_weekday <= '5') and ('13:00:00' <= now_time <=
     '15:00:00'):    # 判断股市状态的条件
6        return True    # 满足条件则返回True，表示当前处于开市状态
7    else:
8        return False    # 否则返回False，表示当前处于休市状态
```

需要说明的是，要确定当天是否为交易日，除了要考虑当天是否为工作日（星期一到星期五），还要考虑当天是否为国家法定节假日。限于篇幅，上述代码只考虑了当天是否为工作日，感兴趣的读者可以利用搜索引擎查找判断当天是否为国家法定节假日的方法。

步骤 6：用 while 语句构造一个条件循环，如果股市当前是开市状态，则爬取数据，如果是休市状态，则结束爬取。代码如下：

```
1    while trade_time():    # 调用自定义函数trade_time()判断股市状态
2        top60()    # 如果是开市状态，则调用自定义函数top60()爬取数据
3        time.sleep(180)    # 等待3分钟后再重复操作
4    print('股市已休市，结束爬取')    # 如果是休市状态，则输出结束爬取的信息
```

步骤 7：读取 Excel 工作簿，将数据写入 MySQL 数据库。代码如下：

```
1    from pathlib import Path
2    import pandas as pd
3    from sqlalchemy import create_engine, types
4    file_list = Path(Path.cwd()).rglob('*.xlsx')    # 列出当前文件夹下的
     所有Excel工作簿
5    con = create_engine('mysql+pymysql://root:123456@localhost:3306/
     test?charset=utf8')    # 创建数据库连接引擎
6    for file in file_list:
7        data = pd.read_excel(file, converters={'代码': str})    # 读取
         Excel工作簿
8        data.to_sql(file.stem, con=con, index_label=['id'], if_
         exists='replace', dtype={'id': types.BigInteger(), '代码':
         types.VARCHAR(10), '名称': types.VARCHAR(10), '最新价': types.
         FLOAT, '涨跌幅': types.VARCHAR(10), '涨跌额': types.FLOAT, '成
         交量': types.VARCHAR(20), '成交额': types.VARCHAR(20), '振
         幅': types.VARCHAR(10), '最高': types.FLOAT, '最低': types.
         FLOAT, '今开': types.FLOAT, '昨收': types.FLOAT, '量比': types.
         VARCHAR(10), '换手率': types.VARCHAR(10), '市盈率': types.
         FLOAT, '市净率': types.FLOAT})    # 将数据写入数据库
```

本书介绍的爬虫程序都是在开发者自己的计算机上运行的，一旦计算机关机或出现故障，程序就停止运行了。如果要让程序 24 小时无间断运行，就要借助云服务器。云服务器可以 24 小时不关机，而且基本不会出现故障。将爬虫程序部署在云服务器上，就能实现数据的无间断自动定时爬取。感兴趣的读者可以自行查阅相关资料。

技巧：结合使用 Selenium 模块和 pandas 模块快速爬取表格数据

本节要爬取的行情数据是标准的表格数据，很适合使用 pandas 模块中的 read_html() 函数来提取。但是东方财富网的数据大多是动态加载的，read_html() 函数无法直接处理。这里提供一种解决问题的思路：先用 Selenium 模块获取动态加载的网页源代码，再用 read_html() 函数从网页源代码中提取表格数据。根据这一思路，将自定义函数 top60() 的代码修改如下：

```
1    def top60():
2        browser = webdriver.Chrome(executable_path='chromedriver.
         exe')
3        url = 'http://quote.eastmoney.com/center/gridlist.html#hs_
         a_board'
4        browser.get(url)      # 对行情页面发起请求
5        data = pd.read_html(browser.page_source, converters={'代码':
         str})[0]    # 利用page_source属性获取行情页面的网页源代码，传
         给read_html()函数，提取出第1页的表格数据，参数converters用于将
         "代码"列的数据类型转换为字符串，让以0开头的股票代码保持完整
6        for i in range(2):     # 前面已提取了第1页的表格数据，所以只需
         再循环2次
7            time.sleep(2)    # 等待2秒
8            a_btn = browser.find_element_by_css_selector('.next')    # 定
             位"下一页"按钮
9            a_btn.click()    # 模拟单击"下一页"按钮
10           df = pd.read_html(browser.page_source, converters={'代
             码': str})[0]    # 提取下一页的表格数据
11           data = data.append(df, ignore_index=True)    # 将提取的
             数据追加到data中
12       browser.quit()
13       data.drop(['序号', '相关链接', '加自选'], axis=1, inplace=
         True)
14       data.rename(columns={'成交量(手)': '成交量', '市盈率(动态)':
         '市盈率'}, inplace=True)
```

```
15   now = time.strftime('%Y_%m_%d-%H_%M_%S', time.localtime(
     time.time()))
16   data.to_excel(f'涨幅排行top60-{now}.xlsx', index=False)
```

13.5　计算股票的月涨跌幅

代码文件：13.5 计算股票的月涨跌幅.py

一只股票一天的涨跌幅只能说明这只股票短期内的行情，要想分析一只股票的稳定性，还需要计算这只股票在较长一段时期内的涨跌幅。本节将获取"长城影视"（股票代码002071）在一年内的历史行情数据并计算月涨跌幅。

步骤 1：利用 Tushare 模块获取"长城影视"从 2019 年 6 月 1 日到 2020 年 5 月 31 日的历史行情数据。代码如下：

```
1   import tushare as ts
2   import pandas as pd
3   data_info = ts.get_hist_data(code='002071', start='2019-06-01', end
    ='2020-05-31')    # 获取一年的股票历史行情数据
```

步骤 2：获取的数据是一个 DataFrame，其行标签为交易日期，将行标签中交易日期的数据类型转换为 datetime，方便进行数据的重新取样。代码如下：

```
1   data_info.index = pd.to_datetime(data_info.index, format='%Y-%m-%d')
```

步骤 3：对数据进行重新取样，获取每月第一天的数据和最后一天的数据。代码如下：

```
1   month_first = data_info.resample('M').first()    # 获取每月第一天的
    数据
2   month_last = data_info.resample('M').last()    # 获取每月最后一天的
    数据
```

步骤 4：获取月初开盘价和月底收盘价，合并为一个新的 DataFrame，然后计算出月涨跌幅。代码如下：

```
1   month_first = month_first['open']    # 获取月初开盘价
```

```
2   month_last = month_last['close']    # 获取月底收盘价
3   new_info = pd.DataFrame(list(zip(month_first, month_last)), columns
    =['月初开盘价', '月底收盘价'], index=month_last.index)    # 合并月初
    开盘价和月底收盘价
4   new_info['月涨跌幅'] = (new_info['月底收盘价'] - new_info['月初开盘
    价']) / new_info['月初开盘价']    # 计算月涨跌幅
```

步骤 5: 将最终结果存储为 Excel 工作簿。代码如下:

```
1   new_info.to_excel('月涨跌幅.xlsx', index=False)
```

打开生成的 Excel 工作簿, 其内容如右图所示。

	A	B	C	D
1	月初开盘价	月底收盘价	月涨跌幅	
2	3.88	3.87	-0.00257732	
3	3.93	3.5	-0.109414758	
4	3.5	3.27	-0.065714286	
5	3.26	3.15	-0.033742331	
6	3.15	2.85	-0.095238095	
7	2.87	2.89	0.006968641	
8	2.87	3.45	0.202090592	
9	3.47	3.03	-0.126801153	
10	2.73	2.66	-0.025641026	
11	2.61	2.17	-0.168582375	
12	2.17	1.79	-0.175115207	
13	1.78	2.27	0.275280899	

13.6 股票相关性分析

代码文件: 13.6 股票相关性分析.py

在股票投资中,有一种交易策略称为"配对交易":找出历史股价走势相近的股票进行配对,当配对的股票价格差偏离历史均值时, 在抛出股价高的股票的同时买进股价低的股票, 等待配对的股票回归到长期的均衡关系, 由此获利。而衡量不同股票能否配对的关键就是股票之间的相关性是否足够大。下面就以"浦东金桥"(股票代码 600639)和"新黄浦"(股票代码 600638)这两只股票为例分析它们的相关性。

步骤 1: 获取"浦东金桥"和"新黄浦"从 2019 年 6 月 1 日到 2020 年 5 月 31 日的历史行情数据,并按日期排序(行标签为日期)。代码如下:

```
1   import tushare as ts
2   import pandas as pd
3   import matplotlib.pyplot as plt
4   plt.rcParams['font.sans-serif'] = ['Microsoft YaHei']
5   plt.rcParams['axes.unicode_minus'] = False
```

```
6   pd_code = '600639'    # "浦东金桥"的股票代码
7   xhp_code = '600638'    # "新黄浦"的股票代码
8   pd_data = ts.get_hist_data(pd_code, start='2019-06-01', end='2020-
    05-31').sort_index()    # 获取"浦东金桥"的历史行情数据并按日期排序
9   xhp_data = ts.get_hist_data(xhp_code, start='2019-06-01', end=
    '2020-05-31').sort_index()    # 获取"新黄浦"的历史行情数据并按日期排序
```

步骤 2：将不同股票每一天的收盘价合并为一个 DataFrame。代码如下：

```
1   df = pd.concat([pd_data['close'], xhp_data['close']], axis=1, keys=
    ['浦东金桥', '新黄埔'])    # 提取收盘价并拼接成DataFrame
2   print(df)
```

代码运行结果如下：

```
1               浦东金桥      新黄埔
2   date
3   2019-06-03    14.13    8.28
4   2019-06-04    14.16    8.37
5   2019-06-05    14.05    8.37
6   ...            ...     ...
7   2020-05-27    14.69    5.48
8   2020-05-28    14.87    5.41
9   2020-05-29    14.56    5.45
```

步骤 3：使用 5.4.3 节介绍的 corr() 函数计算皮尔逊相关系数，判断收盘价的相关性。代码如下：

```
1   corr = df.corr()
2   print(corr)
```

代码运行结果如下：

```
1            浦东金桥       新黄埔
2   浦东金桥   1.000000   0.636778
3   新黄埔    0.636778   1.000000
```

可以看到，近一年两只股票收盘价的皮尔逊相关系数约为 0.64，说明两只股票的相关性较弱，不满足做匹配交易的条件。

步骤 4： 绘制收盘价走势图，将数据可视化。代码如下：

```
1   df.plot()
2   plt.show()
```

代码运行结果如下图所示。可以看到，在 2019 年 8 月到 2020 年 1 月，这两只股票的收盘价走势比较相似，这时进行配对交易，盈利的可能性更大。

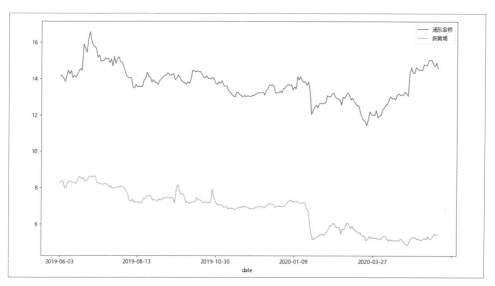

13.7   股票价格预测

代码文件：13.7 股票价格预测.py、stocker.py、预测模型结果图.tif

本节将利用 stocker 模块根据一只股票的历史行情数据预测这只股票未来的行情。需要说明的是，证券市场变幻莫测，本节的预测结果只能大致反映股价走势，并不能作为证券交易的依据。下面以"酒鬼酒"（股票代码 000799）为例讲解具体操作。

步骤 1： stocker 模块是用于预测股票行情的 Python 第三方开源模块，项目网址为 https://github.com/WillKoehrsen/Data-Analysis/tree/master/stocker。该模块的安装不是通过 pip 命令，而是从项目网址下载 stocker.py 文件后放到项目文件夹中，或者在项目文件夹中新建 stocker.py 文件，再在网页中打开 stocker.py，复制其中的代码，将其粘贴到新建的 stocker.py 文件中。

准备好 stocker.py 文件后，还要通过 pip 命令安装 stocker 模块需要调用的其他 Python 第三方模块，包括 quandl 3.3.0、Matplotlib 2.1.1、NumPy 1.14.0、fbprophet 0.2.1、pystan 2.17.0.0、pandas 0.22.0、pytrends 4.3.0。

步骤 2： stocker 模块默认使用 quandl 模块获取股票数据。因为 quandl 模块获取数据不太方便，所以这里通过修改 stocker 模块的代码，使用 pandas_datareader 模块获取股票数据。

先用 pip 命令安装好 pandas_datareader 模块，然后在 PyCharm 中打开 stocker.py 文件，在开头添加代码，导入 pandas_datareader 模块中的 data 子模块，具体如下：

```
1    from pandas_datareader import data
```

接下来修改 Stocker 类的构造函数 __init__() 的代码，更改 Stocker 类接收的参数。通过搜索关键词 "__init__" 定位到如下所示的代码：

```
1    class Stocker():
2        # Initialization requires a ticker symbol
3        def __init__(self, ticker, exchange='WIKI'):
```

删除上述第 3 行代码中的参数 exchange，保留参数 ticker，添加两个新参数 start_date 和 end_date，分别代表股票数据的开始日期和结束日期。修改后的代码如下：

```
1    class Stocker():
2        # Initialization requires a ticker symbol
3        def __init__(self, ticker, start_date, end_date):
```

接下来使用 pandas_datareader 模块中的 data 子模块替换原来的 quandl 模块获取股票数据。通过搜索关键词 "quandl" 定位到如下所示的代码：

```
1            try:
2                stock = quandl.get('%s/%s' % (exchange, ticker))
3            except Exception as e:
4                print('Error Retrieving Data.')
```

将上述第 2 行代码注释掉，在其下方添加一行代码，获取雅虎财经的股票行情数据。修改后的代码如下：

```
1            try:
2                # stock = quandl.get('%s/%s' % (exchange, ticker))
3                stock = data.get_data_yahoo(ticker, start_date, end_date)
4            except Exception as e:
5                print('Error Retrieving Data.')
```

这样就完成了对 stocker 模块的代码的修改。

步骤 3：新建一个 Python 文件，开始编写预测股票价格的代码。先实例化一个 Stocker 对象，再使用该对象获取 "酒鬼酒" 的历史行情数据，并将数据绘制成图表。代码如下：

```
1   from stocker import Stocker
2   alcoholic = Stocker('000799.SZ', start_date='2000-01-01', end_date
    ='2020-05-31')     # 获取历史行情数据
3   alcoholic.plot_stock()     # Stocker内部封装的画图方法
```

需要注意第 2 行代码中股票代码的书写格式"股票代码 . 交易所缩写"。上海证券交易所的缩写为"SS",深圳证券交易所的缩写为"SZ"。代码运行结果如下图所示,因为数据是从雅虎财经获取的,所以货币单位为美元。

步骤 4: 使用 create_prophet_model() 函数生成一个预测模型结果图。代码如下:

```
1   model, model_data = alcoholic.create_prophet_model(days=90)
```

代码运行结果如下图所示(彩色版本见本节开头列出的"预测模型结果图.tif")。

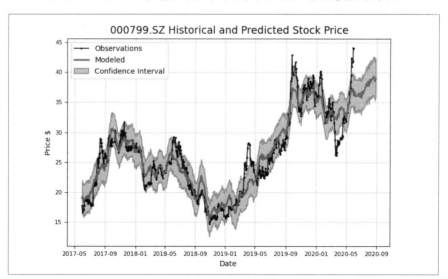

图中黑色的线是观察线（Observations），是根据股票的真实行情数据绘制的；绿色的线是根据模型预测的行情数据绘制的；浅绿色的图形代表置信区间，表示预测结果会在这个区间内波动。

通过分析预测模型结果图可知，模型预测股价在 6 月左右会下降一点，在 7—9 月会缓慢上升。但是在 5 月底，真实股价的涨势很快，超出了模型预测的置信区间，说明当时可能发生了影响股价的特殊事件。通过搜索新闻可知，当时"酒鬼酒"公司调整了酒价，导致股价上涨。这也说明了影响股市的因素很多，模型的预测结果不能作为交易的依据。

步骤 5： 预测 30 天后的股价。代码如下：

```
alcoholic.predict_future(days=30)
```

代码运行结果如下图所示。可以看到，由于酒价调整，预测结果并不准确。

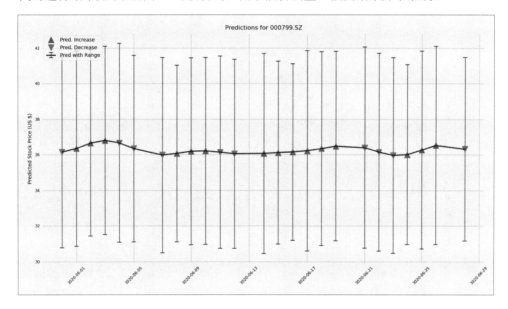

推荐阅读

Python 金融大数据挖掘与分析全流程详解

Python 大数据分析与机器学习商业案例实战

超简单：用 Python 让 Excel 飞起来

商业智能：Power BI 数据分析

Excel VBA 案例实战从入门到精通（视频自学版）

Excel VBA 应用与技巧大全